職人級餅
關鍵配方

Secrets to Perfect Cookies

作者序 1

餅乾，簡單中的不簡單

喜愛烘焙的初學者在最一開始學習西點時，製作的品項一定有餅乾。

餅乾最初讓人感覺並不特別困難，但是到了實際製作的時候，總會發生特別多的問題，例如麵糊太稀或太乾硬，烤焙後表面亂膨或塌陷，中間烤不熟，底部烤太黑，或者烤焙出來後的成品外觀與預想中差異太大。

最初我在製作餅乾時也經常發生產品失敗的問題，後來專注研究各種類別餅乾後，終於找到穩定的配方與不失敗的方法。隨後逐漸萌生出撰寫餅乾專書的想法，藉以分享我在餅乾這條路上的成功經驗，讓想學做餅乾的讀者少走彎路，可以共同學習製作的成功關鍵。

本書收錄了近年來店家熱賣款的餅乾類別，詳細記錄了美式餅乾、夾心餅乾、奶油餅乾，包餡餅乾的製作過程，將成功的關鍵與不失敗的技巧呈現出來，從基礎的麵團攪拌、整型技巧、擠花製作，延伸到口味搭配及烤焙重點，鉅細靡遺的全圖解說明，讓讀者能夠充分掌握餅乾的成功技巧。

最後，我要特別感謝開平青年發展基金會夏豪均主委，合作促成《職人級餅乾關鍵配方》書籍的出版。最後也希望讀者們能藉由閱讀這本書，製作出滿意的各種餅乾，我們一起成就餅乾簡單中的不簡單，讓手中的餅乾傳遞出滿滿的能量。

開平餐飲學校烘焙行政主廚　彭浩

作者序 2

透過餅乾的世界，創造更多美味關係

每一片餅乾的背後都蘊藏著一份從童年起的美味記憶，小小的餅乾卻足以溫暖不少人的心。餅乾在各國的文化中扮演著不可缺少的陪伴角色，而本書也是希望分享各種餅乾點亮生活的巧思，讓生活有更多的美好回憶，創造家庭中的美味關係。

本書已是開平餐飲學校教學系列書籍的第五本烘焙書籍。開平青年發展基金會秉持服務校友、服務餐飲學子的精神，且不吝嗇地將我們的教學經驗分享給大家，期待促進更多在廚藝上、創意上更多的交流與互動。

本書內容規劃來自本校烘焙行政主廚彭浩，同時也是IBA世界級競賽中首位台灣冠軍！從大師的角度分享，來認識餅乾的世界。相信讀者繼完成工法學習後，便可透過不同的主題，精進自己的廚藝。餅乾的世界很廣闊，希望從這個起點，讓每位讀者在家輕鬆做，用雙手的溫度創造與朋友、家庭間們更多的回憶。

開平餐飲學校校務主委　夏豪均

Contents

Chapter 1 輕鬆做出職人級餅乾

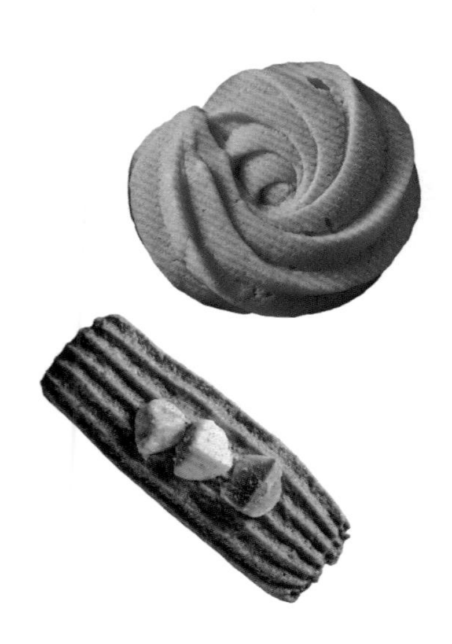

Chapter 2 人氣經典的美式軟餅乾

Chapter 3 變化豐富的奶油餅乾

Chapter 4 香甜濃郁的夾心餅乾

Chapter 5 驚喜層次的包餡餅乾

Chapter 1

輕鬆做出
職人級餅乾

在烘焙的領域中，餅乾是最好入門的品項。
但最簡單的，往往也最難做得出色，
想要做出又美又好吃的職人級餅乾，
掌握「基礎概念」和「配方比例」，
絕對比繁複的技巧來得關鍵！

拆解餅乾配方的美味祕密

餅乾是很多人接觸烘焙的起點，成功率高，材料單純，無論是自己吃還是營業開單，門檻都比其他品項來得低。

雖然如此，「做出來」容易，「做得好」卻是另外一回事。有些學生剛開始不懂，明明餅乾不像法式甜點用到大量細節工法，食材也看似大同小異，為什麼好不好吃的差別這麼大？其中最關鍵的就是「配方」。

配方為什麼重要？除了牽涉到材料的選擇，還有比例的問題，不要小看糖多一點或油少一點，這些都影響最後餅乾入口的感受，我們在講究的味道、風味、軟硬、濕潤度、化口性，甚至保存長短，都是從這裡開始的化學反應。而在本書收錄的60款餅乾，除了囊括各種不同的餅乾製作技巧，每一款都是我們教學多年，經過無數調整後的自信配方，請務必嘗試看看！

職人級餅乾的關鍵三要素

餅乾的種類細數不完，光一個市售鐵盒餅乾裡動輒10多款。但不管哪種餅乾，簡單來說都是由「口感」、「口味」、「造型」這三個元素所構成。

掌握這三項組成元素及要點，知道原理在哪裡，這樣一來，即使熟悉的只有基本做法，也能夠依照需求調整或是延伸品項，開發出讓人耳目一心的成果。

這三者並非獨立作業，而是相輔相成，例如餅乾夾入奶油霜可以提升風味與口感，造型上也更精緻，需要綜合思考才能做出高完成度的餅乾。接下來，我們就一起來了解這三項餅乾構成的關鍵要素。

• Point 1 口感：解鎖餅乾的鬆、脆、乾、硬之謎

餅乾的製程相對單純，沒有太複雜的工序，基本上仰賴調整材料的比例來協調口感。也是因為這樣，通常不建議更動配方，因為粉、糖、油、水的存在都有其道理，假設為了降低甜度減少糖，做出來可能就失去理想的脆度。即使要調整，最好也能先按照原配方做過，才知道實際的差別所在。

★ 餅乾口感 vs. 材料比例

• Point 2 口味：利用食材堆疊創造風味組合

接下來談口味的變化。最直覺的聯想就是不同味道的餅乾，例如巧克力餅乾、抹茶餅乾、咖啡餅乾。不過餅乾的多樣性不只如此，還可以透過結合其他元素來創造更豐富的變化。

★ 改變餅乾口味的方式

1. 改變餅乾的風味

在麵團材料中加入風味食材，做出各式味道。適合使用可可粉、抹茶粉等容易拌合的粉末材料，也可以在最後拌入堅果、果乾，增加整體均勻的口感。

2. 結合配料做變化

透過抹醬、撒粉、夾入配料等方式，讓做好的餅乾延伸更多風味，並增加入口的濕潤度。可以用一款餅乾延伸多種口味，也可以透過組合不同餅乾和配料做出特色。適合使用奶油霜、果醬等抹醬類餡料，搭配果乾、堅果等增加層次感。

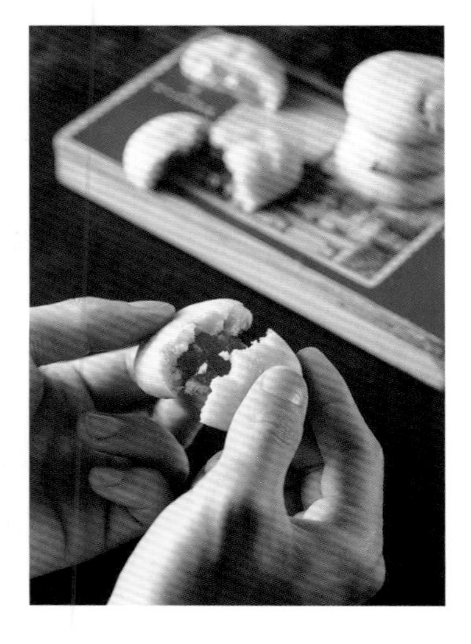

3. 餅乾中包入內餡

將果醬、巧克力等包裹在麵團中一起烘烤，烤好的餅乾會帶有餡料的香氣，有別於直接塗抹的感受，由於餡料聚集在中心，口感上的差異也更明顯。因為需要經過烤焙，必須選擇受熱不會變質的餡料。

利用各式各樣的餡料，組合出多樣化的口味。

Point 3 造型：充滿自由度的塑形方式

餅乾的造型變化沒有上限，模具的選擇五花八門，而且即使形狀相同，也能透過堆疊等方式做出各種樣貌。對於新手來說很有成就感，對於已經熟練的人來說也很有挑戰的樂趣。餅乾的造型方式大約可分為以下幾種：

1. 手壓

不透過工具，只以手工搓揉壓扁的餅乾，呈現麵團烤後自然攤開的不規則形狀。最具代表性的是美式軟餅乾，能夠呈現出質樸的美味感。不適合太濕軟或奶油含量高的餅乾，除了過軟不易塑形，遇熱化掉後的形狀也會過於扁平。

2. 模具

將麵團擀平後，以模具切割或壓紋的餅乾。模具選擇喜歡的形狀即可，但線條越細難度越高，不好操作、做出來不明顯，也很容易斷裂。麵團會比手壓或擠花餅乾的硬度高，以免太軟無法定型。

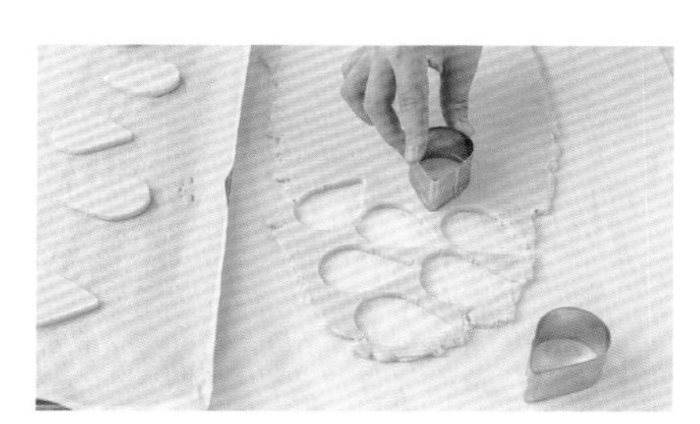

3. 擠花

將麵團放入擠花袋中，以花嘴擠成想要的形狀，可以做出手工或模具難以表現的精緻紋路。大多使用較軟的麵團，才有辦法從花嘴中擠出，需要多加練習才能擠得漂亮。

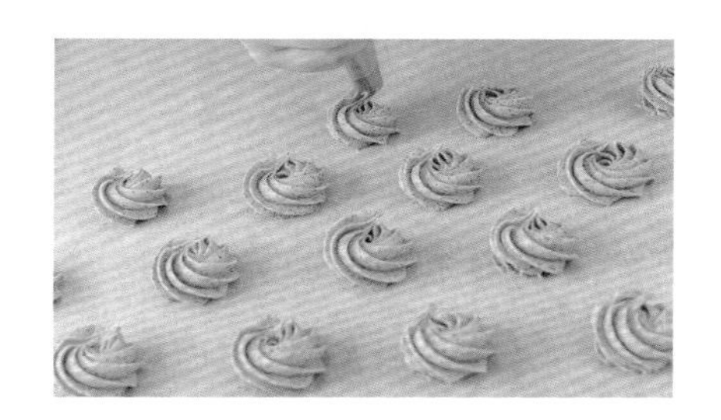

4. 刀切（冰盒）

將麵團塑形成長棒狀，再以刀切片，可以一次完成多片同樣造型的餅乾。硬度通常比模具餅乾略高，麵團中的奶油含量較低，可先做好冷凍保存，需要時再取出切片烘烤。

5. 加入配料／夾心／包餡

將兩片餅乾夾餡堆疊如三明治，在表面撒糖粉、風味粉裝飾，沾裹部分巧克力等等，即使是同樣的餅乾和配料，透過不同組合方式，也能創造完全不一樣的外觀，在視覺和味覺上帶來驚喜感。

形形色色的餅乾世界

餅乾的形態變化萬千，但大方向約可分為下述幾種，也就是本書的章節分類方式。如果不知道該從哪款餅乾著手，不妨參考介紹，找出理想中的餅乾。當然，每種都相當值得嘗試！

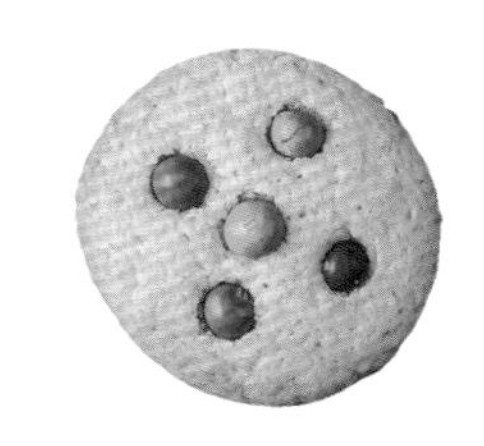

1. 軟性餅乾：美式軟餅乾

餅乾本體使用較多的糖粉及奶油製作，口味偏甜，口感鬆軟，烤焙後容易攤平塌陷。

2. 酥鬆類餅乾：擠花奶油餅乾（擠花餅乾）

餅乾麵團較為柔軟，經常使用花嘴擠製造型，口感酥鬆，烤焙後外觀些微塌陷，擠花造型完整。

3. 酥脆類餅乾：冷凍奶油餅乾（冰盒餅乾）

餅乾麵團較為紮實，以刀具切片後烤焙，口感酥脆，烤焙後外觀完整不變形。

4. 奶油夾心餅乾（模具餅乾）

餅乾麵團較為柔軟，整型擀平後使用模具切割造型，口感酥鬆或酥脆都有，烤焙後外觀完整，再搭配不同夾餡呈現整體風味。

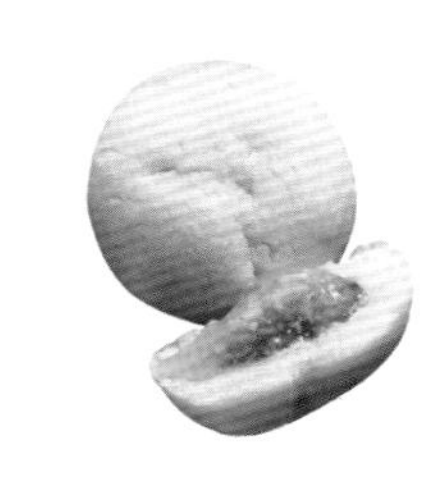

5. 包餡奶油餅乾

餅乾麵團較為紮實，整型後包入不同口味的內餡，呈圓球狀，口感酥脆。

6. 其他類餅乾

除了上述分類外，還有一些形式比較特殊的餅乾（本書未收錄），例如硬性餅乾（英國的薑餅、義大利的必斯考蒂餅乾等），以及法國馬卡龍、日本最中餅乾等，在台灣的觀念中不算正統的餅乾，但在烘焙中依然納入餅乾的範疇。

做出「好吃餅乾」的流程

掌握製作餅乾的基本流程。餅乾可以說是烘焙的基本功，確實執行每個步驟，多練習操作手感，才能做出真正好吃的餅乾。

1. 準備好材料的狀態

・所有食材確實秤重。粉類確實過篩。

・奶油放在室溫軟化，至用手輕壓會留下痕跡的程度。

➡ 備料的環節雖小，卻是最常造成失誤的原因。例如台灣氣候潮濕，麵粉必須確實過篩，才不會因為結塊影響材料結合狀況。

2. 將奶油、糖一同拌勻

將軟化的奶油和糖確實攪拌至呈乳霜狀後，取一小匙出來，以手摸檢查無粗顆粒，確認糖和油已經完全混合均勻。

3. 分次加入蛋液（乳化）

蛋液避免和奶油溫差太大。蛋液一次加入很難均勻，分次加並確實攪拌，才能確保油脂和蛋液乳化完全，油水不分離。

4. 加入粉類拌勻

確實將所有油脂和液態食材拌勻後，最後再加入麵粉等粉類，避免過度攪拌、造成出筋，影響口感。

5. 加入其他材料

等麵團基本上完成後，此時可以再依照需求加入果乾、堅果等食材，稍微拌勻即可，避免攪拌過度影響口感。

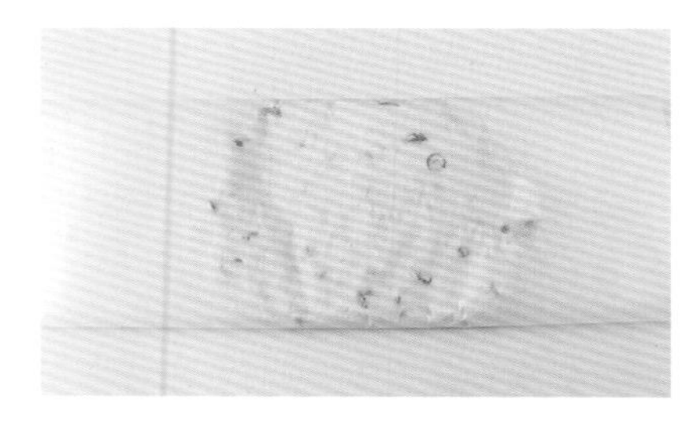

6. 冷藏・整型

將拌好的麵團揉成團後稍微壓平，用烘焙紙包起來冷藏至少1小時。因為麵團中含有奶油，遇熱融化後會變軟、不易操作，在造型前先稍微冰硬、固定後才容易使用。

7. 切割・塑型

取出冷藏的麵團，分成均等大小後，依照需求擀平、切割或手壓出形狀。盡可能讓同一爐中的每片餅乾重量、大小、厚薄一致，烤熟的時間與狀態才能夠維持在相同水平。

8. 烘烤

- 烘烤前務必預熱烤箱，以需要的烤溫事先開啟烤箱約15-30分鐘，確保烤箱達到工作溫度。
- 將麵團放入烤箱中間那層，參考配方所需溫度與時間，並依照自家烤箱的「實際溫度」調整（請參考p.20的烤箱說明）。尤其營業用與家用烤箱的差異大，烤溫必須適時調整。

【營業烤箱】

溫度精準度高，烤箱大，溫度變化的影響也大，為了充分達到所需溫度，上下火的烤溫不同。

【家用烤箱】

溫度精準度較低，因為烤箱小，上下火溫度差異不明顯，烤餅乾時以「均溫」烘烤即可。

➡ 家用烤箱上下有加熱管，因此烤盤放在中層溫度才會均勻，如果希望更上色，最後可以將烤盤放到上層，貼近加熱管。

	營業用烤箱	家用烤箱
美式餅乾	上火 170℃、下火 150℃	均溫 170-180℃
奶油餅乾	上火 170℃、下火 150℃	均溫 160-170℃
夾心餅乾	上火 180℃、下火 150℃	均溫 160-170℃
包餡餅乾	上火 180℃、不開下火	均溫 150-160℃

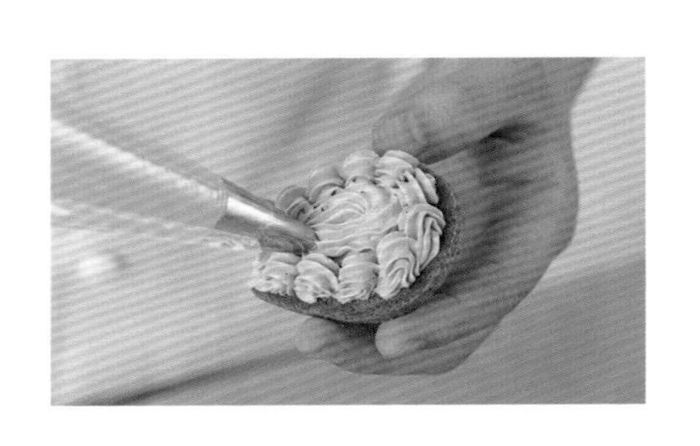

9. 加工組合

出爐的餅乾放到散熱架放涼，以免烤盤的餘溫讓餅乾底部過熟或焦掉，也能避免熱蒸氣堆積在底部，造成餅乾軟化、容易發霉。待餅乾放涼後即可食用、包裝，或是抹餡做夾心。

餅乾的基本必備材料

麵粉

粉類多寡會影響質地的乾溼程度，也是構成餅乾結構最重要的材料之一。麵粉量過高的餅乾硬度高、化口性較差，過少則無法成形。本書配方以低筋麵粉和法國粉為主。

【低筋麵粉】

製作餅乾的主要材料之一。低筋麵粉的蛋白質含量低，梅納反應不明顯，但酸性特質可以產生蒸氣，幫助麵團膨脹，形成相對鬆軟的質地。

【法國粉】

蛋白質含量較高，梅納反應的效果好，烤出來更上色。製作餅乾時大多混合低筋麵粉使用，讓麵團更好成團，提升脆度。可以用中筋麵粉取代（高筋麵粉筋度太高不適合）。

糖

粉、糖、油是餅乾最主要的材料，糖不僅添加甜味，也是增加保濕性、幫助上色，帶來脆硬口感的來源。不同糖有不同特性，本書多以穩定性高、好運用的砂糖、糖粉製作。

【白砂糖】

味道不含雜質，不會搶過其他食材的風味，以烘焙來說是最容易掌握運用的糖種。

【糖粉／黑糖粉】

呈粉末狀，能夠快速融合均勻的糖。使用糖粉做出來的餅乾，因為融合得更均勻，烘烤後的表面比較光滑，整體的質地更柔和細緻，也能夠避免顆粒影響口感，和砂糖的效果不同。白糖粉的味道純淨，黑糖粉則能帶來不同風味。

【二號砂糖】

外觀呈黃色結晶狀的砂糖，精製度和甜度略微低於白砂糖，帶有一點蔗糖的香氣，可以與白砂糖替換使用，烘烤後的色澤較深。

【黑糖／紅糖】

精製度比二號砂糖低，顏色深，帶有明顯的獨特風味。因為甜度較砂糖低，等量替代後會比較不甜，可以取部分替換，混合兩種糖使用。

【蜂蜜／楓糖漿】

風味獨特的天然糖漿，無法取代砂糖使用，但少量添加可以讓餅乾增添不同的香氣。

奶油

本書配方的油脂來源都是動物性的「無鹽奶油」。奶油在餅乾中的作用，包含了帶來酥鬆口感與奶香氣，這兩者都是餅乾好不好吃的重要關鍵，不建議以其他油脂取代。從比例來看，奶油含量越多的餅乾口感越鬆軟。

蛋

本書使用雞蛋的全蛋液，提供麵團水分、油脂，達到膨脹及乳化、凝結的作用外，也有助於上色和增添香氣。雞蛋扣除蛋殼每顆約50～80g，由於大小差異大，建議秤重使用。現在也有市售的全蛋液、蛋白液、蛋黃液等產品，但自家製的情況，還是建議使用天然新鮮的雞蛋。

膨脹劑

分成泡打粉和烘焙小蘇打粉兩種，能夠產生空氣撐起麵團結構，讓餅乾的形狀立體、不塌陷。一般來說，泡打粉會讓麵團往上撐高，小蘇打粉則是往外擴張，兩者無法完全取代。膨脹劑的量必須準確測量，過少膨脹效果差，過多容易微苦或出現皂味。

風味材料

替麵團增添味道的食材，包含粉類（例如：可可粉、抹茶粉、堅果粉），醬類（例如：花生醬、芝麻醬、巧克力醬），食材類（例如：巧克力、堅果、果乾），運用的範圍廣泛。

製作餅乾的好用工具

餅乾的製程不需要用到特殊的工具。除了模具、花嘴等需要依照造型選購，其餘都是最基本的烘焙用具。

烤箱

烘焙最基本的必備工具。學校教學用的是營業用大型烤箱，但烤餅乾時，一般家用烤箱就很夠用，沒有太多限制，可調上下火或只能均溫的都可以。但要注意每一台烤箱的溫度多少有落差，剛開始使用時，建議先用烤箱溫度計測試「實際溫度」，再依照自家烤箱狀況調整配方的烤溫和時間，如果實際烤溫較低，就略調高溫度或延長烘烤時間。

攪拌工具（桌上型攪拌機、手持式攪拌器）

餅乾的麵團不用像麵包打出筋性，只要能夠將材料確實攪拌均勻即可，桌上型或手持式攪拌器都可以。雖然也可以手揉，但使用機器會省力許多，打發蛋白時也會更加方便。

磅秤

用來測量材料的工具。因為餅乾的材料比例很重要，需要準確測量，建議選擇以g為單位，可以測量到至少0.1g的微量電子秤。

調理盆

盛裝、混合材料的容器，也可以直接使用桌上型攪拌器的鋼盆。依照製作量挑選尺寸，不鏽鋼或玻璃製的材質皆可。

擀麵棍

擀平麵團時使用，選擇順手的即可。

擠花袋＆花嘴

擠內餡或是製作擠花餅乾時使用，選擇偏厚的擠花袋，在擠的時候比較不會爆開。花嘴依照需求的形狀挑選。

餅乾模具

市面上有販售各種不同的模具，選擇喜歡的造型即可，但要注意如果形狀越細，製作難度也會相對較高。

刮刀／刮板

刮板用於分切麵團，刮刀則用於攪拌，建議挑選耐熱的材質。

製作餅乾的常見Q&A

餅乾雖然簡單，製作過程還是難免遇到很多問題。
我們蒐集了一些課堂上常見的學生失誤，
希望能幫助大家更容易上手，在家中也能快速獲得解答。

Q1 奶油和糖很難攪拌均勻

Q2 麵團中出現塊狀的奶油

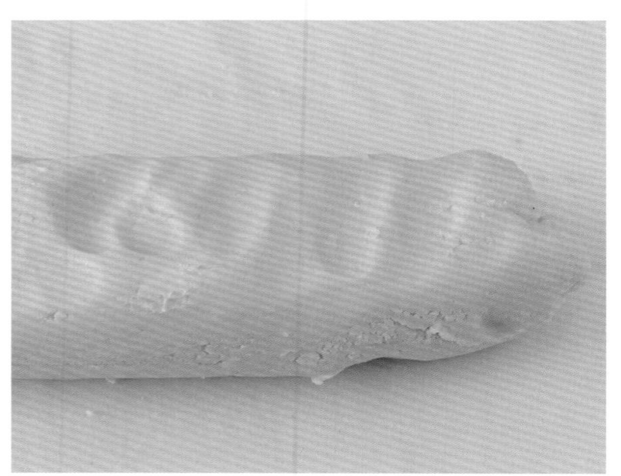

Q3 麵團推開時出現顆粒感

➔ 奶油沒有先放室溫軟化

烘焙食譜中很常見到「冷藏奶油」、「軟化奶油（室溫奶油）」、「融化奶油（液態奶油）」的標示，是因為奶油的使用溫度直接影響烘焙成果，有不同的作用。

本書中的軟化奶油，是指事先將奶油從冰箱取出，在室溫中放軟到手指輕壓會留下痕跡的狀態，容易和糖拌勻，也容易打發。

如果沒有先放軟，冷藏奶油太硬，很難與其他食材充分結合，麵團中可能會出現沒攪散的奶油顆粒或奶油塊，影響外觀和口感。如果是已經融化的奶油，液態下不容易包住空氣，打發的效果差，也時常是麵團變形、不易操作的主因。

Q4 加入蛋黃或液態食材後拌不開、無法吸收

➔ 乳化不完全

油脂和液體因為油水分離的特性，需要仰賴「乳化劑」才能融合。烘焙中最常使用的乳化劑就是蛋黃，必須先將其和糖、油脂、液體確實乳化（拌勻）再加麵粉。如果乳化不完全，即使快速攪拌之下油與水乍看結合了，靜置一陣子後也會再度分開。

乳化不完全有可能是攪拌時間和力道不夠，或是奶油與蛋液的溫差太大，加入液態材料時需分次加入，一次全加，油脂會更難吸收水分。

Q5 加入麵粉後出現拌不開的結塊

➔ 粉類食材沒有過篩

台灣的氣候潮濕，粉類常結塊，尤其麵粉很容易吸收水氣。如果沒有過篩，粉塊殘留在麵團中，會造成餅乾表面不光滑，口感也粗糙。大的結塊在加熱時也可能增加局部的麵糊黏性，導致餅乾在烘烤過程中變形，或是因為沒熟，吃的時候咬到粉塊。

Q6 整型時麵團黏手，難以操作

➔ 整型前麵團沒有先冷藏

麵團裡的奶油在攪拌過程中升溫融化，會導致麵團濕度變高、變軟而黏手。因此，在開始整型前要先將麵團放入冰箱冷藏約1-2小時，使其中的奶油凝固，比較好操作。

Q7 餅乾切不平均、一切就斷

➔ 麵團冰太久，變得過硬

如果從冰箱中取出麵團發現不好切，一用力就裂開，有可能是因為冰得太硬。這時不要硬切，先在室溫下稍微回軟再切，才能切出漂亮的形狀。

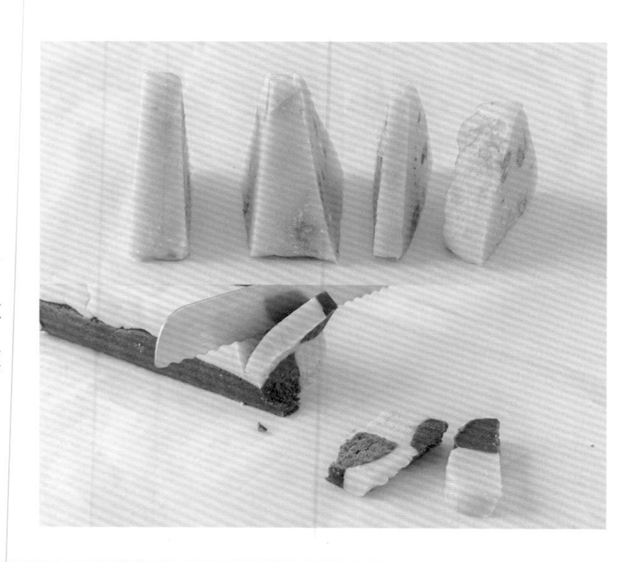

Q8 麵團的形狀不工整

➔ 麵團沒有先冷藏就整型或切片

麵團中的奶油會隨時間逐漸融化，變得柔軟不易操作。這時候很難塑型，切割或切片時，麵團也會因受力被壓扁或移動，導致歪斜不整齊。因此除了擠花餅乾，其他麵團在攪拌完，開始整型、切割之前，最好都先冷藏定形至少1小時。

Q9 麵團包不住餡料

➔ 餡料的水分含量過多

太濕的餡料很難包，因此盡可能挑選或減少餡料的水分。最推薦的是巧克力，可以先冰到凝固再使用，比較容易上手。如果選擇果醬等其他濕性材料，除了透過加熱蒸發、瀝乾等方式減少水分，也建議用擠花袋擠入麵團中間再包起來。

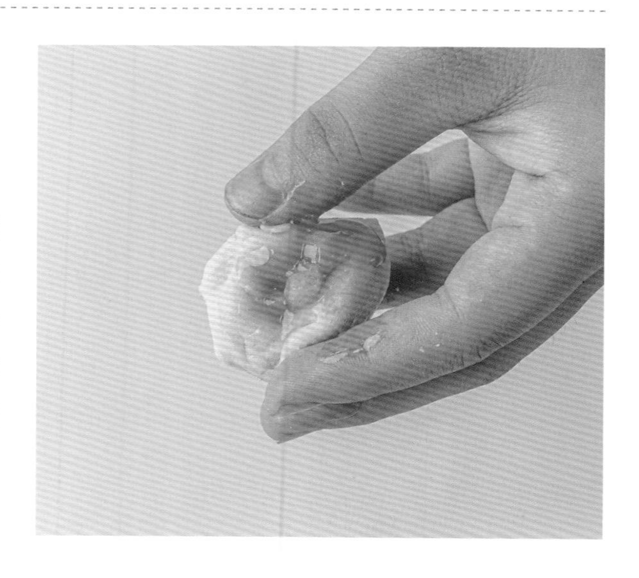

Q10 每次擠花的厚薄都不同

Q11 擠出來的形狀歪七扭八

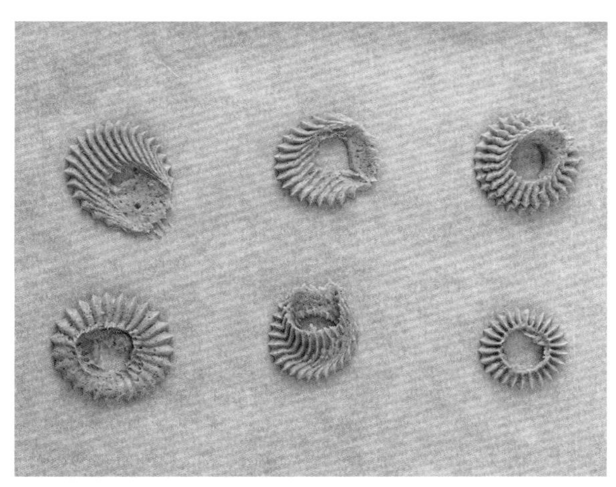

Q12 突然擠出很厚的麵團

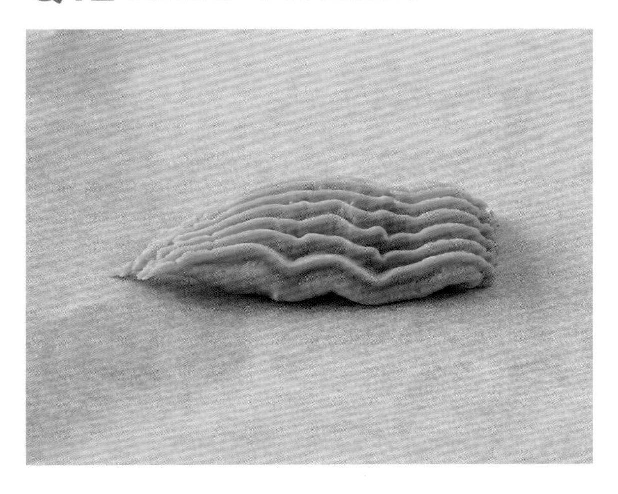

➔ 擠花的力道不一、角度錯誤，麵糊過稀或過稠

擠花餅乾的大小不容易控制，但如果烤盤上的麵團厚薄、大小不一，可能厚的部分熟了，薄的地方已經燒焦，不僅影響外觀，口感也硬脆不均。製作擠花餅乾時，擠製全程都要保持穩定的力道、速度、花嘴角度，多練習才能擠得漂亮。除此之外，也要留意麵團的質地太稀或太稠，確認配方用量是否正確，如果太軟可以先放冷藏稍微冰硬。

Q13 餅乾烘烤時出油

➔ 麵團的油脂過多 / 放太久未烤焙

如果麵團中含有過多奶油或油脂，受熱時油脂融化就會流出來。發生出油情況時，先檢查秤材料時，奶油或油脂量是否正確，也可以在烤盤上鋪烘焙紙吸收多餘油脂。或另一種狀況是天氣熱，麵團放在烤盤上太久不烤焙，也會出油。

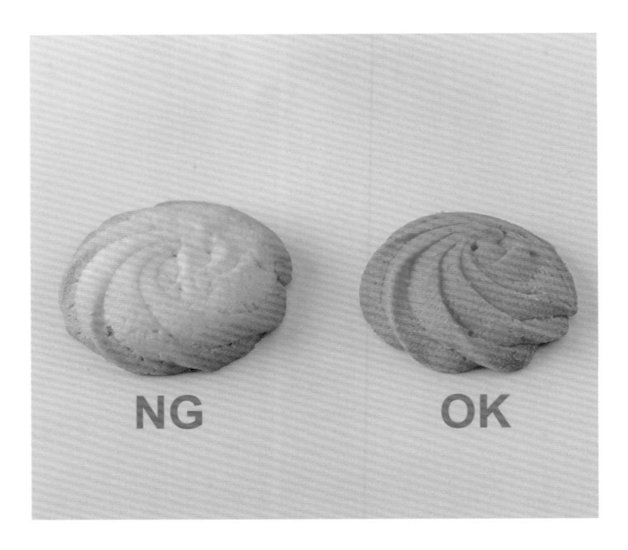

Q14 擠花餅乾烤好後紋路消失

➔ 加入麵粉後攪拌過度而出筋

麵粉和水在攪拌的過程中，蛋白質會不斷結合成麩質，結構變得越來越穩固，也就是所謂的「出筋」。餅乾不需要硬實、彈性的口感，所以不常攪拌到產生筋性。出筋後的麵團除了口感硬，因為彈性變好，烘烤時容易收縮劇烈，使得花紋變得不明顯。

Q15 烤好的餅乾凹陷或有裂痕

➔ 攪拌不均勻或操作過度

最常見的情況是麵團沒有確實混合，烘烤時因為質地不均勻、油水分離等問題而裂開，尤其是將蛋黃加入奶油中時，一定要確實乳化均勻再加入麵粉。此外，操作時間過長導致麵粉出筋、結構過硬而失去彈性，也常是造成龜裂的原因。

Q16 餅乾烤好後一拿就碎

➔ 出爐後沒有先放涼

餅乾剛出爐時，表面接觸到冷空氣收縮，但內部還在持續釋放熱能而膨脹，處於結構脆弱的狀態，因此非常容易碎掉，可以連同烘焙紙一起移到底部非密封的架上散熱再拿取，放涼後的餅乾會比剛烤好時硬。如果要製作夾心餅乾也務必先放涼，以免奶油霜遇熱融化。

Q17 餅乾的夾心不平均

➔ 擠的力道不一致

夾心餅乾的內餡用塗抹或擠製都可以，重點在於維持厚薄一致，才能讓每一口的口感和濕潤度相同。最常遇到不均的情況，就是擠餡時的力道沒有掌控好，太大力擠就會過大，太小力則不夠飽滿。需要多練習，才擠得漂亮。

Q18 包餡餅乾烤完後餡料流出來

➔ 包得不夠密實、餡料水分過多

餅乾內餡會在烘烤中膨脹、流動，即使只有一個小縫隙，也可能從裂縫中撐開溢出。因此包裹時必須確保內餡在中間位置、完全包覆在麵團中，且收口要捏緊。

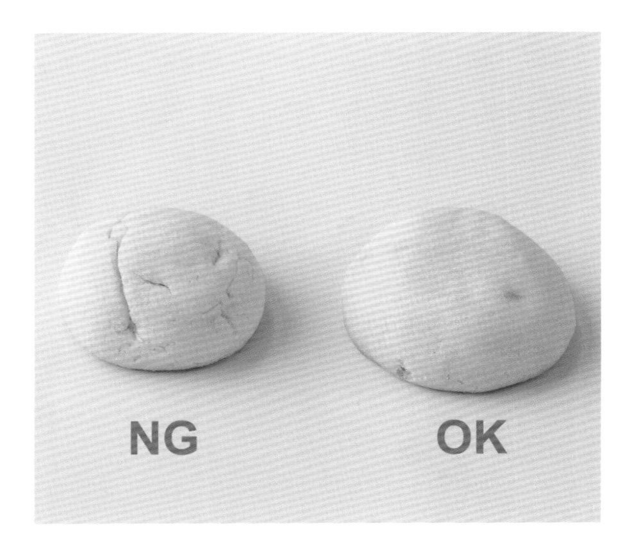

Q19 烤好的包餡餅乾表面裂開

➔ 麵團中的水量過高 / 厚薄不均

如果包餡餅乾烤好之後裂開，有可能是內餡的含水量太高。因為加熱之後，麵團表面已經凝固，但裡頭的水蒸氣還在膨脹、往外衝，自然容易裂開。建議先檢查內餡作法是否正確。另一種原因則是包裹時麵團厚薄不均勻，烤焙後較薄的地方會從表面裂開。

餅乾的包裝與保存

餅乾是一種便利性很高的甜點，除了製程相對簡單，常溫的特性在包裝保存上也容易許多，因此是很多人選擇開單販售的熱門品項。

大多餅乾在包裝時，可以選擇鐵盒（有分隔／無分隔）或玻璃密封罐，以免受潮、氧化。販售時最常用的是鐵盒，含分隔的鐵盒保護性好，但可以容納的餅乾形狀比較單一；無分隔鐵盒餅乾可以做更多變化，但也容易碎，通常會先裝入大片的餅乾，再用小餅乾填補縫隙並固定。

另外比較需要注意的是夾心餅乾，因為中間的內餡含有鮮奶油、乳酪等材料，且會直接接觸到空氣，因此需要另外單個包裝再裝盒，避免發霉。

【餅乾的保存方法】

美式軟餅乾／奶油餅乾／包餡餅乾：

裝入密封盒保存，放在陰涼乾燥、陽光不會直射的地方即可。

★ **保存時間**：室溫7日，冷藏15日，冷凍1個月。

夾心餅乾：

每片餅乾單獨密封保存，放在陰涼乾燥、陽光不會直射的地方。

★ **保存時間**：室溫2日，冷藏10日，冷凍1個月。

【注意事項】

如果冷凍的話，當日退冰後需當日食用，

避免反覆冰及退冰造成不當水分接觸，容易發霉。

Chapter 2

人氣經典的
美式軟餅乾

一口咬下外酥內軟的餅乾，
最先感受到的是奶油、麵團香氣，
接著巧克力、果乾、堅果相繼出現，
變化不斷的風味與口感，
每一片都想吃，每一口都是驚喜！

SN1050

經典巧克力豆軟餅乾

難易度 ★★

餅乾經過烘烤後，會形成一層薄脆外皮，內層柔軟濕潤，
一口咬下，充滿著濃郁的奶油和巧克力的香氣。
外層的酥脆與內層的柔軟在口中交織，
再加上巧克力豆的甜而不膩，讓人忍不住一口接一口。

Servings 片數	Temperature 溫度	Baking Time 烘烤時間
14 片 （分割 40g / 片）	上火 170℃ 下火 150℃	16 分鐘

材料 Ingredients

無鹽奶油	115g	全蛋	55g	法國粉	70g
黑糖粉	75g	鹽	1g	泡打粉	2g
細砂糖	50g	低筋麵粉	100g	耐烤焙巧克力豆	100g

麵團總重 568g

製作步驟 How to make

將軟化無鹽奶油與黑糖粉、細砂糖、鹽一起放入攪拌盆中。

將材料攪打至糖油完全混合均勻。

分次加入全蛋。

攪拌至油脂和蛋液充分乳化完全。

加入過篩的低筋麵粉、法國粉、泡打粉。

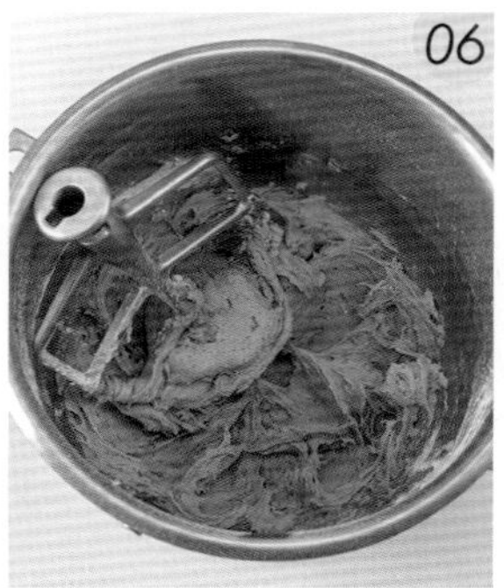

再次攪打均勻。

加入耐烤焙巧克力豆。

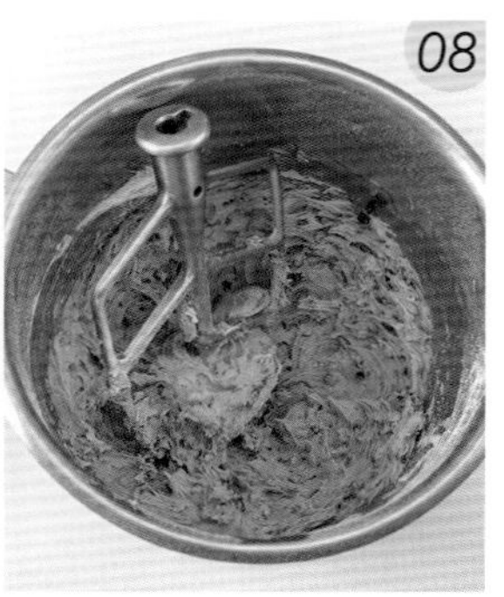

攪打均勻。

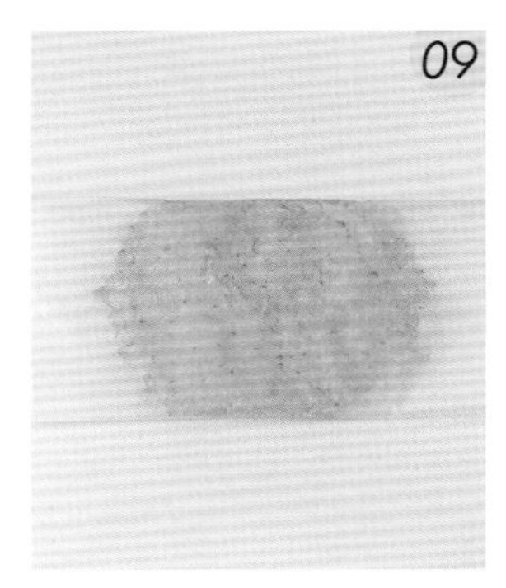

將麵團放在烘焙紙上整型後，放入冰箱冷藏約 1 小時至變硬。

取出後確認不會沾黏即可進行操作。

將冰硬的麵團切割，每一塊的重量為 40 公克。

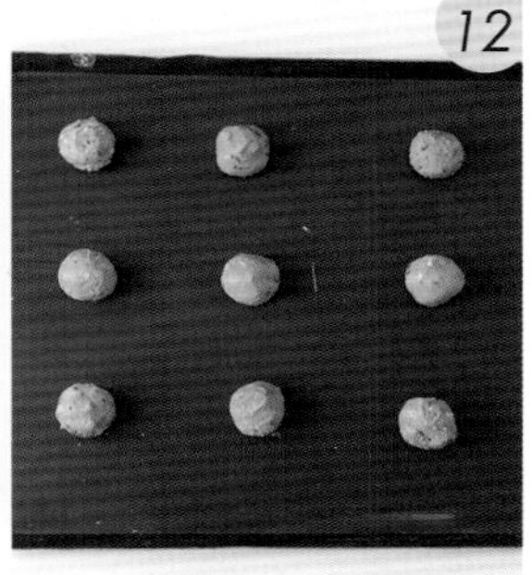

再將每塊麵團滾圓。如果覺得黏手，可以使用少許麵粉當手粉。

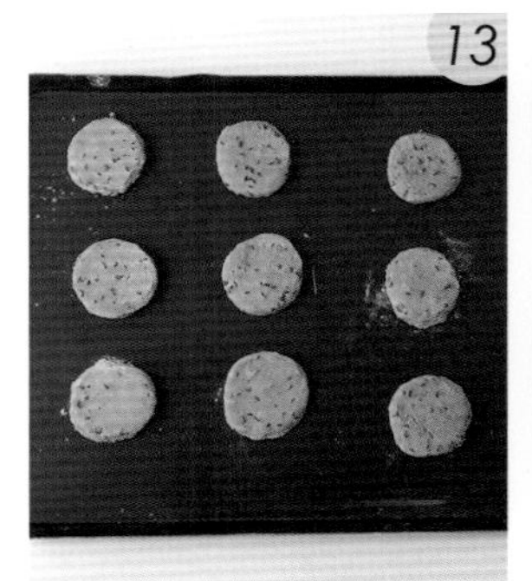

將麵團稍微壓扁。

烤箱以上火 170℃、下火 150℃預熱後，將烤盤放入，烘烤 16 分鐘。

取出、放涼即完成。

MONDAY'S DAILY
NEWS

M&M 巧克力軟餅乾

難易度 ★★

散發出深邃的巧克力味、濃郁的奶油香氣，
將脆、鬆、香、甜等元素完美融合，
整體口感帶著豐富的層次，
是令人難以抗拒的美味之選。

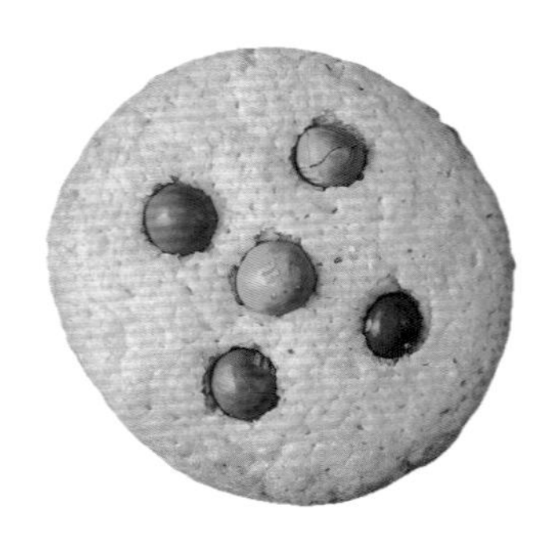

Servings 片數	Temperature 溫度	Baking Time 烘烤時間
11 片 （分割 40g / 片）	上火 170℃ 下火 150℃	16 分鐘

材料 Ingredients

無鹽奶油	120g	鹽	1g	M&M 巧克力	
糖粉	70g	低筋麵粉	100g	（表面裝飾用）	60g
細砂糖	50g	法國粉	70g		
全蛋	55g	泡打粉	2g		

麵團總重 468g

製作步驟 How to make

將軟化無鹽奶油與糖粉、細砂糖、鹽一起放入攪拌盆中。

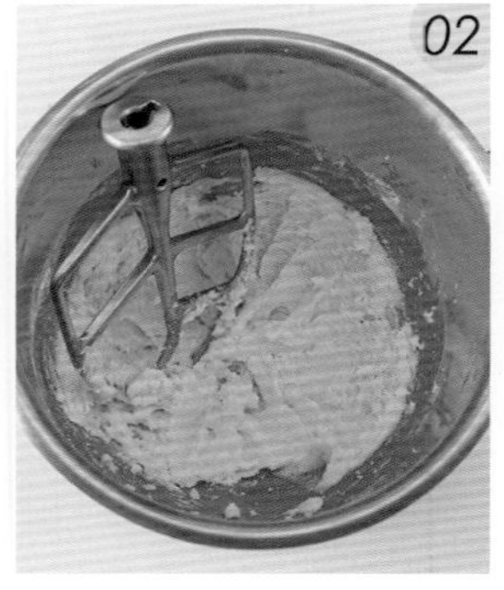

拌至糖油完全混合均勻。

分次加入全蛋，攪拌至油脂和蛋液乳化完全。

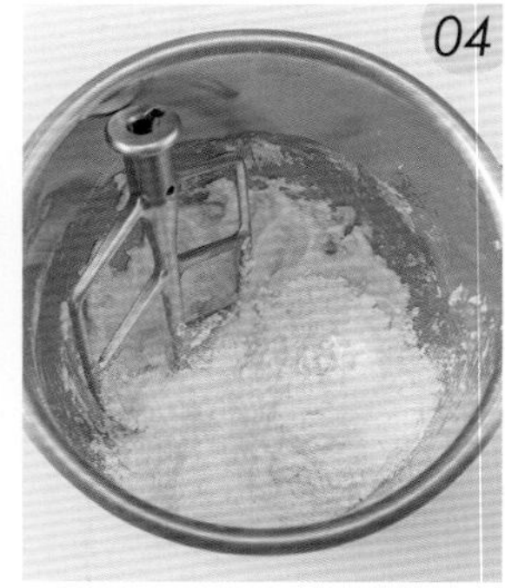

加入過篩的低筋麵粉、法國粉、泡打粉。

再次攪打均勻。

將麵團放在烘焙紙上整型後，放入冰箱冷藏約 1 小時至變硬。

取出後確認不會沾黏即可進行操作。

將冰硬的麵團切割，每一塊的重量為 40 公克。

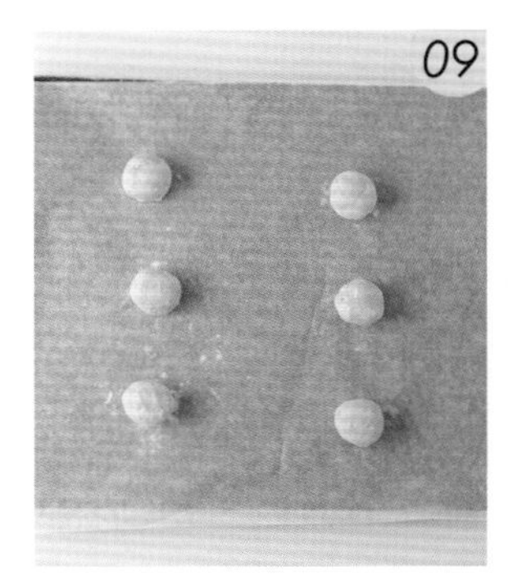

烤盤先鋪入烘焙紙，將每塊麵團滾圓後排入。

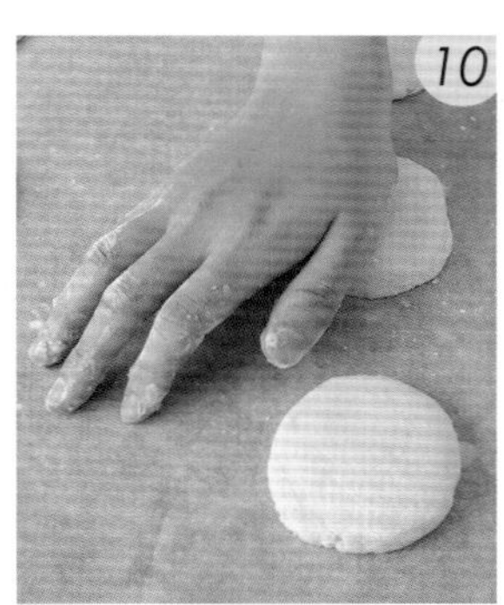

將麵團壓扁。

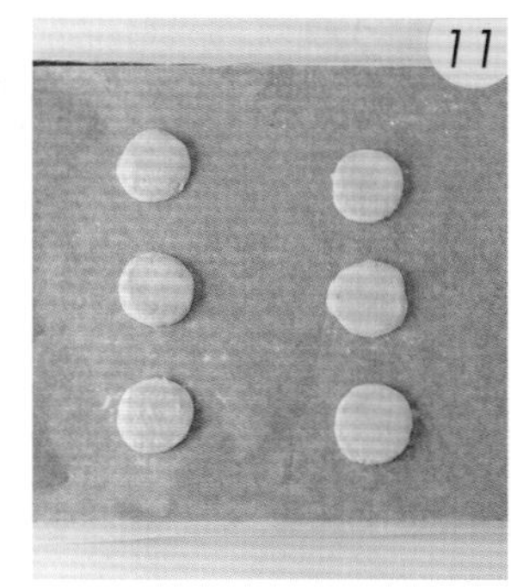

麵團之間預留一些空間，不要排得過密。

烤箱以上火 170℃、下火 150℃預熱後，將烤盤放入，烘烤 16 分鐘，即可取出。

趁熱在烤好的餅乾上，壓入 M&M 巧克力。

TIPS
這個步驟一定要趁熱完成，等放涼變硬就壓不進去了。

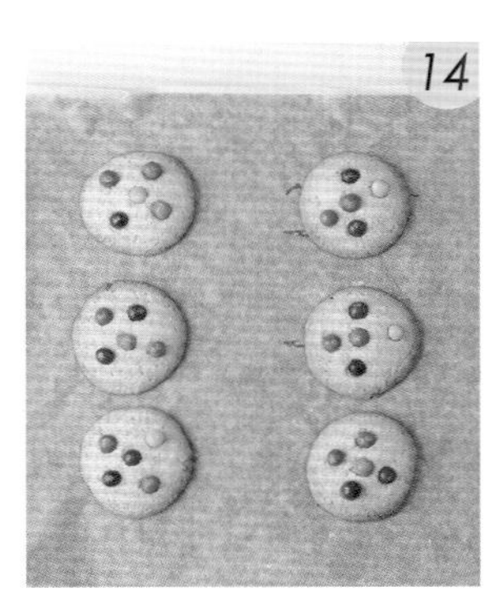

放涼即完成。

雙倍黑巧克力軟餅乾

難易度 ★★

一口咬下，外層略微酥脆，
可以感受到淡淡的巧克力香氣，
而內層濕潤，略帶嚼勁，
稍微咀嚼，濃郁的巧克力味立即爆發！

Servings 片數	Temperature 溫度	Baking Time 烘烤時間
13 片 （分割 40g / 片）	上火 170℃ 下火 150℃	16 分鐘

材料
Ingredients

無鹽奶油	125g	鹽	1g	泡打粉	2g
黑糖粉	50g	低筋麵粉	80g	耐烤焙巧克力豆	80g
細砂糖	50g	法國粉	70g	耐烤焙巧克力豆（表面裝飾）	30g
全蛋	60g	可可粉	25g		

麵團總重 543g

製作步驟
How to make

將軟化無鹽奶油、黑糖粉、細砂糖、鹽攪打至完全混合均勻。

分次加入全蛋，攪拌至油脂和蛋液乳化完全。

接著加入過篩的低筋麵粉、法國粉、可可粉、泡打粉。

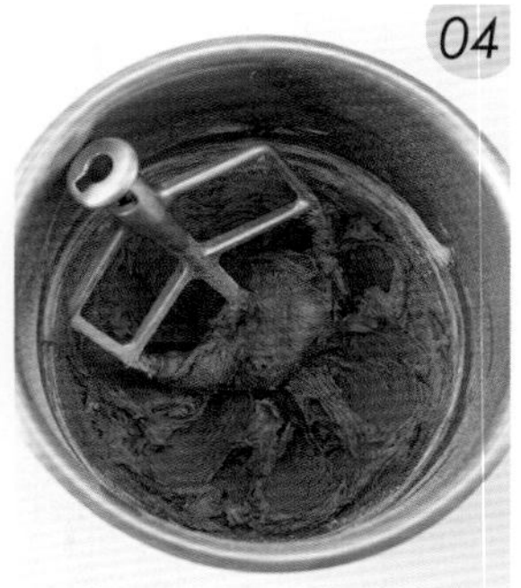

再次攪打均勻。

加入耐烤焙巧克力豆。

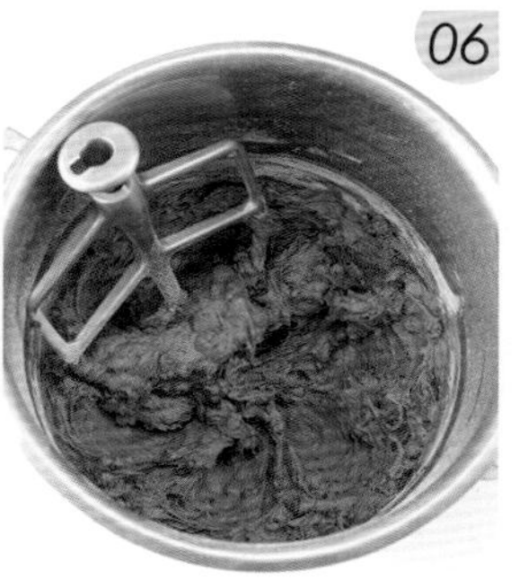

攪打均勻。

將麵團放在烘焙紙上整型後，再放入冰箱冷藏約 1 小時至變硬。

取出後確定麵團不會沾黏即可進行操作。

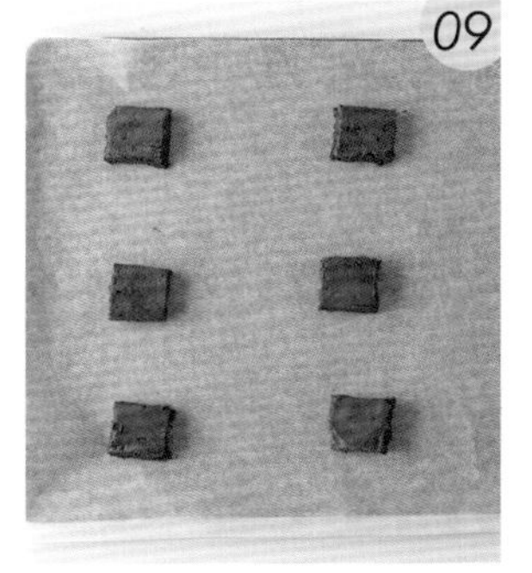

將冰硬的麵團切割，每一塊的重量為 40 公克。

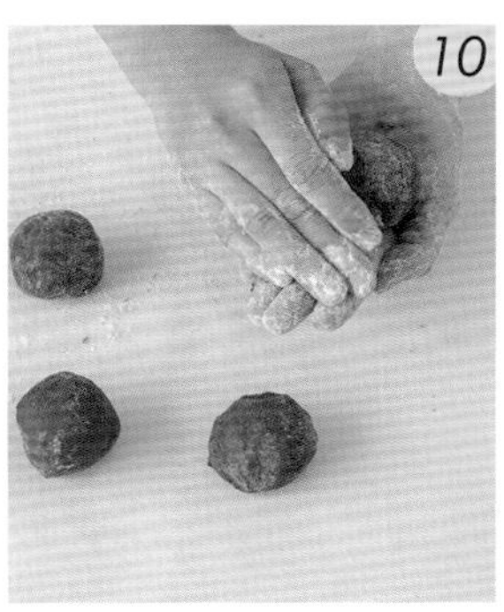

將麵團滾圓，如果覺得黏手，可以使用手粉。

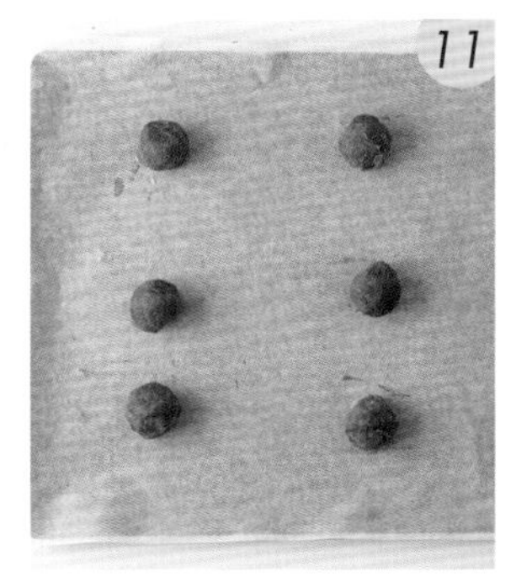

烤盤先鋪入烘焙紙，將滾圓的麵團排入烤盤中。

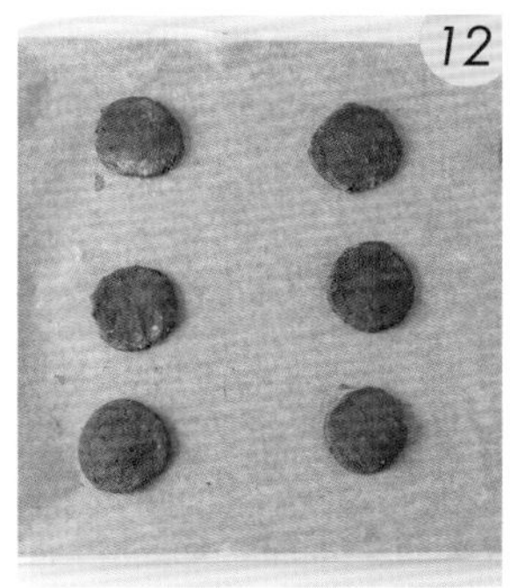

將麵團稍微壓扁，留意麵團之間不要排得過密。

放上適量的耐烤焙巧克力豆，再壓入麵團中。

烤箱以上火 170℃、下火 150℃預熱後，將烤盤放入，烘烤 16 分鐘。

取出、放涼即完成。

覆盆子莓果軟餅乾

難易度 ★★

酥脆的邊緣包覆著鬆軟的內裡，
咬下時可以感受到覆盆子莓果的酸甜滋味，
兩者融合在一起，形成獨特的風味。

Servings 片數	Temperature 溫度	Baking Time 烘烤時間
15 片 （分割 40g / 片）	上火 170℃ 下火 150℃	16 分鐘

材料 Ingredients

無鹽奶油	120g	鹽	1g	泡打粉	2g
糖粉	60g	低筋麵粉	100g	耐烤焙巧克力豆	50g
細砂糖	50g	法國粉	65g	冷凍覆盆子	100g
全蛋	55g	覆盆子粉	3g	冷凍覆盆子（表面裝飾）	45 顆

麵團總重 606g

製作步驟 How to make

01 將軟化無鹽奶油、糖粉、細砂糖、鹽攪打至完全混合均勻。

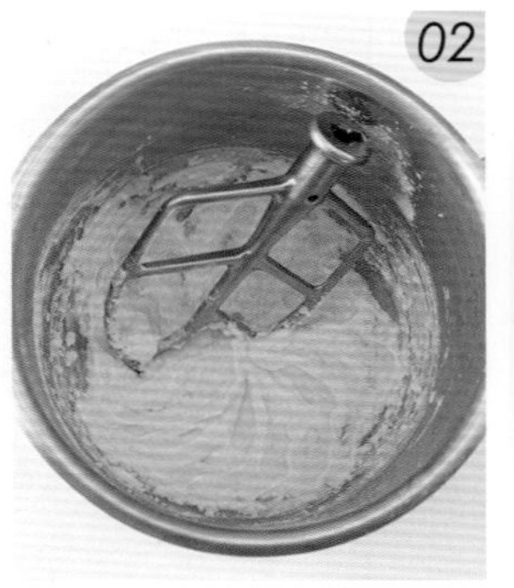

02 分次加入全蛋，攪拌至油脂和蛋液乳化完全。

03 加入過篩的低筋麵粉、法國粉、覆盆子粉、泡打粉，再次攪打均勻。

04 接著加入耐烤焙巧克力豆、冷凍覆盆子。

將所有材料攪拌均勻。

將麵團放在烘焙紙上整型後，再放入冰箱冷藏約 1 小時至變硬。

取出後確定麵團不會沾黏即可進行操作。

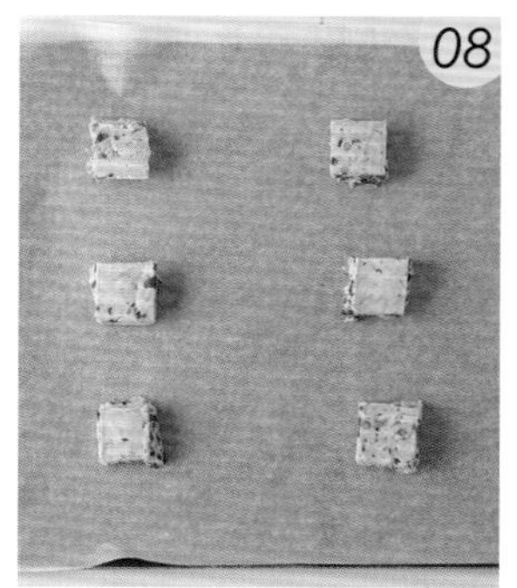

將冰硬的麵團切割，每一塊的重量為 40 公克。

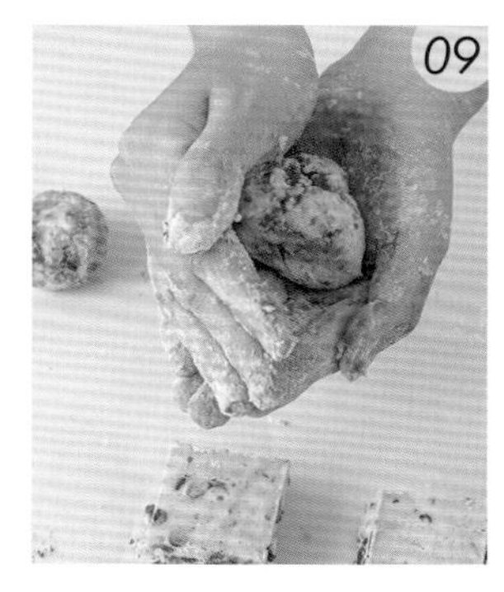

將麵團滾圓，如果覺得黏手，可以使用手粉。

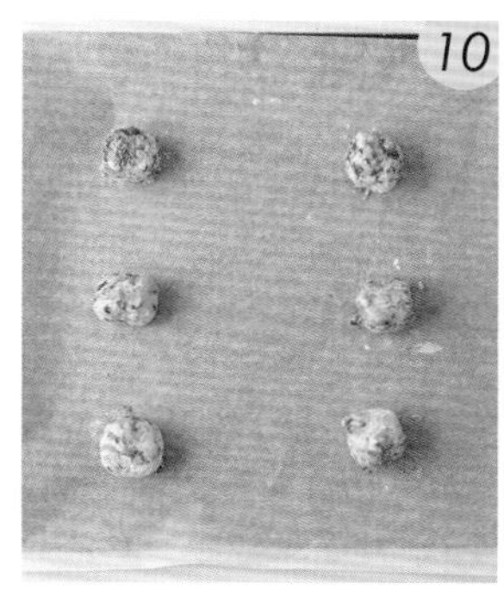

烤盤先鋪入烘焙紙，將滾圓的麵團排入烤盤中。

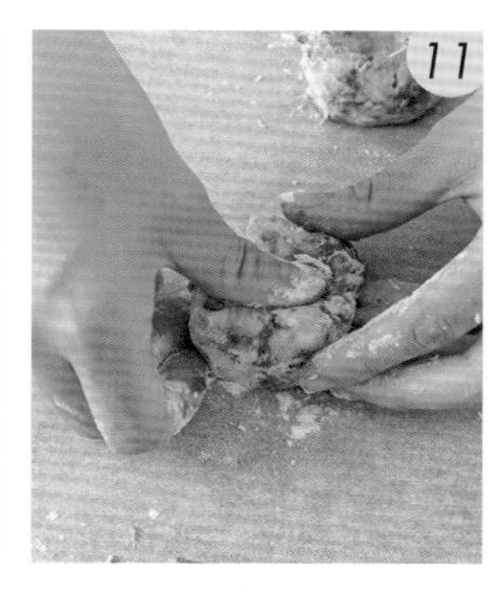

把麵團上方略微壓扁。

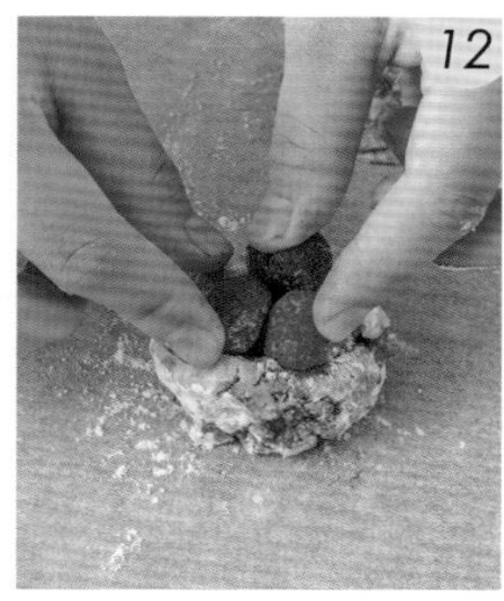

壓入 3 顆冷凍覆盆子。

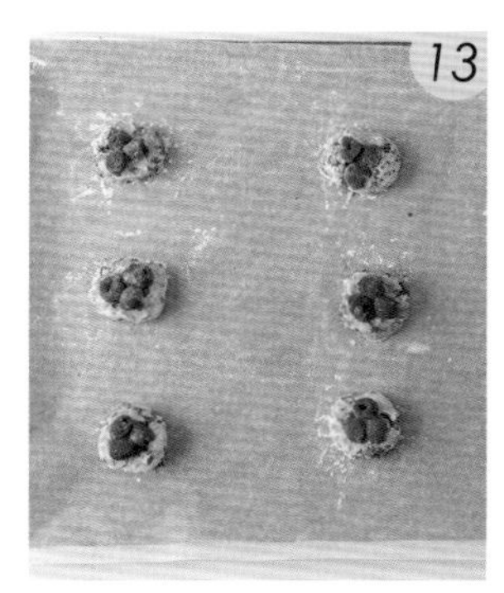

確認麵團之間預留了適度空間，不會過密。

烤箱以上火 170℃、下火 150℃ 預熱後，將烤盤放入，烘烤 16 分鐘。

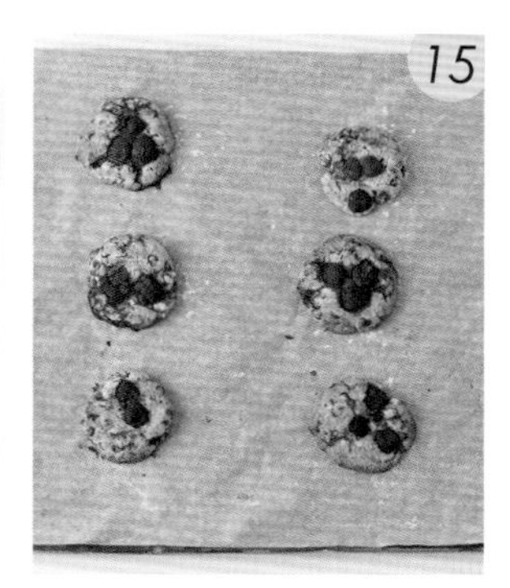

取出、放涼即完成。

WONDERFUL
Tasty

蔓越莓白巧克力
軟餅乾

難易度 ★★

酸甜的蔓越莓，加上白巧克力，
酸中帶甜的滋味，爽口不膩，
加上外表酥脆內餡濕潤的獨有特色，
不論搭配咖啡還是一杯熱茶，
都有著絕佳滋味。

Servings 片數	Temperature 溫度	Baking Time 烘烤時間
14 片 （分割 40g / 片）	上火 170℃ 下火 150℃	16 分鐘

材料
Ingredients

無鹽奶油	125g	鹽	1g	白巧克力（鈕扣）	50g
糖粉	50g	低筋麵粉	100g	糖漬蔓越莓	70g
細砂糖	50g	法國粉	70g	糖漬蔓越莓（裝飾）	30g
全蛋	55g	泡打粉	2g		

麵團總重 573g

製作步驟
How to make

將軟化無鹽奶油、糖粉、細砂糖、鹽攪打至完全混合均勻。

分次加入全蛋，攪拌至油脂和蛋液乳化完全。

加入過篩的低筋麵粉、法國粉、泡打粉。

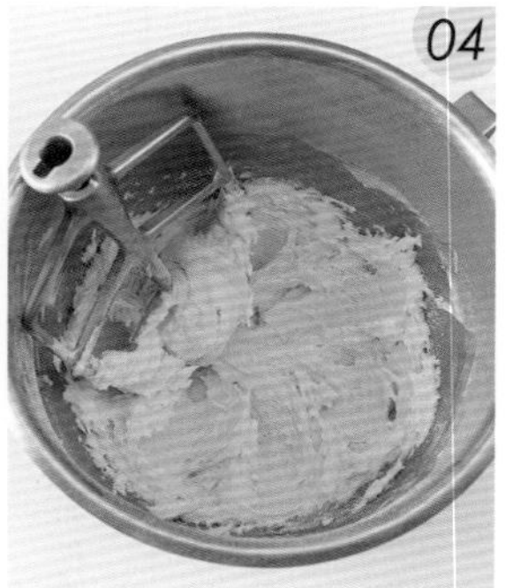

再次攪打均勻。

接著加入白巧克力、糖漬蔓越莓。

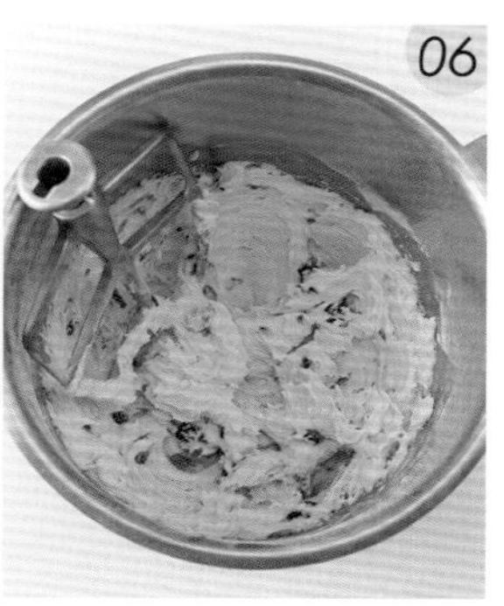

將所有材料攪拌均勻。

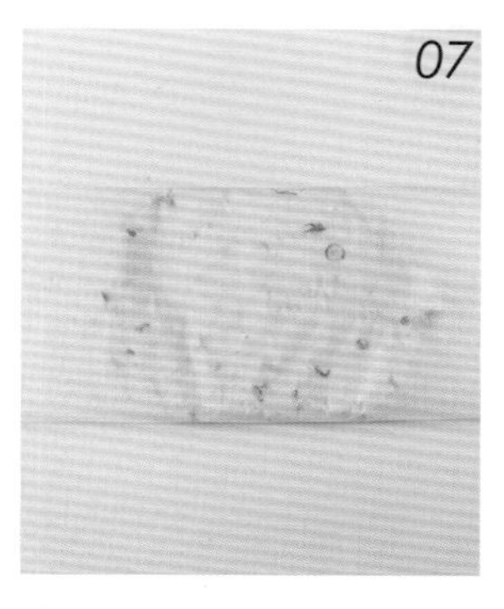

將麵團放在烘焙紙上整型後，再放入冰箱冷藏約 1 小時至變硬。

取出後確定麵團不會沾黏即可進行操作。

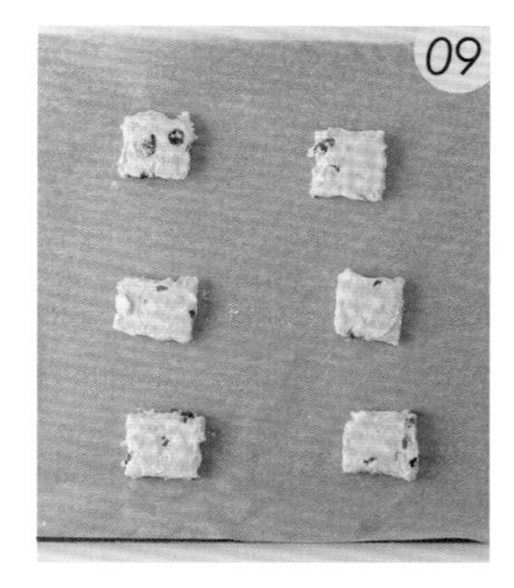

將冰硬的麵團切割，每一塊的重量為 40 公克。

將麵團滾圓，如果覺得黏手，可以使用手粉。

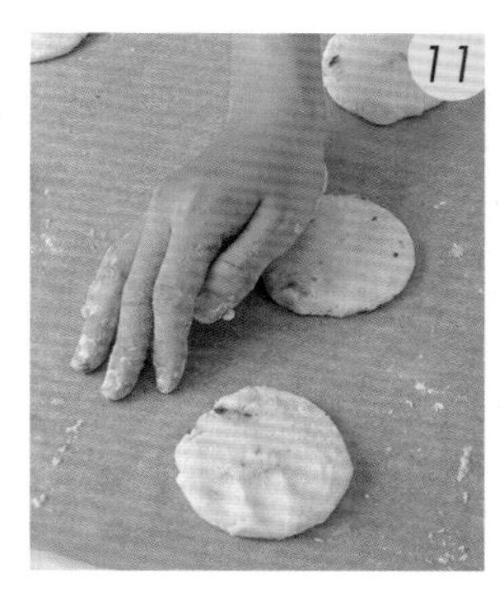

烤盤先鋪入烘焙紙，把滾圓的麵團排入後壓扁。麵團不要排得太密。

表面放上適量的糖漬蔓越莓，用手壓入麵團中。

烤箱以上火 170℃、下火 150℃預熱後，將烤盤放入，烘烤 16 分鐘。

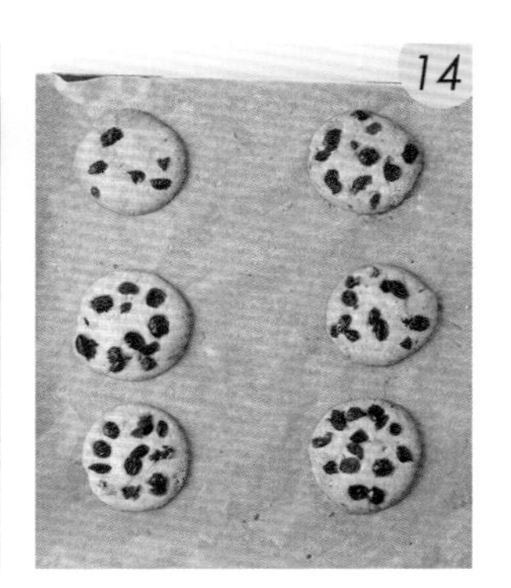

取出、放涼即完成。

杏仁片白巧克力軟餅乾

難易度 ★★

白巧克力融化後帶來濃郁的奶香和甜味，
與杏仁片的香脆形成美妙的對比，
再加上美式軟餅乾本身的鬆軟質地，
為味蕾帶來一場豐富多層次的盛宴。

Servings 片數	Temperature 溫度	Baking Time 烘烤時間
15 片 （分割 40g / 片）	上火 170℃ 下火 150℃	16 分鐘

材料 Ingredients

無鹽奶油	125g	鹽	1g	白巧克力（鈕扣）	60g
糖粉	50g	低筋麵粉	100g	杏仁片	100g
細砂糖	50g	法國粉	70g	杏仁片（裝飾）	30g
全蛋	55g	泡打粉	2g		

麵團總重 613g

製作步驟 How to make

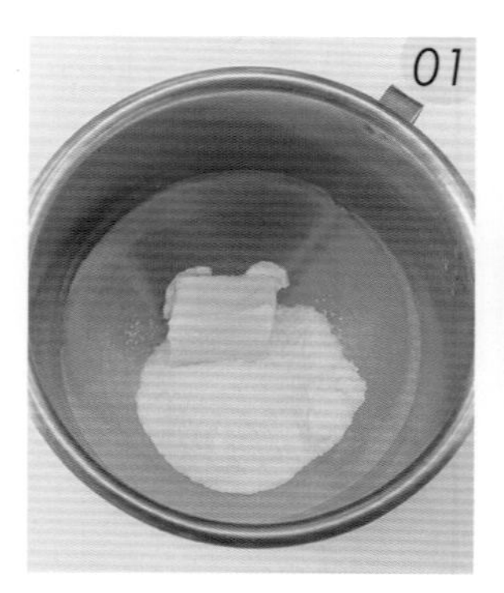

01 將軟化無鹽奶油與糖粉、細砂糖、鹽一起放入攪拌盆中。

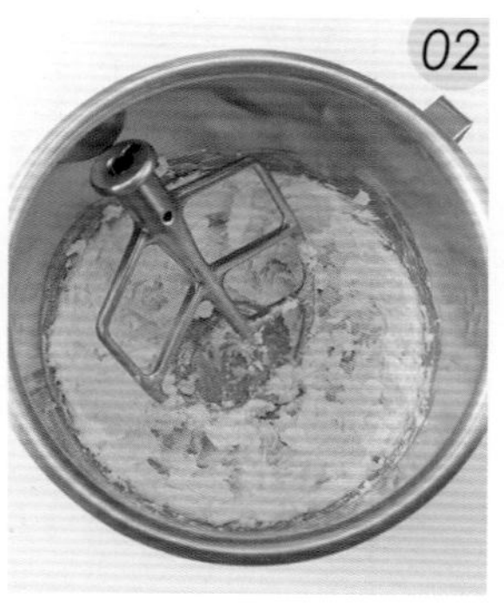

02 攪打至糖油完全混勻。

03 分次加入全蛋。

04 攪拌至油脂和蛋液充分乳化完全。

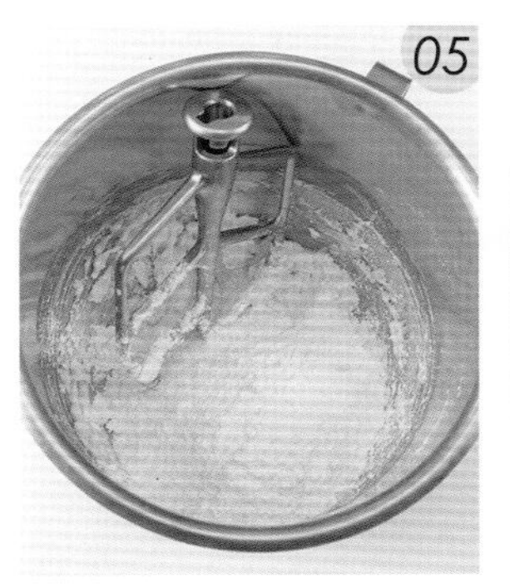

加入過篩的低筋麵粉、法國粉、泡打粉。

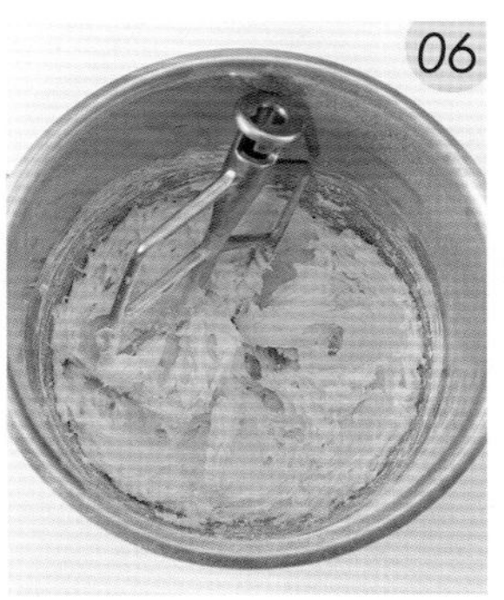

再次攪打均勻。

接著加入白巧克力、杏仁片拌勻。

將所有材料攪拌均勻。

將麵團放在烘焙紙上整型後，再放入冰箱冷藏約 1 小時至變硬。

取出後確定麵團不會沾黏即可進行操作。

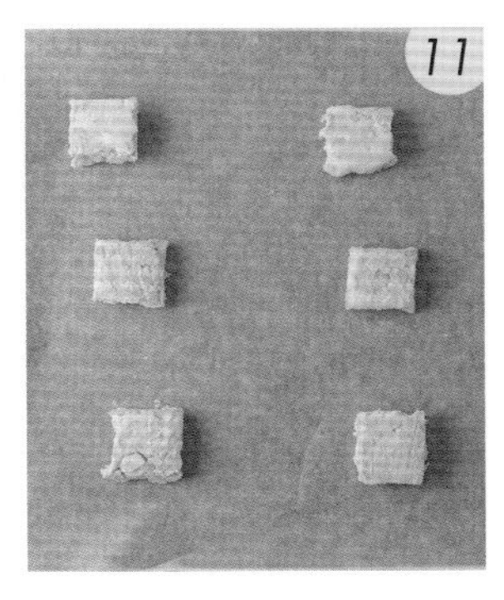

將冰硬的麵團切割，每一塊的重量為 40 公克。

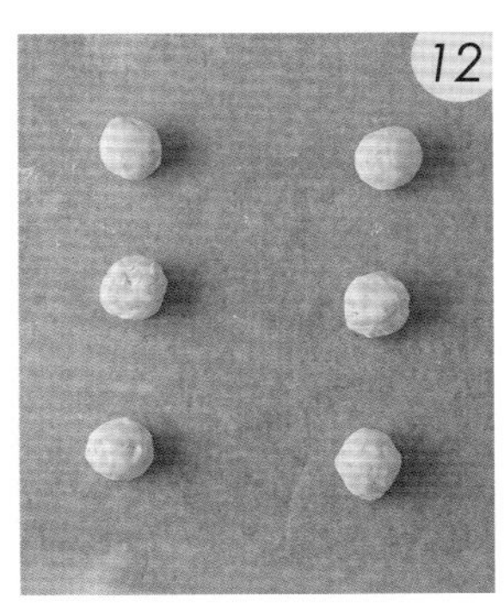

烤盤先鋪入烘焙紙，將麵團滾圓後排入。

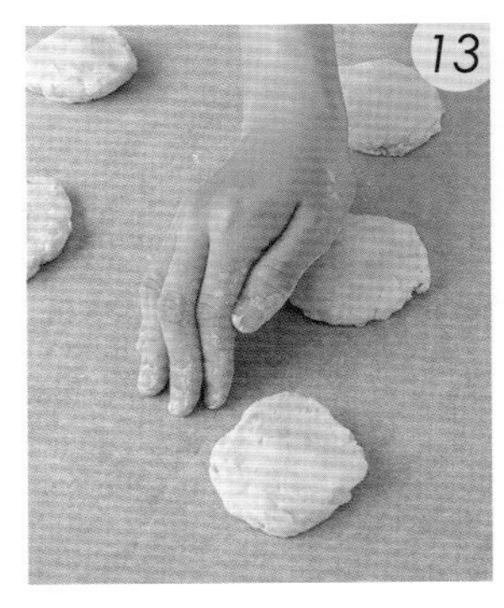

把麵團稍微壓扁，上方放入杏仁片後略微壓實。麵團不要排得過密。

烤箱以上火 170℃、下火 150℃預熱後，將烤盤放入，烘烤 16 分鐘。

取出、放涼即完成。

THE SMART WAY TO Celebrate Bunny Lulu

燕麥核桃
葡萄乾軟餅乾

難易度 ★★

融合燕麥的香氣、葡萄乾的甜美和核桃的香脆，
每一口都充滿了讓人難以抗拒的美味，
是一場豐富多層次的體驗。
不僅滿足了味蕾對於不同口感的渴望，
還為健康養生提供了一個美味的選擇！

Servings 片數	Temperature 溫度	Baking Time 烘烤時間
15 片 （分割 40g / 片）	上火 170℃ 下火 150℃	16 分鐘

材料 Ingredients

無鹽奶油	130g	低筋麵粉	100g	核桃	50g
黑糖粉	60g	法國粉	50g	燕麥片、葡萄乾、核桃（裝飾）	30g
細砂糖	50g	泡打粉	2g		
全蛋	55g	燕麥片	50g		
鹽	2g	葡萄乾	50g		

麵團總重 599g

製作步驟 How to make

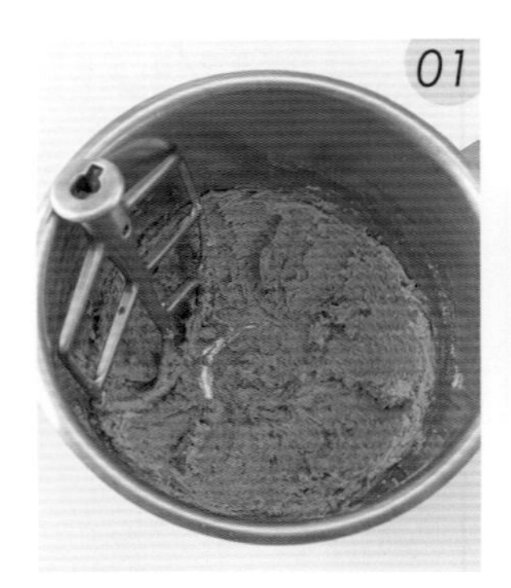

將軟化無鹽奶油、黑糖粉、細砂糖、鹽攪打至完全混合均勻。

分次加入全蛋，攪拌至油脂和蛋液乳化完全。

加入過篩的低筋麵粉、法國粉、泡打粉。

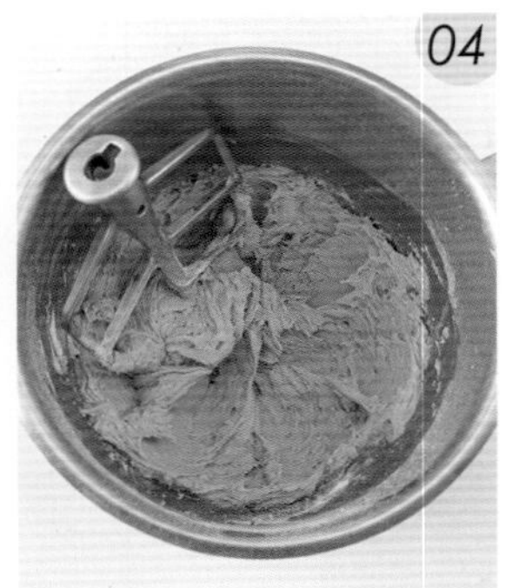

再次攪打均勻。

接著加入燕麥片、葡萄乾、核桃。

將所有材料攪拌均勻。

將麵團放在烘焙紙上整型後，再放入冰箱冷藏約 1 小時至變硬。

取出後確定麵團不會沾黏即可進行操作。

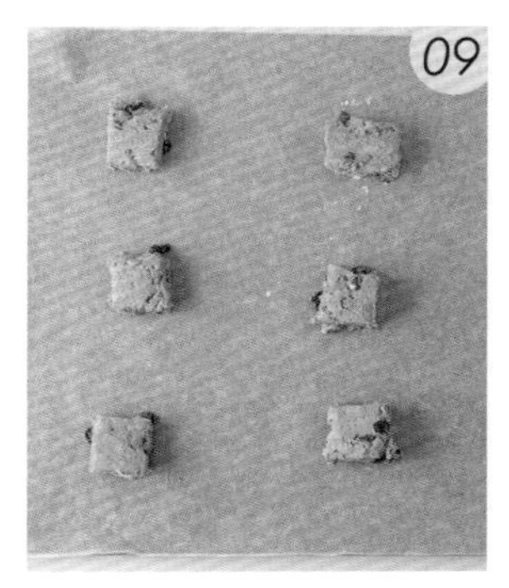

將冰硬的麵團切割，每一塊的重量為 40 公克。

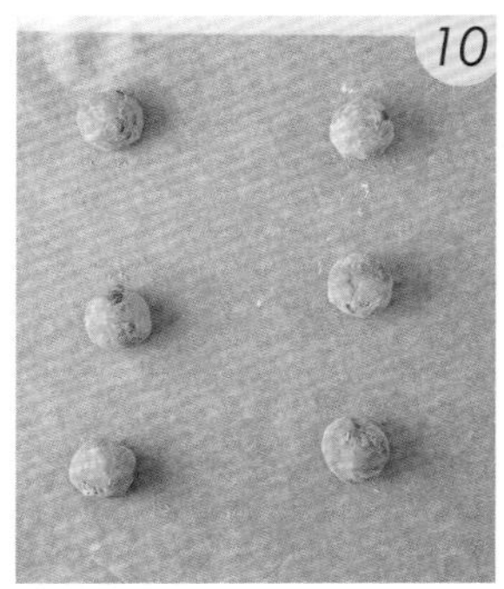

烤盤先鋪入烘焙紙，將麵團滾圓後排入。

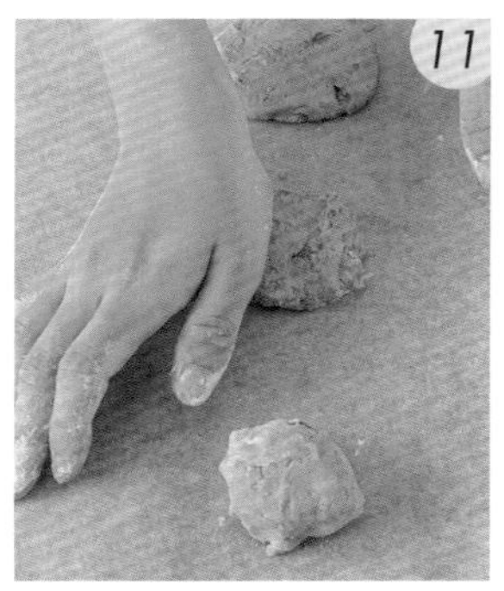

把滾圓的麵團壓扁。

麵團上方放入燕麥片、葡萄乾、核桃後略微壓實。

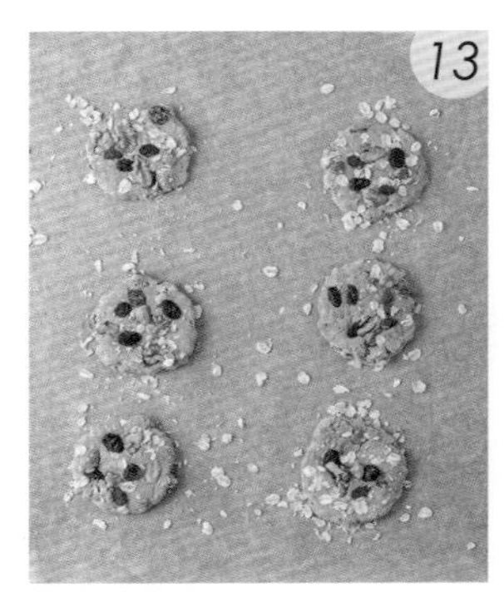

調整好麵團之間的距離，避免過於緊密。

烤箱以上火 170℃、下火 150℃預熱後，將烤盤放入，烘烤 16 分鐘。

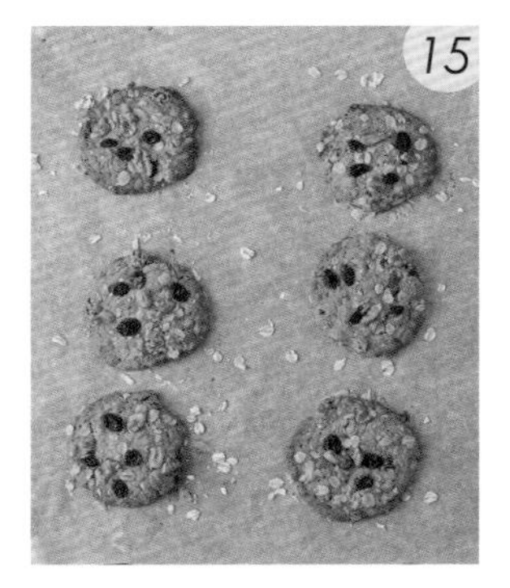

取出、放涼即完成。

H
“SWEET MOMENTS OF LIFE
RECETTE
YOU

焦糖夏威夷豆
軟餅乾

難易度 ★★★

從焦糖的濃郁、夏威夷豆的香脆到餅乾的柔軟，
每一層都帶來了不同的風味與口感享受，
難以抗拒的美味體驗，絕對值得品味。

Servings 片數	Temperature 溫度	Baking Time 烘烤時間
14 片 （分割 40g / 片）	上火 170℃ 下火 150℃	16 分鐘

材料 Ingredients

無鹽奶油	130g	低筋麵粉	100g	**焦糖醬**	
黑糖粉	60g	法國粉	70g	細砂糖	30g
細砂糖	50g	泡打粉	2g	動物性鮮奶油	50g
全蛋	55g	夏威夷豆	50g	麥芽糖（水飴）	15g
鹽	2g	焦糖醬	50g	香草莢	1/4 支

麵團總重 569g

製作步驟 How to make

焦糖醬
將動物性鮮奶油、麥芽糖、香草莢煮熱。

另取一鍋將細砂糖煮至焦化後，沖入熱鮮奶油拌勻，冷卻備用。

將軟化無鹽奶油、黑糖粉、細砂糖、鹽攪打至完全混合均勻。

分次加入全蛋，攪拌至油脂和蛋液乳化完全。

加入過篩的低筋麵粉、法國粉、泡打粉，再次攪打均勻。

接著加入夏威夷豆以及焦糖醬。

將所有材料攪拌均勻。

將麵團放在烘焙紙上整型後，再放入冰箱冷藏約 1 小時至變硬。

取出後確定麵團不會沾黏即可進行操作。

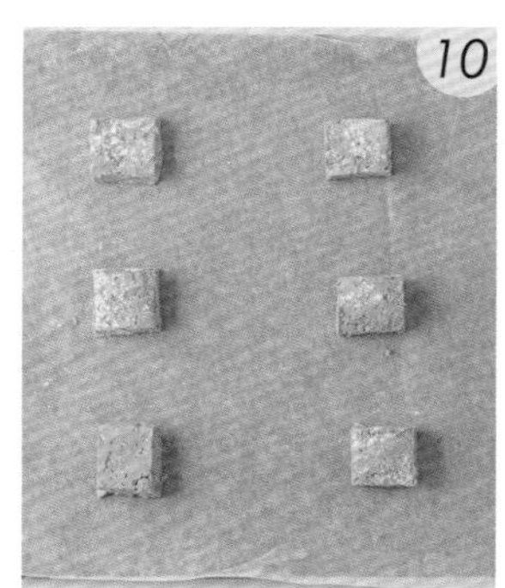

將冰硬的麵團切割，每一塊的重量為 40 公克。

將麵團滾圓，如果覺得黏手，可以使用手粉。

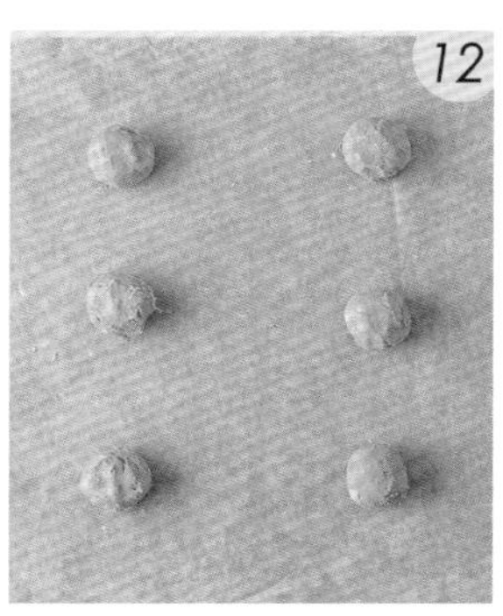

烤盤先鋪入烘焙紙，把滾圓的麵團排入。

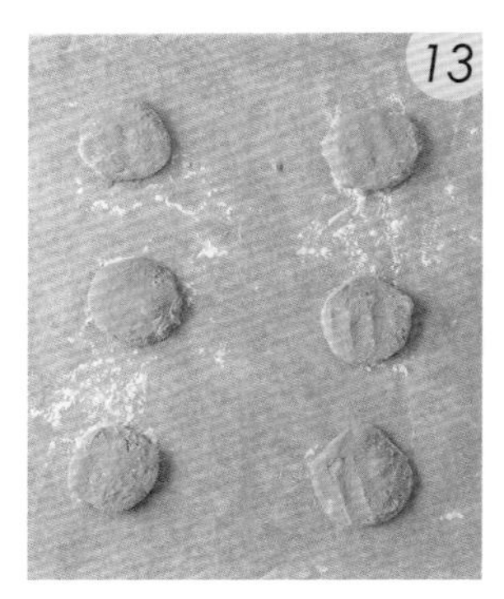

接著將麵團壓扁。

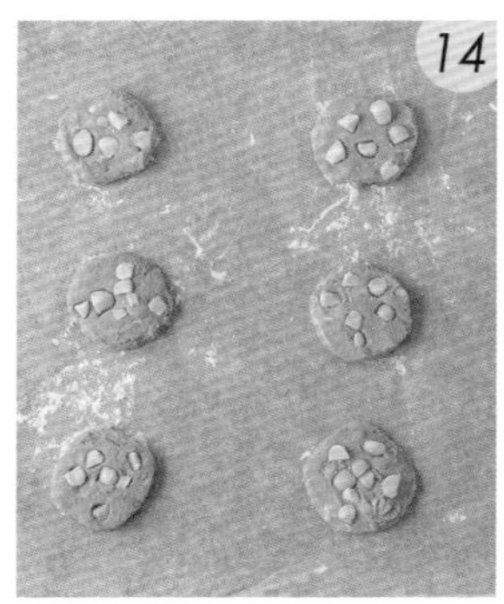

在麵團上方放入夏威夷豆後略微壓實。調整好麵團之間的距離，避免過密。

烤箱以上火 170℃、下火 150℃預熱後，將烤盤放入，烘烤 16 分鐘。

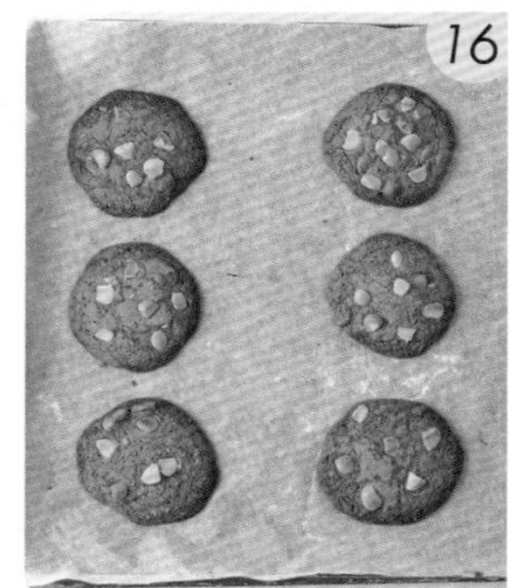

取出、放涼即完成。

抹茶歐蕾
軟餅乾

難易度 ★★

抹茶賦予了餅乾一種深沉的草本風味，
與白巧克力的甜蜜形成一種風味平衡，
為整體帶來了更豐富的層次變化。

Servings 片數	Temperature 溫度	Baking Time 烘烤時間
13 片 （分割 40g / 片）	上火 170℃ 下火 150℃	16 分鐘

材料 Ingredients

無鹽奶油	125g	鹽	1g	泡打粉	2g
糖粉	40g	低筋麵粉	100g	白巧克力（鈕扣）	70g
細砂糖	50g	法國粉	65g		
全蛋	50g	抹茶粉	15g		

麵團總重 518g

製作步驟 How to make

將軟化無鹽奶油與糖粉、細砂糖、鹽一起放入攪拌盆中。

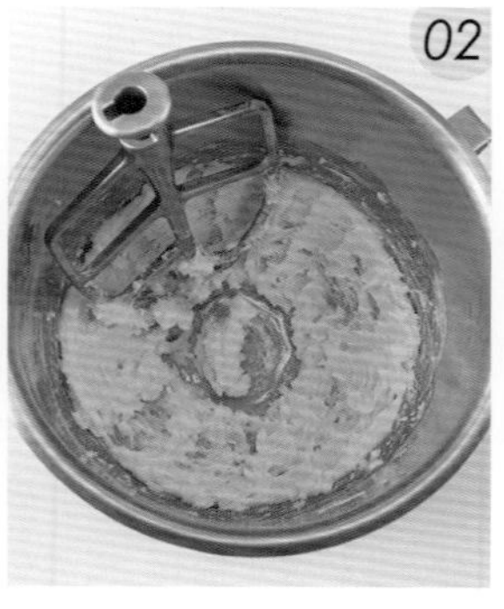

攪打至糖油完全混勻。

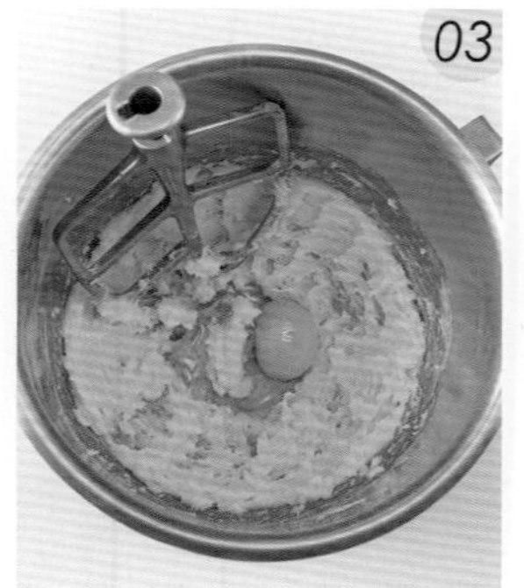

分次加入全蛋。

攪拌至油脂和蛋液充分乳化完全。

接著加入過篩的低筋麵粉、法國粉、抹茶粉、泡打粉。

再次攪打均勻。

接著加入白巧克力。

攪打均勻。

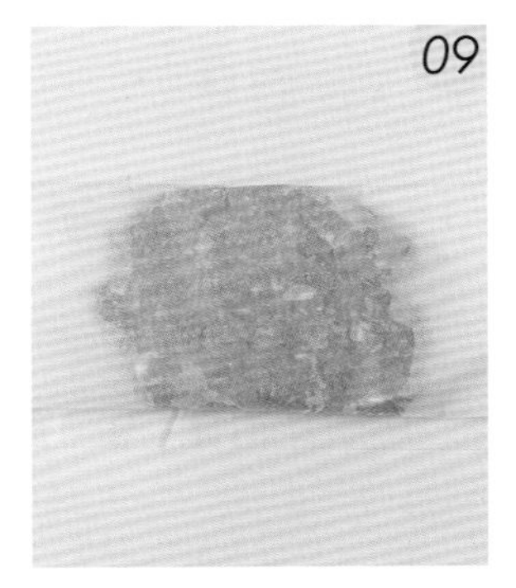

將麵團放在烘焙紙上整型後，再放入冰箱冷藏約 1 小時至變硬。

取出後確認烘焙紙不會沾黏即可進行操作。

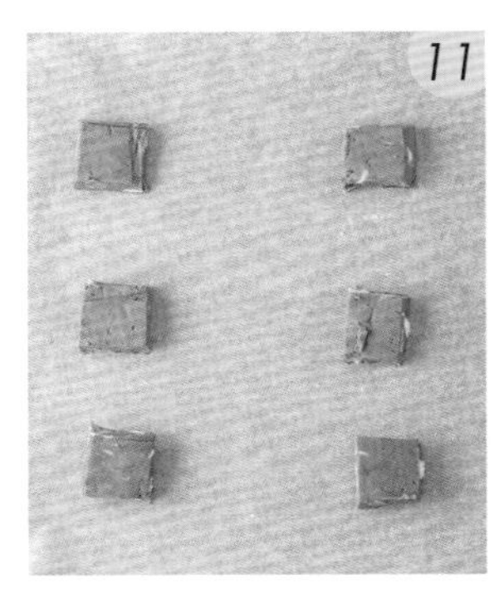

將冰硬的麵團切割，每一片的重量為 40 公克。

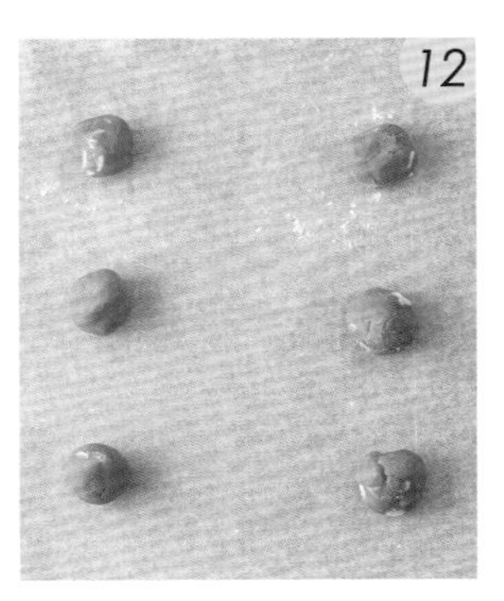

將麵團滾圓後，排入烤盤，如果覺得黏手，可以使用手粉。

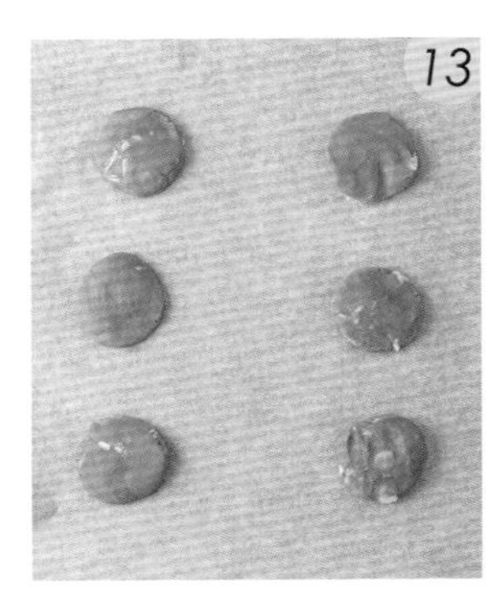

將麵團壓扁，並確認麵團之間不會過於緊密。

烤箱以上火 170℃、下火 150℃預熱後，將烤盤放入，烘烤 16 分鐘。

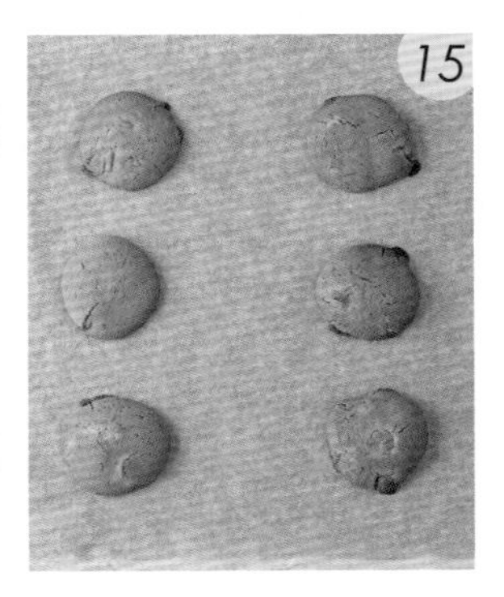

取出、放涼即完成。

肉桂核桃
軟餅乾

難易度 ★★

柔軟的餅乾體帶有堅果的嚼勁，
肉桂香氣也充盈在嘴裡，
再加上與奶油相融的糖，
帶來一段溫暖愉悅的甜蜜時光。

Servings 片數	Temperature 溫度	Baking Time 烘烤時間
13 片 （分割 40g / 片）	上火 170℃ 下火 150℃	16 分鐘

材料 Ingredients

無鹽奶油	140g	鹽	1g	泡打粉	2g
黑糖粉	40g	低筋麵粉	100g	核桃碎	70g
細砂糖	50g	法國粉	65g	核桃碎（裝飾）	約 30g
全蛋	50g	肉桂粉	25g		

麵團總重 533g

製作步驟 How to make

將軟化無鹽奶油與黑糖粉、細砂糖、鹽一起放入攪拌盆中。

攪打至糖油完全混勻。

分次加入全蛋，攪拌至油脂和蛋液乳化完全。

加入過篩的低筋麵粉、法國粉、肉桂粉、泡打粉，再次攪打均勻。

接著加入核桃碎。

攪拌均勻。

將麵團放在烘焙紙上整型後，再冷藏約 1 小時至變硬，即可進行操作。

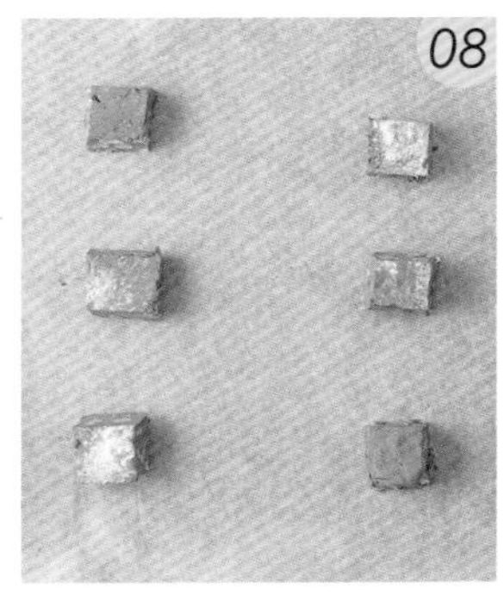

將冰硬的麵團切割，每一塊的重量為 40 公克。

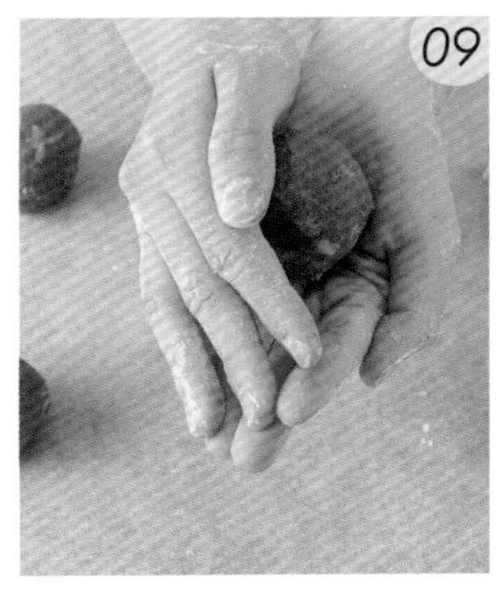

將麵團滾圓，如果覺得黏手，可以使用手粉。

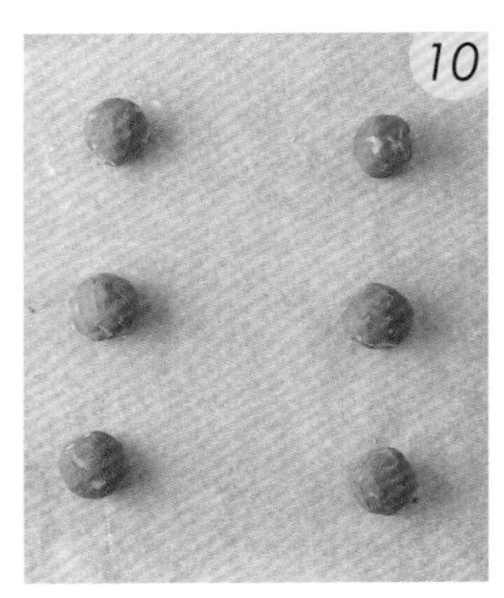

烤盤先鋪入烘焙紙，將滾圓的麵團排入。留意麵團不要排得太密。

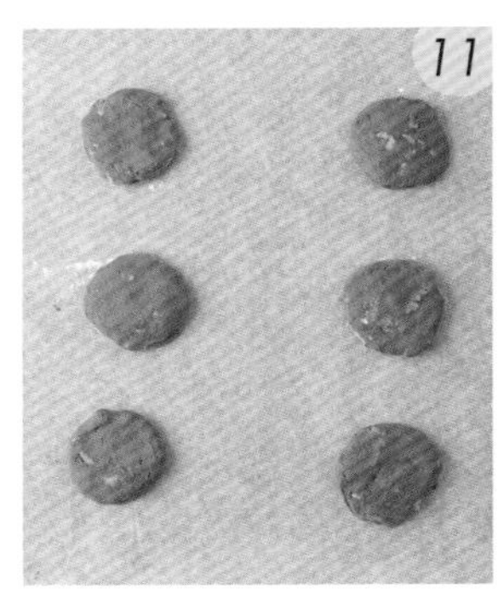

再將麵團壓扁。

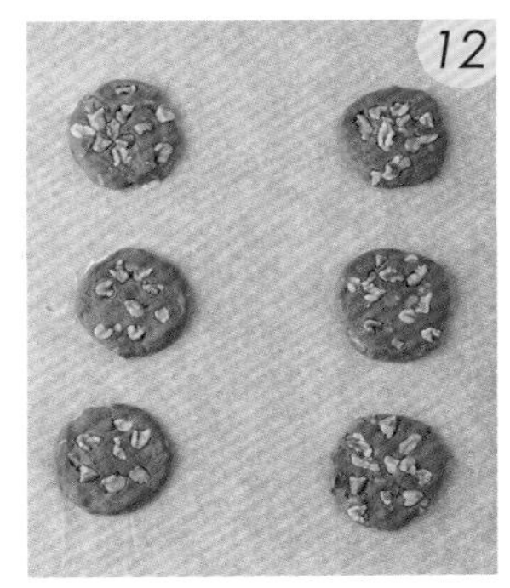

在麵團上方放入適量的核桃碎，略微壓實。

烤箱以上火 170℃、下火 150℃預熱後，將烤盤放入，烘烤 16 分鐘。

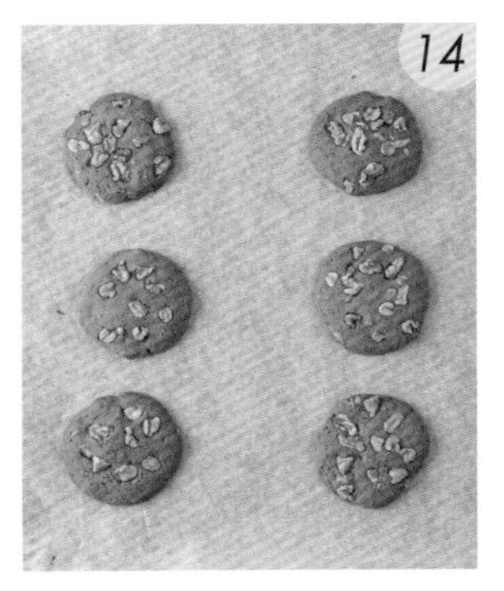

取出、放涼即完成。

ANY CHILD CAN LEARN TO PLAY THE PIANO
WITH THE AID OF THE
"WRIGHT PIANO TUTOR"
CHORUS ;

香濃花生軟餅乾

難易度 ★★

這款帶有些許復古氣味的餅乾，
結合了花生粉與花生粒，
呈現出堅果烘烤過後的濃郁香氣。
花生粒迷人的咀嚼樂趣，
也讓外酥內軟的餅乾增添了脆口感。

Servings 片數	Temperature 溫度	Baking Time 烘烤時間
14 片 （分割 40g / 片）	上火 170℃ 下火 150℃	16 分鐘

材料 Ingredients

無鹽奶油	130g	鹽	1g	泡打粉	2g
黑糖粉	40g	低筋麵粉	100g	花生（切碎烘過）	50g
細砂糖	50g	法國粉	70g	白巧克力（鈕扣）	50g
全蛋	60g	花生粉	30g	花生 （烘烤過，裝飾用）	30g

麵團總重 583g

製作步驟 How to make

將軟化無鹽奶油、黑糖粉、細砂糖、鹽攪打至完全混合均勻。

分次加入全蛋，攪拌至油脂和蛋液乳化完全。

接著加入過篩的低筋麵粉、法國粉、泡打粉、花生粉。

再次攪打均勻。

加入花生碎、白巧克力。

將所有材料攪拌均勻。

將麵團放在烘焙紙上整型後，再放入冰箱冷藏約 1 小時至變硬。

取出後確認不會沾黏即可進行操作。

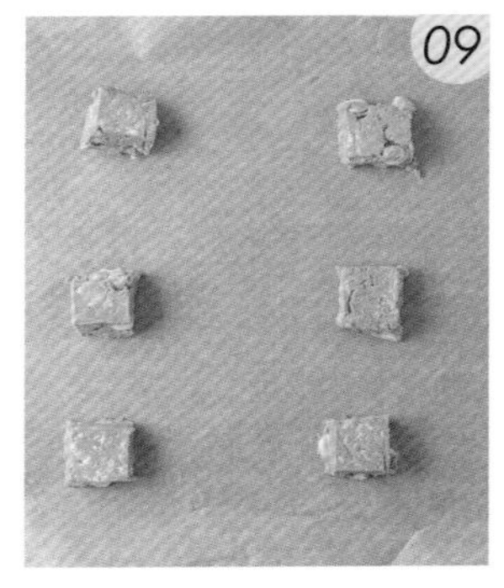

將冰硬的麵團切割，每一塊的重量為 40 公克。

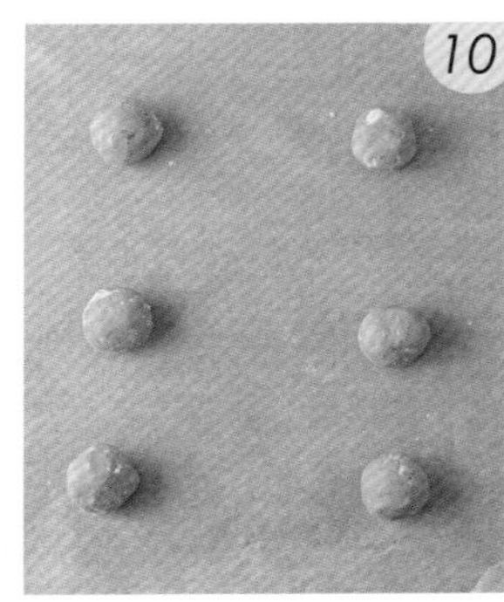

將麵團滾圓，如果覺得黏手，可以使用手粉。

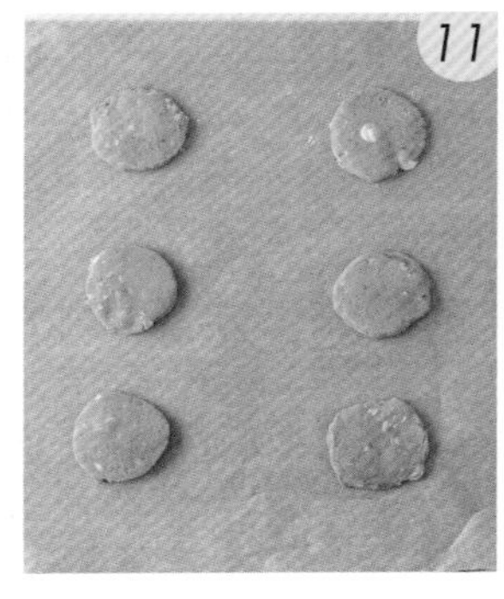

烤盤先鋪入烘焙紙，把滾圓的麵團排入後壓扁。麵團不要排得太密。

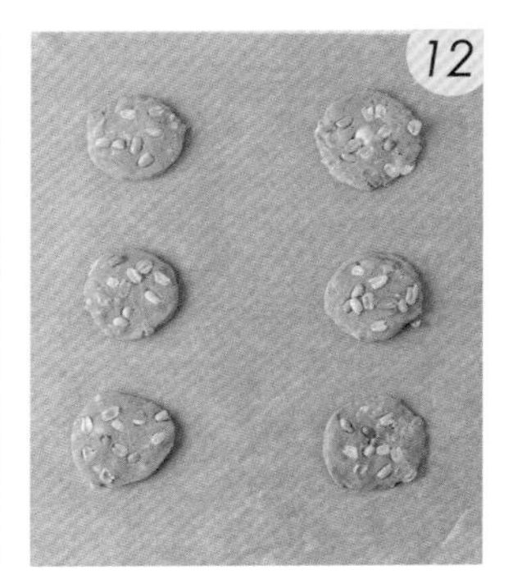

在麵團上方放入適量烘烤過的花生，略微壓實。

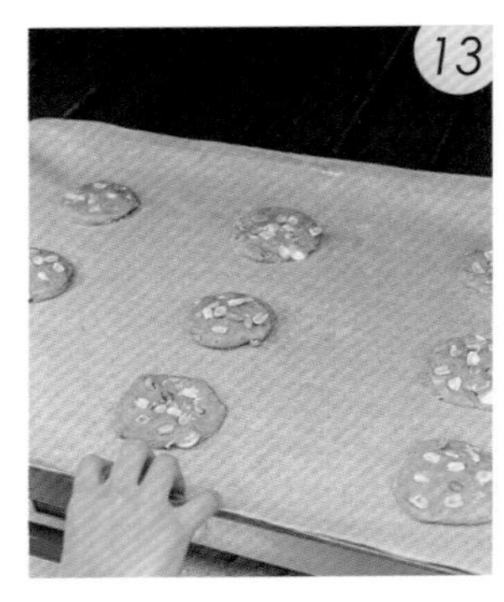

烤箱以上火 170℃、下火 150℃預熱後，將烤盤放入，烘烤 16 分鐘。

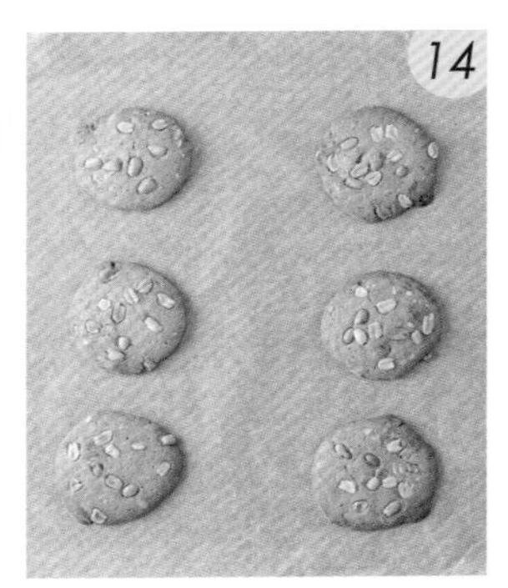

取出、放涼即完成。

黑芝麻榛果軟餅乾

難易度 ★★

黑芝麻的濃郁香氣，
融入香甜的奶油與糖之間，
再搭配香脆的榛果，帶來多層次風味。
由兩種健康食材組成的餅乾，
讓人可以更無負擔地快樂享用。

Servings 片數	Temperature 溫度	Baking Time 烘烤時間
12 片 （分割 40g / 片）	上火 170℃ 下火 150℃	16 分鐘

材料 Ingredients

無鹽奶油	130g	鹽	1g	黑芝麻粉	50g
黑糖粉	30g	低筋麵粉	50g	榛果（切碎烘烤過）	60g
細砂糖	50g	法國粉	70g	榛果 （烘烤過，裝飾用）	30g
全蛋	50g	泡打粉	2g		

麵團總重 493g

製作步驟 How to make

將軟化無鹽奶油、黑糖粉、細砂糖、鹽攪打至完全混合均勻。

分次加入全蛋，攪拌至油脂和蛋液乳化完全。

接著加入過篩的低筋麵粉、法國粉、泡打粉、黑芝麻粉。

再次攪打均勻。

接著加入榛果碎。

攪拌均勻。

將麵團放在烘焙紙上整型後，再冷藏約 1 小時至變硬，即可進行操作。

將冰硬的麵團切割，每一塊的重量為 40 公克。

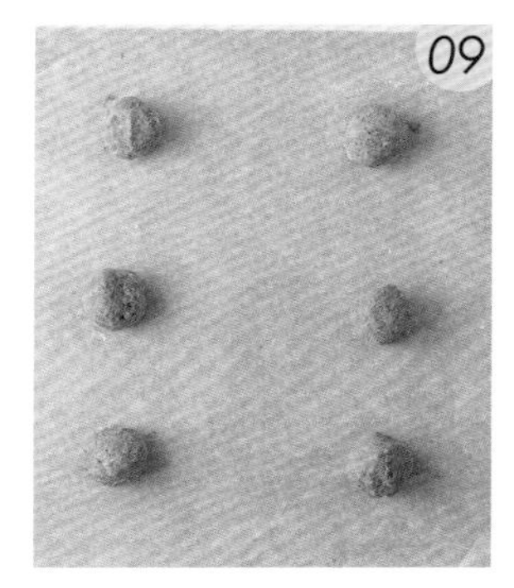

烤盤先鋪入烘焙紙，將麵團滾圓後排入。麵團之間避免排得過密。

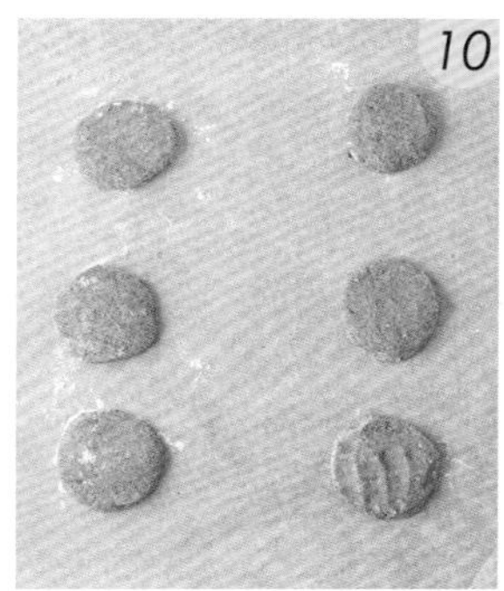

把滾圓的麵團壓扁。

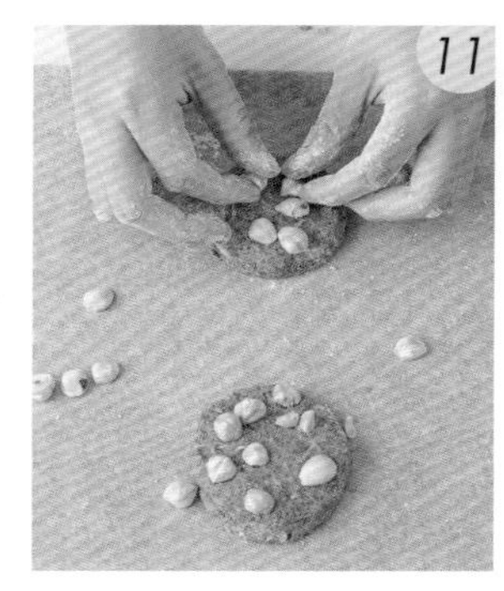

在麵團上方放入適量的榛果碎，略微壓實。

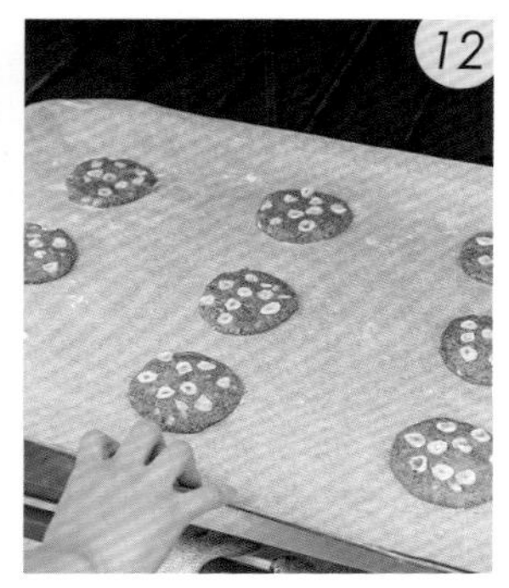

烤箱以上火 170℃、下火 150℃預熱後，將烤盤放入，烘烤 16 分鐘。

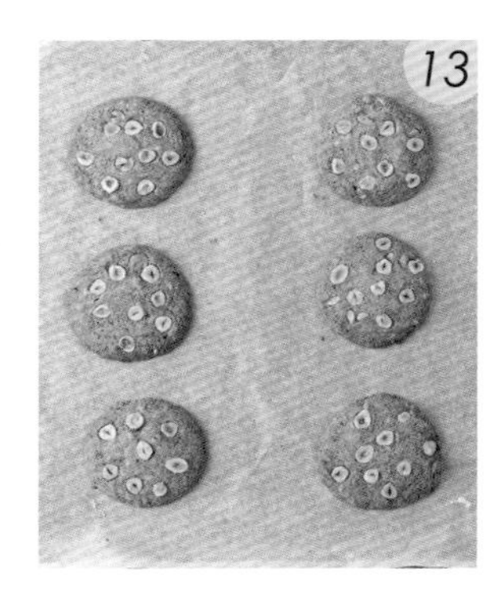

取出、放涼即完成。

ALCESTIS
RICHARD

海鹽摩卡
軟餅乾

難易度 ★★

牛奶、咖啡、巧克力的完美結合，
為軟餅乾增添了溫潤順口的風味，
再加上表面的些許海鹽點綴，
每吃一口都讓人更加著迷不已！

Servings 片數	Temperature 溫度	Baking Time 烘烤時間
12 片 （分割 40g / 片）	上火 170℃ 下火 150℃	16 分鐘

材料 Ingredients

無鹽奶油	130g	海鹽	3g	泡打粉	2g
黑糖粉	20g	低筋麵粉	100g	牛奶巧克力（鈕扣）	50g
細砂糖	50g	法國粉	75g		
全蛋	55g	即溶咖啡粉	15g		

麵團總重 500g

製作步驟 How to make

將軟化無鹽奶油與黑糖粉、細砂糖、海鹽一起放入攪拌盆中。

攪打至糖油完全混勻。

分次加入全蛋。

攪拌至油脂和蛋液充分乳化完全。

加入過篩的低筋麵粉、法國粉、泡打粉、咖啡粉，再次攪拌均勻。

接著加入牛奶巧克力。

攪打均勻。

將麵團放在烘焙紙上整型後，再放入冰箱冷藏約 1 小時至變硬。

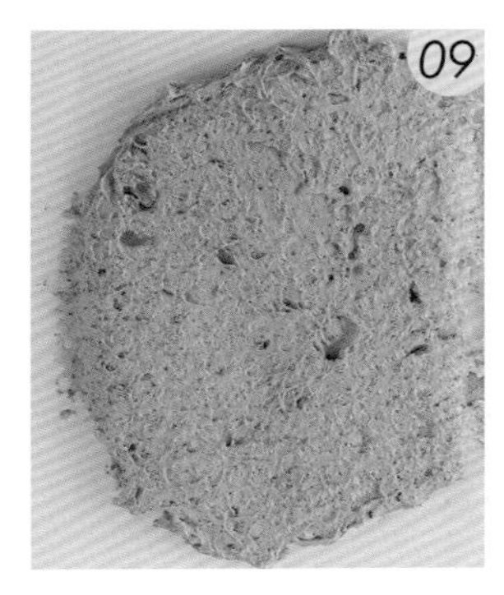

取出後確認不會沾黏即可進行操作。

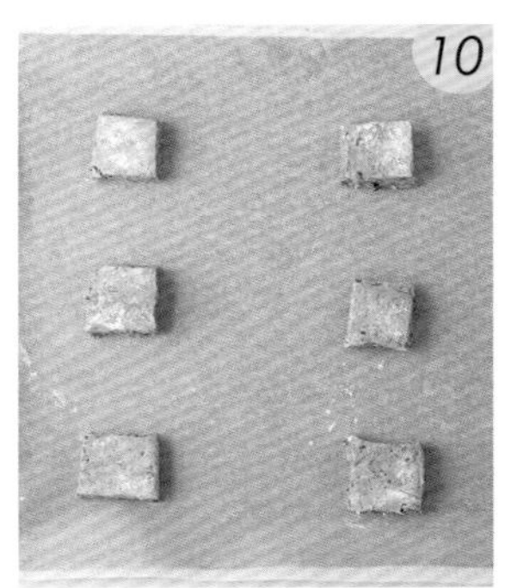

將冰硬的麵團切割，每一塊的重量為 40 公克。

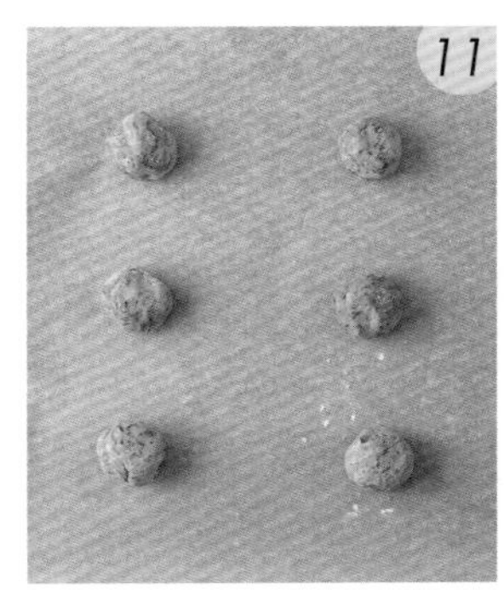

烤盤先鋪入烘焙紙，將麵團滾圓後排入。如果會黏手，可使用手粉。

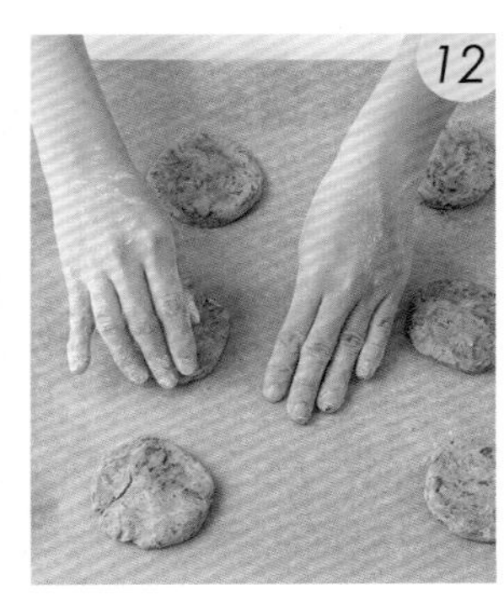

將麵團壓扁。並確認麵團之間不會排得過密。

烤箱以上火 170℃、下火 150℃預熱後，將烤盤放入，烘烤 16 分鐘。

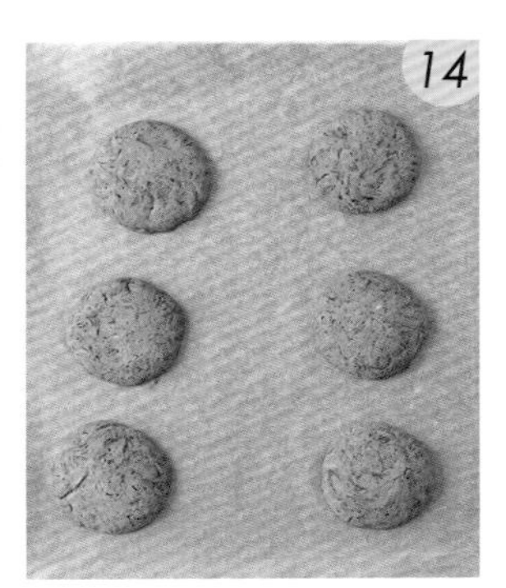

取出、放涼即完成。

紅絲絨棉花糖軟餅乾

難易度 ★★

因棉花糖的存在，讓咬下的瞬間，
彷彿能感受到一絲絲的彈力。
柔軟、濕潤、彈性和甜蜜，
這款餅乾結合了多層次口感，
讓人不禁沉浸在這份美好滋味中！

Servings 片數	Temperature 溫度	Baking Time 烘烤時間
12 片 （分割 40g / 片）	上火 170℃ 下火 150℃	16 分鐘

材料 Ingredients

無鹽奶油	115g	低筋麵粉	100g	棉花糖 （小顆，裝飾用）	50g
糖粉	70g	法國粉	70g	白巧克力（融化）	適量
細砂糖	50g	泡打粉	2g		
全蛋	55g	食用紅色素	5g		
鹽	1g	白巧克力（鈕扣）	50g		

麵團總重 518g

製作步驟 How to make

將軟化無鹽奶油、糖粉、細砂糖、鹽攪打至完全混合均勻。

分次加入全蛋。

攪拌均勻後，加入食用紅色素。

確認油脂和蛋液已經乳化完全。

接著加入過篩的低筋麵粉、泡打粉、法國粉，攪拌均勻。

再加入白巧克力。

攪拌均勻。

將麵團放在烘焙紙上整型後，再放入冰箱冷藏約 1 小時至變硬。

取出後確認不會沾黏即可進行操作。

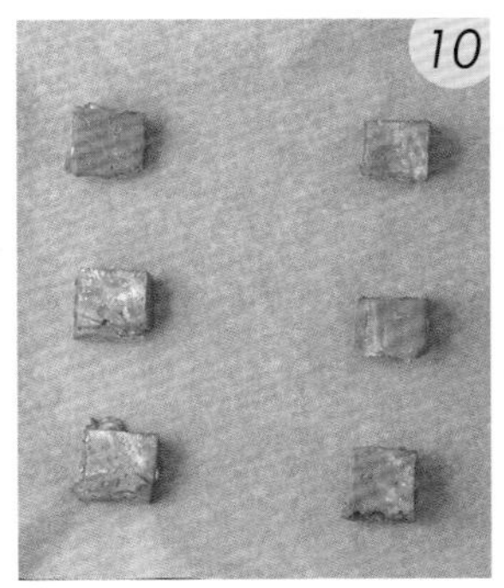

將冰硬的麵團切割，每一塊的重量為 40 公克。

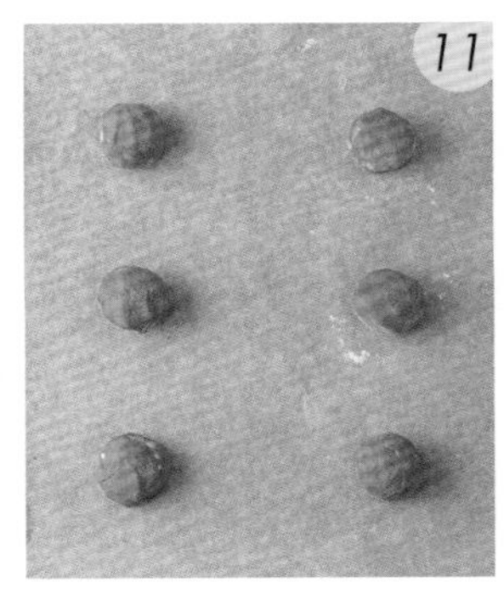

烤盤先鋪入烘焙紙，將麵團滾圓後排入。如果會黏手，可使用手粉。

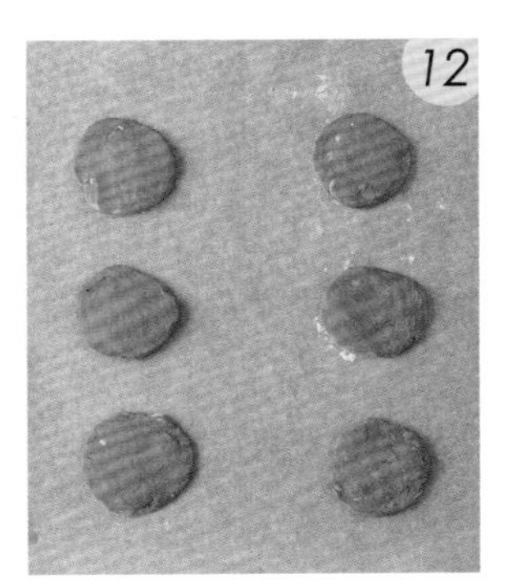

把滾圓的麵團壓扁。麵團間要預留一些空間，不要排得過密。

烤箱以上火 170℃、下火 150℃預熱後，將烤盤放入，烘烤 16 分鐘。

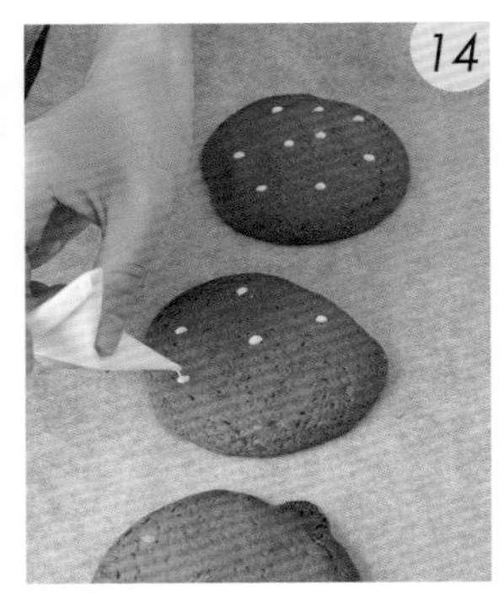

烤好的餅乾放涼後，在上面擠上適量的白巧克力。

在點好的白巧克力上放一顆棉花糖。

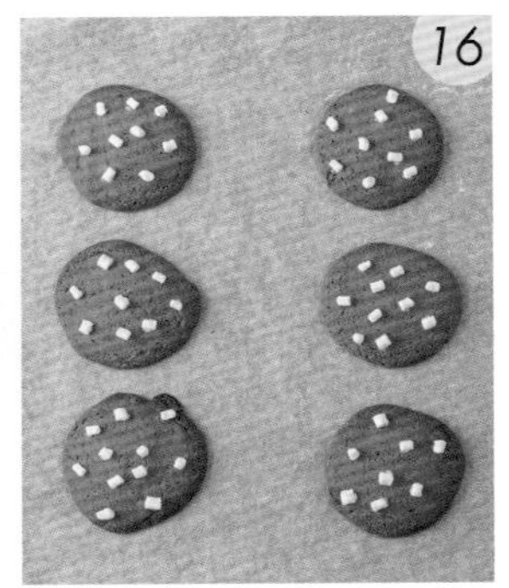

等白巧力凝固即完成。

藍莓乳酪
軟餅乾

難易度 ★★

巧妙融合了奶油乳酪及鬆軟的餅乾體，
讓柔軟且滑順的質地中充滿濃郁奶香味，
再以天然漿果的甜酸提升香氣、風味和口感。
透過不同食材組合出餅乾界的驚喜包，
每一口都是難以抗拒的幸福美味。

Servings 片數	Temperature 溫度	Baking Time 烘烤時間
15 片 （分割 40g / 片）	上火 170℃ 下火 150℃	16 分鐘

材料 Ingredients

無鹽奶油	130g	鹽	1g	奶油乳酪	50g
糖粉	60g	低筋麵粉	100g	冷凍藍莓	100g
細砂糖	50g	法國粉	70g	冷凍藍莓（裝飾用）	30g
全蛋	55g	泡打粉	2g		

麵團總重 618g

製作步驟 How to make

將軟化無鹽奶油與糖粉、細砂糖、鹽一起放入攪拌盆中。

攪打至糖油完全混勻。

分次加入全蛋。

攪拌至油脂和蛋液充分乳化完全。

加入過篩的低筋麵粉、法國粉、泡打粉。

再次攪打均勻。

接著加入奶油乳酪、冷凍藍莓，攪拌均勻。

將麵團放在烘焙紙上整型後，再放入冰箱冷藏約 1 小時至變硬。

取出後確定麵團不會沾黏即可進行操作。

將冰硬的麵團切割，每一塊的重量為 40 公克。

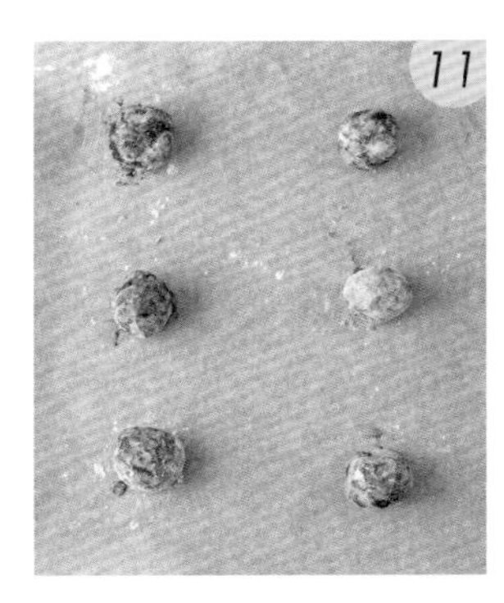

烤盤先鋪入烘焙紙，將麵團滾圓後排入。

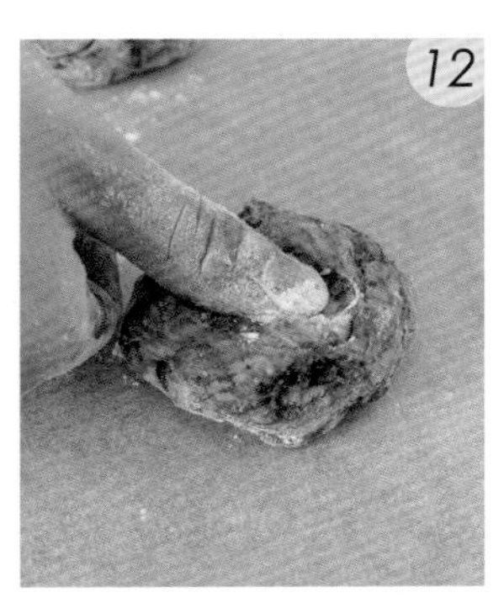

將麵團略微壓扁後，用拇指壓入麵團中央，製造一個凹洞。

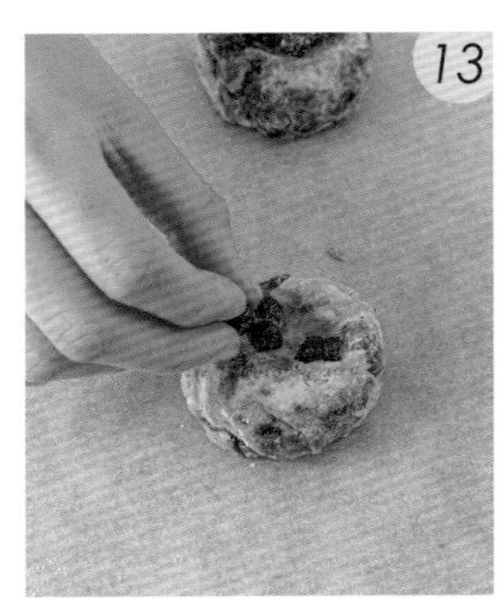

在凹洞中間放入適量的冷凍藍莓。

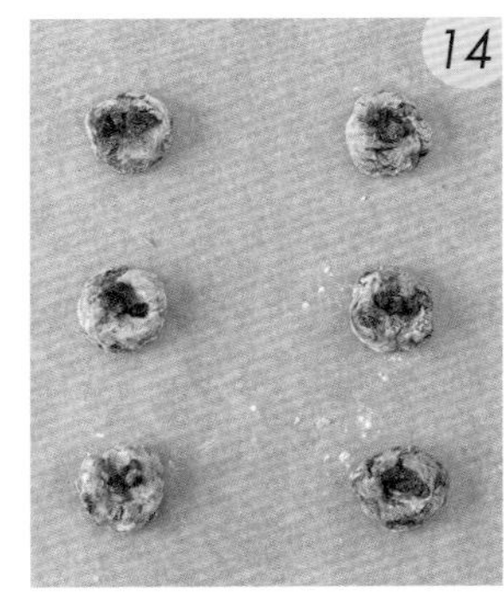

調整好麵團之間的距離，避免過密。

烤箱以上火 170℃、下火 150℃預熱後，將烤盤放入，烘烤 16 分鐘。

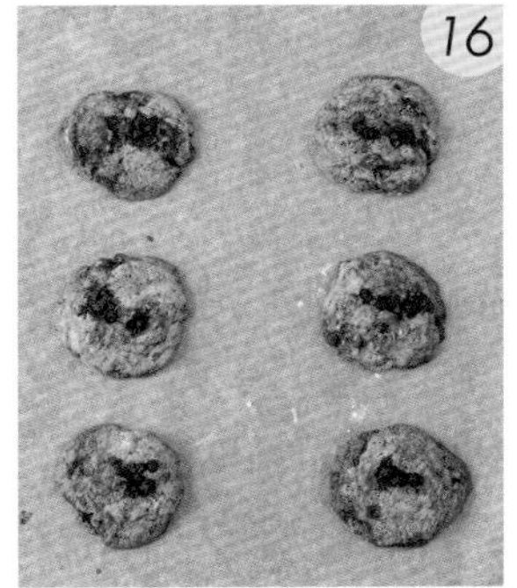

取出、放涼即完成。

Chapter 3

變化豐富的奶油餅乾

將奶油的濃郁香氣發揮淋漓，
在嘴中化開的酥鬆感一吃就著迷！
奶油餅乾可以用模具或擠花做造型，
或是製成冰盒餅乾，輕鬆切片複製形狀，
簡單好上手，第一次做也很好吃！

SN1050

"SWEET MOMENTS OF LIFE"
HAND
MADE
RECETTE
FAVOURITE
Gradely
elaborate
LUCKLY
delicious
COLLECT
Tasty
happyness
GOOD
nice
FOR
YOU
ORIGINALE
MARVELOUS
Happy
Enjoy

香草
擠花餅乾

難易度 ★★★

淡雅的香氣彷彿置身於香草的芬芳世界，
口感在柔軟和鬆脆之間取得平衡，
不論是在下午茶時光，或者寒冷的冬日裡，
以一杯熱茶或咖啡搭配香草奶油餅乾，
總能為味蕾帶來一絲舒適和滿足！

Servings 片數	Tools 特殊工具	Temperature 溫度	Baking Time 烘烤時間
108 片 （擠製 5g / 片）	8 齒花嘴 孔徑 10mm Φ25X40mm	上火 170℃ 下火 150℃	18 分鐘

材料 Ingredients

無鹽奶油	145g	全蛋	50g	香草粉	2g
糖粉	70g	低筋麵粉	210g	動物性鮮奶油	65g

麵團總重 542g

製作步驟 How to make

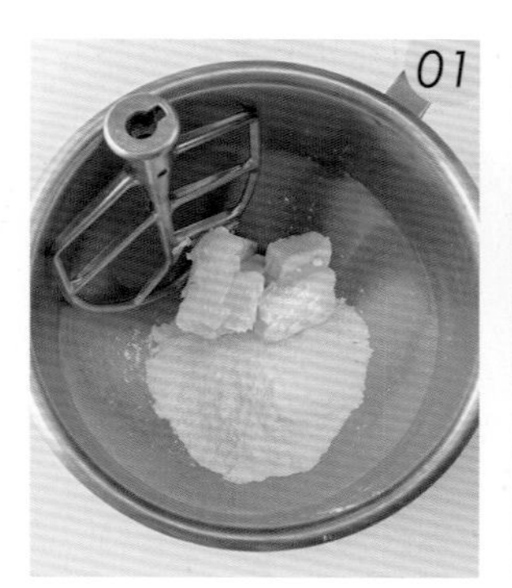

將軟化無鹽奶油與糖粉一起放入攪拌盆中。

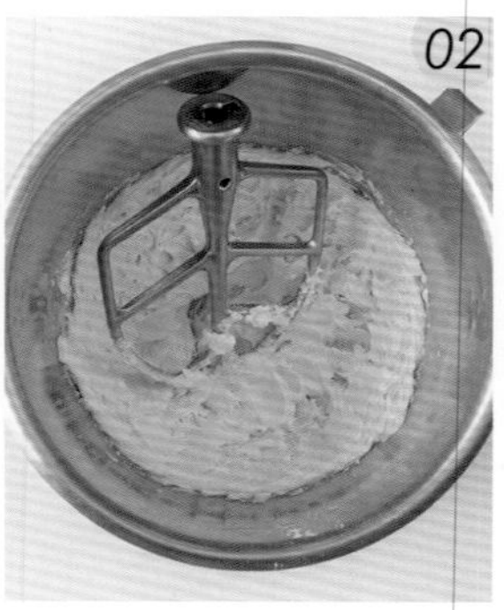

攪拌至糖油完全混勻。

分次加入全蛋，攪拌至油脂和蛋液乳化完全。

加入過篩的低筋麵粉、香草粉。

攪打均勻。

加入動物性鮮奶油。

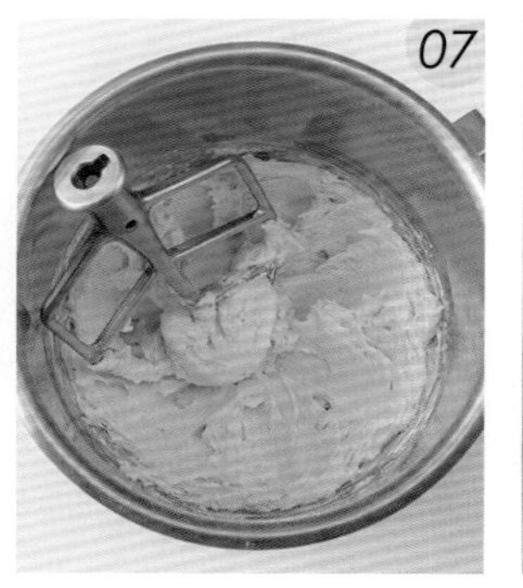

再次攪打均勻後，確認麵糊的濃稠度適中即可。

將擠花袋裝上花嘴，並將麵糊填入袋中。

在已經鋪好烘焙紙的烤盤上，擠出大小一致的小花形狀。

TIPS
保持均勻的壓力和節奏，有助於擠製出漂亮的花紋。

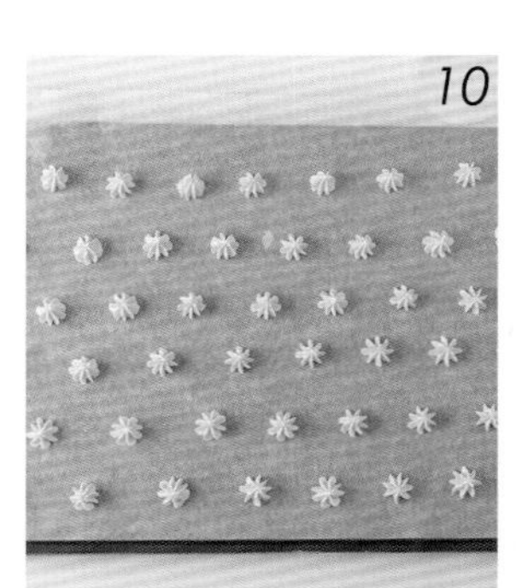

在擠製餅乾時，要保留足夠的距離，以免烘焙後融化、變大而沾黏。

烤箱以上火 170℃、下火 150℃預熱後，將烤盤放入，烘烤時間為 18 分鐘。

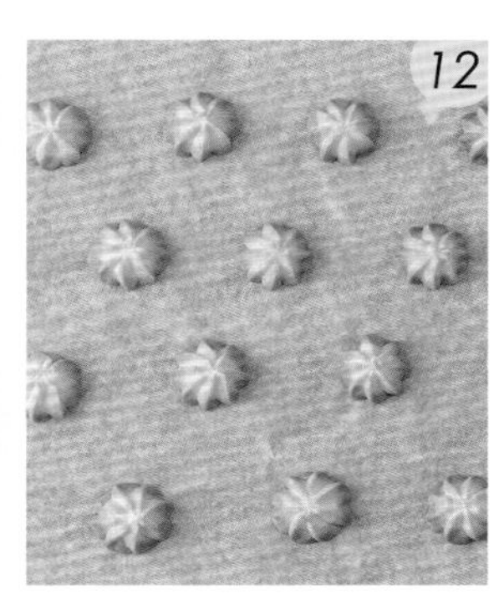

取出、放涼即完成。

TIPS

◆ 麵糊濃稠度：攪打完成的麵糊濃稠度須適中，太稀可能會難以掌握擠花形狀，而太濃可能使得擠花袋難以擠壓。

◆ 花嘴選擇：不同形狀和大小的花嘴會產生不同效果，較大的花嘴可用於填充區域，而較小的花嘴則適合細緻的紋路。

FOREST'S SECRET
THERE IS A PLACE I WAS DREAMING

玫瑰
擠花餅乾

難易度 ★★★

帶著淡淡的玫瑰花香在嘴裡綻放，
悠揚地漫過味蕾，
融合了奶油的香濃，
輕輕一咬，酥脆的質地在口中迅速散開，
每一口都是一場甜美的探險。

Servings 片數	Tools 特殊工具	Temperature 溫度	Baking Time 烘烤時間
55 片 （擠製 10g / 片）	8 齒花嘴 孔徑 10mm Φ25X40mm	上火 170℃ 下火 150℃	18 分鐘

材料 Ingredients

無鹽奶油	150g	玫瑰水	10g	香草粉	2g
糖粉	70g	食用紅色素	2g	動物性鮮奶油	60g
全蛋	50g	低筋麵粉	210g		

麵團總重 554g

製作步驟 How to make

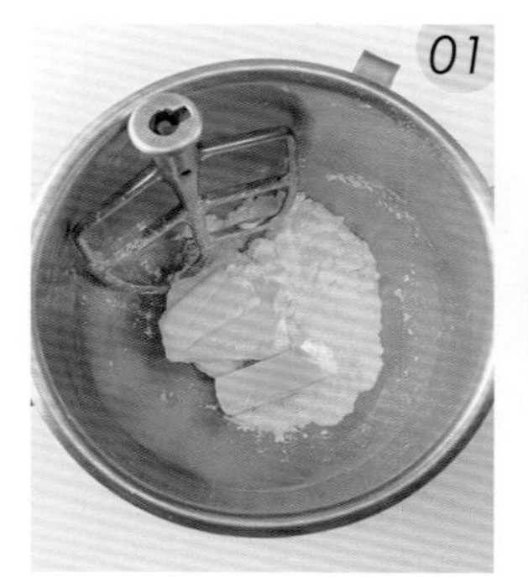

將軟化無鹽奶油與糖粉一起放入攪拌盆中。

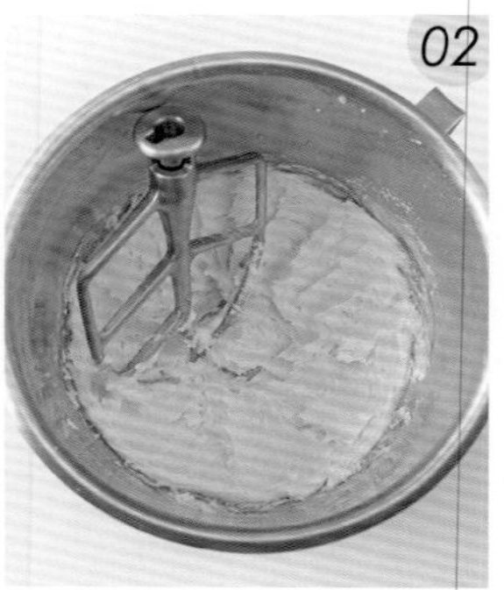

攪拌至糖油完全混勻。

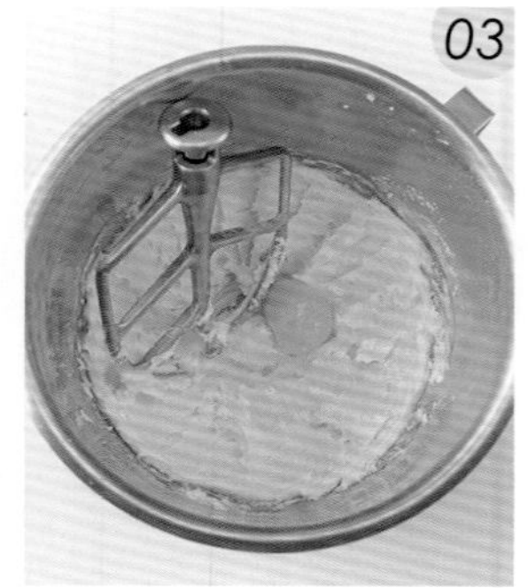

分次加入全蛋，攪拌至油脂和蛋液乳化完全。

接著加入食用紅色素、玫瑰水。

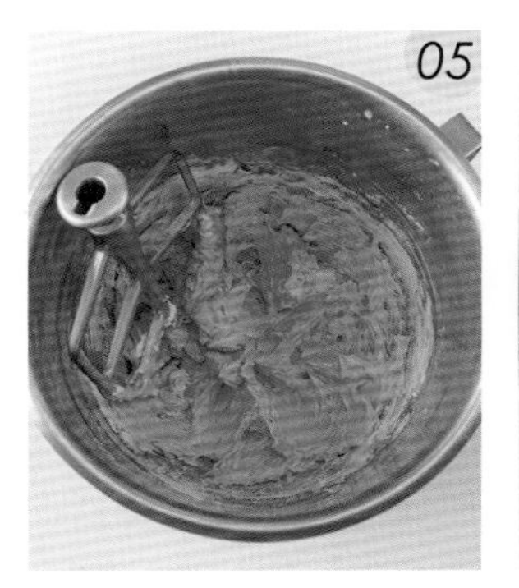

攪打均勻。

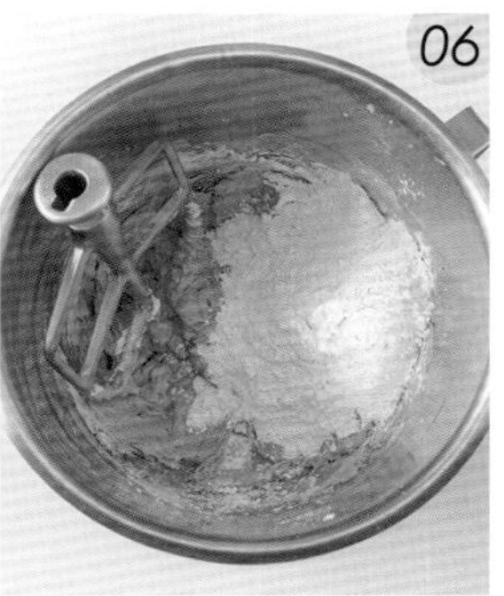

加入過篩的低筋麵粉、香草粉。

再次攪打均勻。

加入動物性鮮奶油。

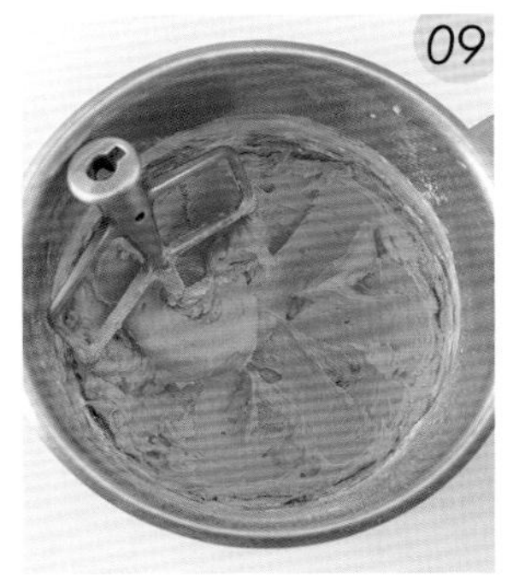

攪打均勻後，確認麵糊的濃稠度適中即可。

將擠花袋裝上花嘴，並將麵糊填入袋中。

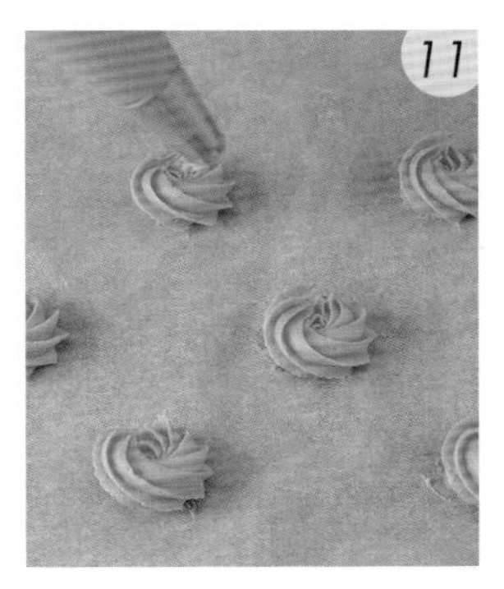

在已鋪好烘焙紙的烤盤上，由內而外繞圈擠出玫瑰花。

TIPS 
保持均勻的壓力和節奏，有助於擠製出漂亮的花紋。

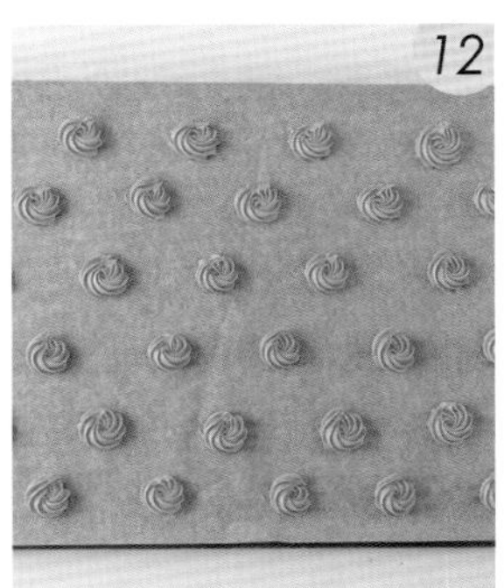

擠製時儘量保持餅乾大小一致，烘焙時才能夠均勻熟透。

烤箱以上火 170℃、下火 150℃預熱後，將烤盤放入，烘烤 18 分鐘。

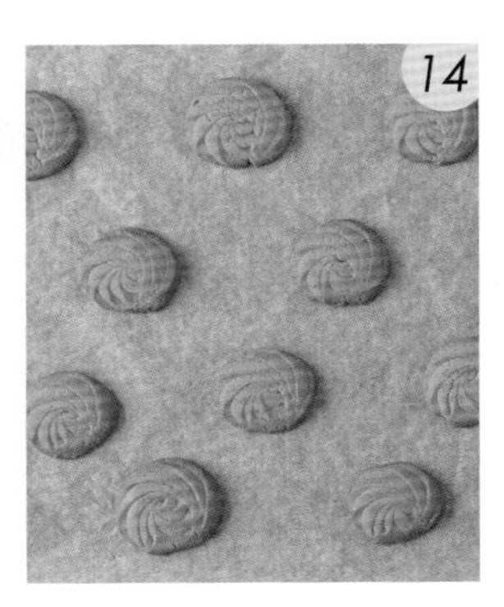

取出、放涼即可。

see the love that I can easily guess,
you read in my eyes there 's a meaning I can't disguise ;
I read about love as most folk
Began to doubt love, thought
I looked around,
Tried ev'ry ground,
At last I found love, and love is
HOW TO WRITE A SUCCESSFUL SONG
By HORATIO NICHOLLS FROM YOUR MUSIC SELLER . . . PRICE 2/6
WITH THE AID OF THE
"WRIGHT PIANO TUTOR"
PRICE 2/6 NET

莓果醬
擠花餅乾

難易度 ★★★

覆盆子與草莓的微酸微甜中，
融合奶油的濃郁香氣，
為酥脆的餅乾帶來亮眼的風味。
使用不同莓果的滋味更加豐富，
是大人、小孩都喜歡的人氣款餅乾。

Servings 片數	Tools 特殊工具	Temperature 溫度	Baking Time 烘烤時間
56 片 （擠製 10g / 片）	8 齒花嘴 孔徑 10mm Φ25X40mm	上火 170℃ 下火 150℃	18 分鐘

材料 Ingredients

無鹽奶油	150g
糖粉	70g
全蛋	50g
莓果醬	30g
食用紅色素	3g
低筋麵粉	210g
香草粉	1g
動物性鮮奶油	50g

莓果醬

冷凍覆盆子	50g
草莓果泥	50g
細砂糖	57g
水	12g

麵團總重 564g

製作步驟 How to make

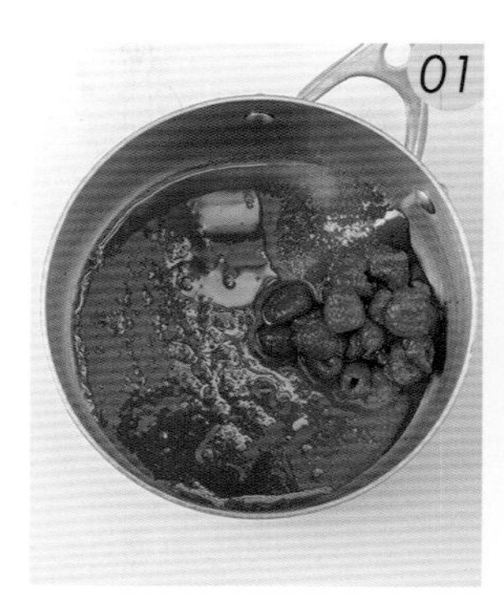

01

莓果醬
將冷凍覆盆子、草莓果泥、細砂糖、水放入鍋中。

02

以中火熬煮，加熱至 110℃ -115℃。煮製期間要不時攪拌，以防黏底或燒焦。

03

煮好的果醬放涼，取部分裝入擠花袋中備用。

04

將軟化無鹽奶油與糖粉一起放入攪拌盆中，攪拌至完全混合均勻。

分次加入全蛋，攪拌至油脂和蛋液乳化完全。

接著加入莓果醬、食用紅色素。

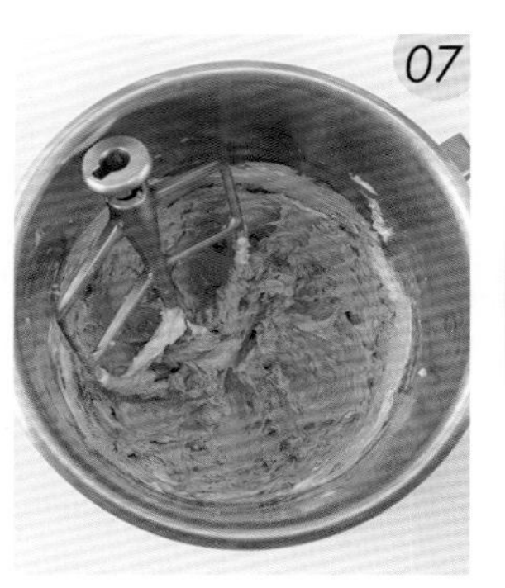

攪打均勻。

加入過篩的低筋麵粉、香草粉，攪打均勻。

加入動物性鮮奶油。

再次攪打均勻後，確認麵糊的濃稠適中即可。

將擠花袋裝上花嘴，並將麵糊填入袋中。

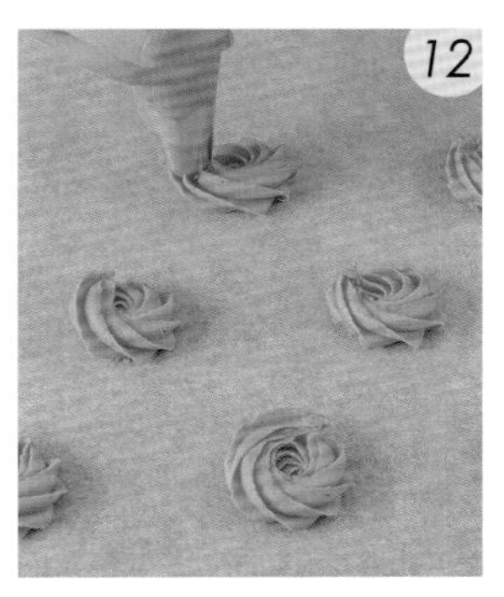

在已鋪好烘焙紙的烤盤上，由內而外繞圈擠出玫瑰花。

TIPS
保持均勻的壓力和節奏，有助於擠製出漂亮的花紋。

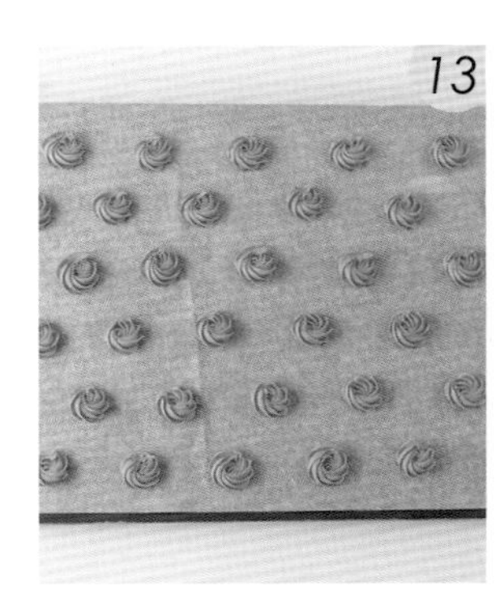

擠製時儘量保持餅乾大小一致，烘焙時才能夠均勻熟透。

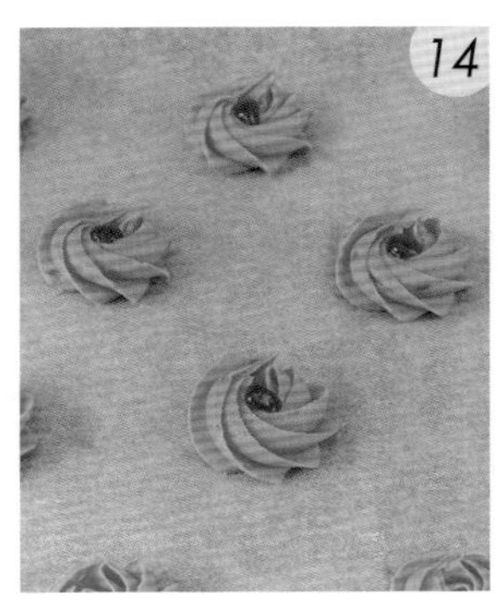

在餅乾麵糊中心均勻擠入莓果醬。

烤箱以上火 170℃、下火 150℃預熱後，將烤盤放入，烘烤 18 分鐘。

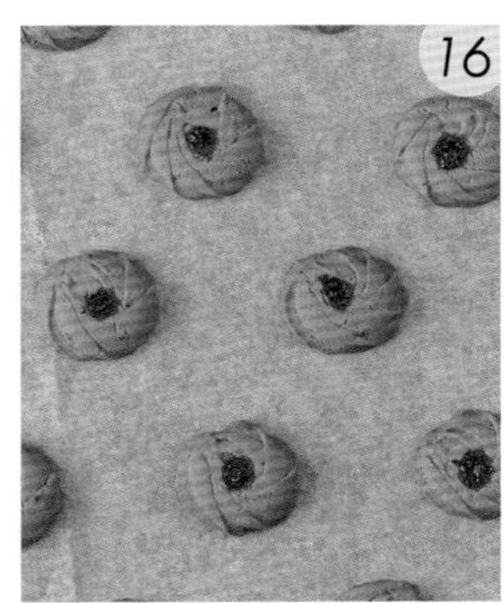

取出、放涼即完成。

濃黑巧克力擠花餅乾

難易度 ★★★

在餅乾的麵團中加入可可粉，
做成所有人都喜愛的可可牛奶風味。
再裹上一層高濃度的黑巧克力，
增添滑順，也使得口感更加豐富。
在視覺和味覺上帶來奢華的滿足感。

Servings 片數	Tools 特殊工具	Temperature 溫度	Baking Time 烘烤時間
53 片 （擠製 10g / 片）	8 齒花嘴 孔徑 10mm Φ25X40mm	上火 170℃ 下火 150℃	18 分鐘

材料 Ingredients

無鹽奶油	150g	低筋麵粉	190g	黑巧克力 150-250g
糖粉	75g	可可粉	10g	（披覆用，依需求調整）
全蛋	50g	動物性鮮奶油	55g	

麵團總重 530g

製作步驟 How to make

將軟化無鹽奶油與糖粉一起放入攪拌盆中。

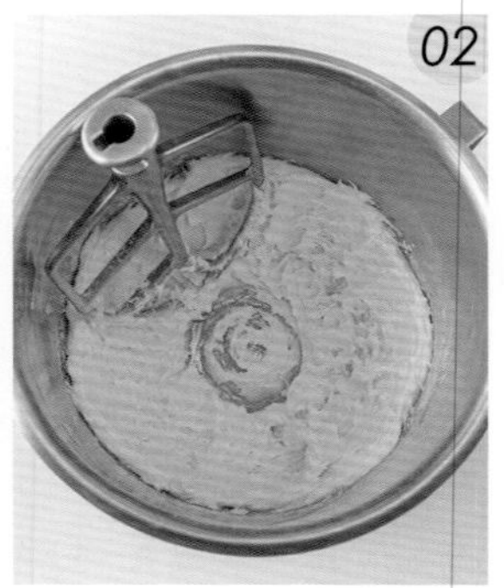

攪拌至糖油完全混勻。

分次加入全蛋，攪拌至油脂和蛋液乳化完全。

加入過篩的低筋麵粉、可可粉。

再次攪打均勻。

加入動物性鮮奶油。

攪打均勻後，確認麵糊的濃稠度適中即可。

將擠花袋裝上花嘴，並將麵糊填入袋中。

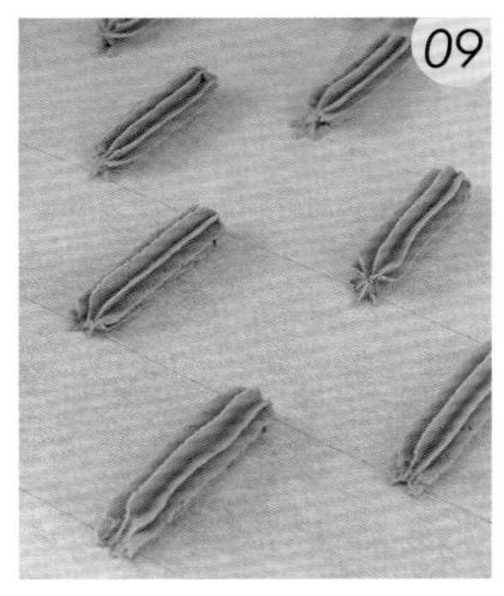

在已鋪好烘焙紙的烤盤上，擠出長條型。

TIPS
保持均勻的壓力和節奏，有助於擠製出漂亮的花紋。

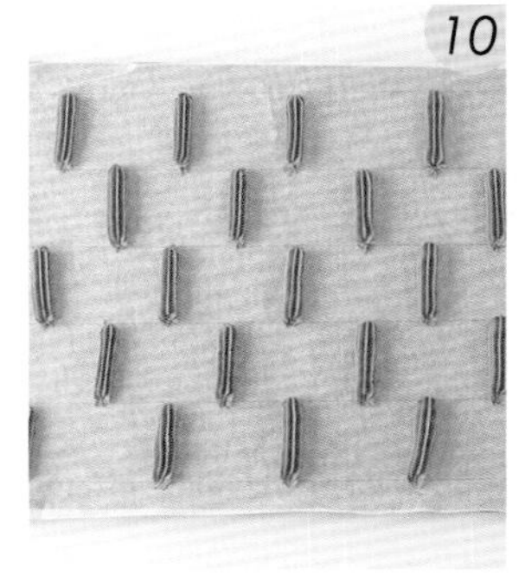

擠製時儘量保持餅乾大小一致，烘焙時才能夠均勻熟透。

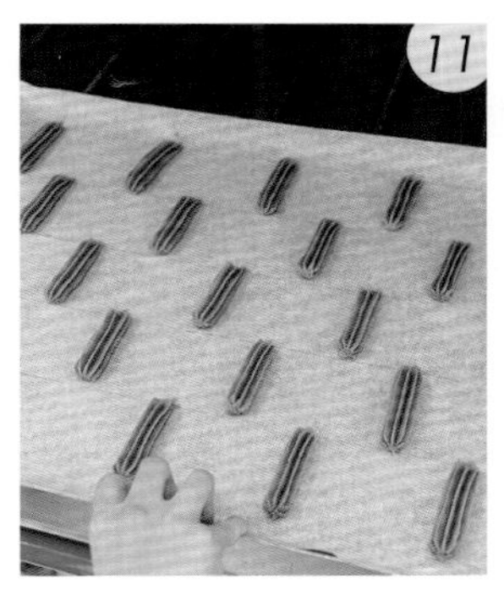

烤箱以上火 170℃、下火 150℃進行預熱，將烤盤放入，烘烤 18 分鐘。

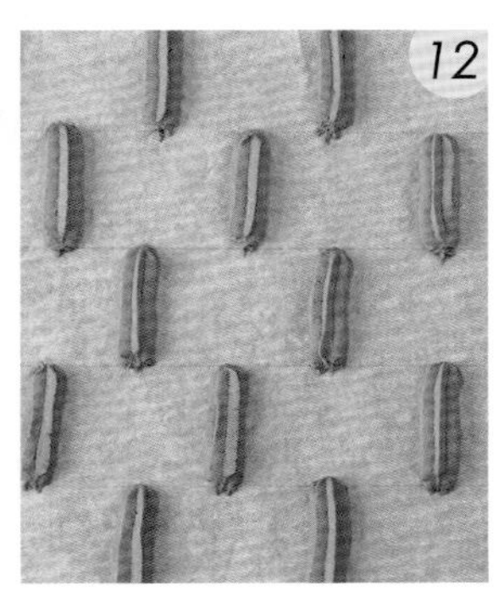

烤好後取出、放涼。

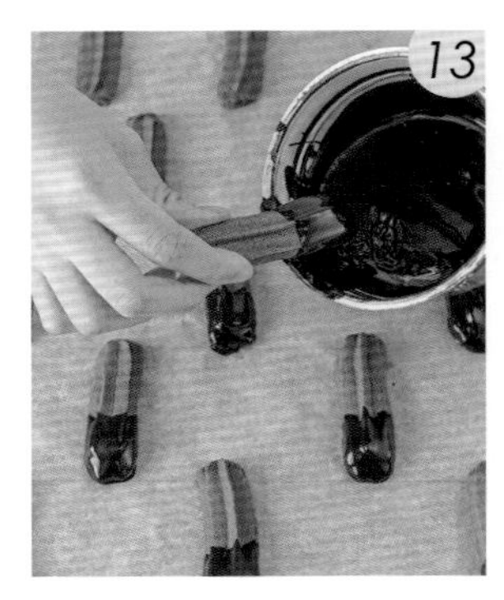

黑巧克力加熱融化後，將餅乾前端沾裹巧克力。

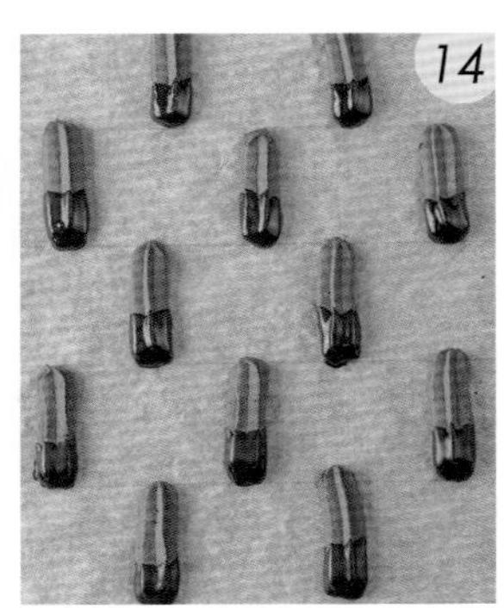

待巧克力凝固即完成。

TIPS

巧克力可用微波或隔水加熱融化，但若低於 200g，建議用隔水加熱的方式。如果使用微波爐，建議先將巧克力切碎或刨薄片，以中等或低功率（以防燒焦），每次加熱 15-20 秒，取出略攪拌再繼續。開始融化後就縮短加熱時間。

Tasty
enjoy
HAND-MADE

拿鐵咖啡擠花餅乾

難易度 ★★★

這是一款專屬大人味的奶油餅乾，
咀嚼的每一口都飄散著咖啡香。
餅乾外層批覆的牛奶巧克力，
更加提升了風味與口感層次。

Servings 片數	Tools 特殊工具	Temperature 溫度	Baking Time 烘烤時間
35 片 （擠製 15g / 片）	8 齒花嘴 孔徑 10mm Φ25X40mm	上火 170℃ 下火 150℃	18 分鐘

材料 Ingredients

無鹽奶油	150g	低筋麵粉	190g	動物性鮮奶油	55g
糖粉	75g	杏仁粉	7g	牛奶巧克力	150-250g
全蛋	50g	咖啡粉	10g	（披覆用，依需求調整）	

麵團總重 537g

製作步驟 How to make

將無鹽奶油與糖粉一起放入攪拌盆中。

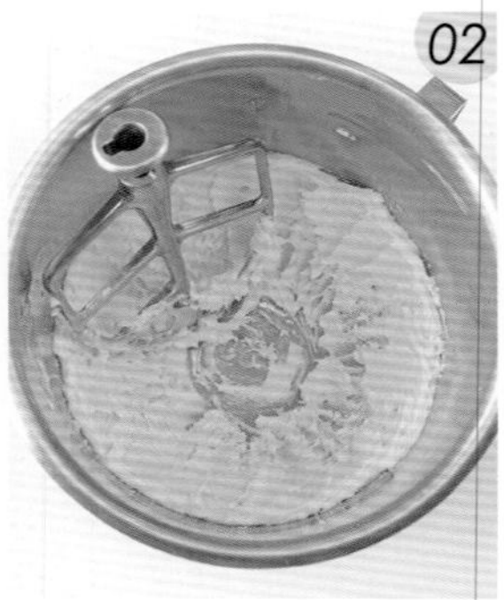

攪拌至糖油完全混勻。

分次加入全蛋，攪拌至油脂和蛋液乳化完全。

加入過篩的低筋麵粉、杏仁粉。

再次攪打均勻。

另取一鍋倒入動物性鮮奶油、咖啡粉。

以小火加熱並攪拌均勻。

TIPS
因分量不多，儘量使用最小的火力，以防燒焦；並在過程中適度攪拌，加快融合。

將煮好的咖啡鮮奶油加入麵糊中。

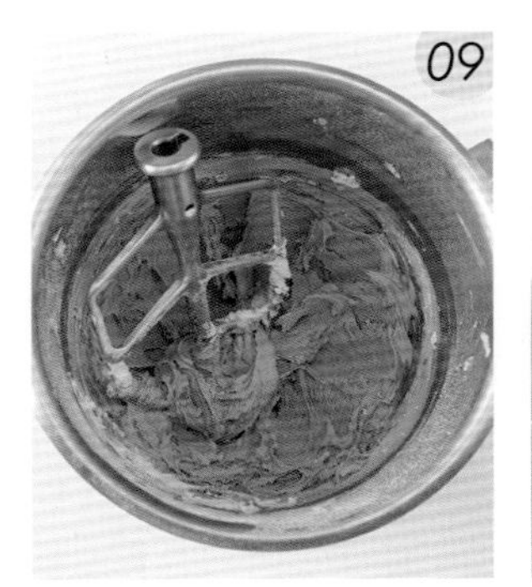

攪拌均勻。

將擠花袋裝上花嘴，並將麵糊填入袋中。

在已鋪好烘焙紙的烤盤上，擠出鋸齒狀。

TIPS
保持均勻的壓力和節奏，有助於擠製出漂亮的花紋。

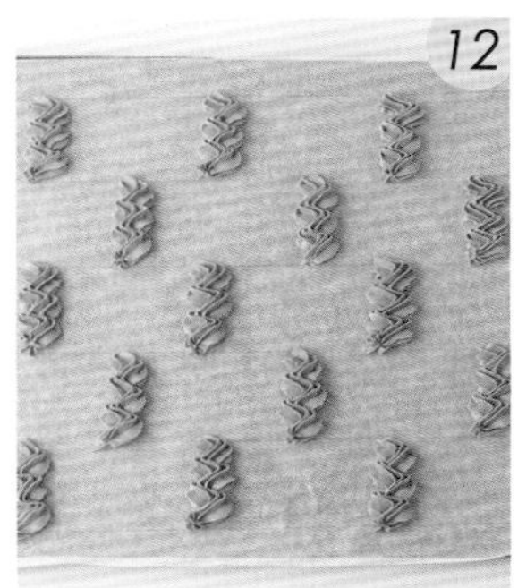

擠製時儘量保持餅乾大小一致，烘焙時才能夠均勻熟透。

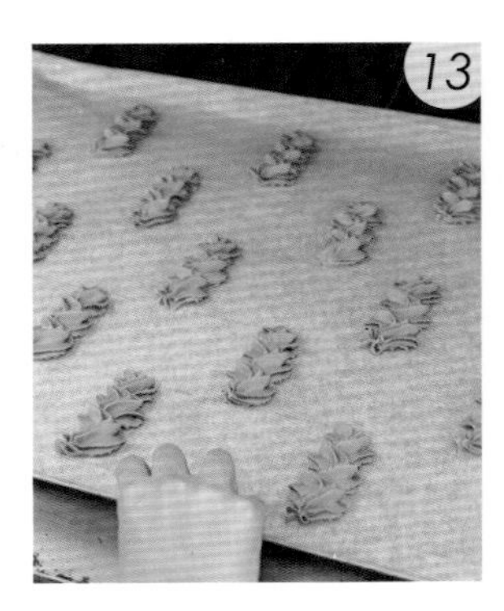

烤箱以上火 170℃、下火 150℃進行預熱後，將烤盤放入，烘烤 18 分鐘。

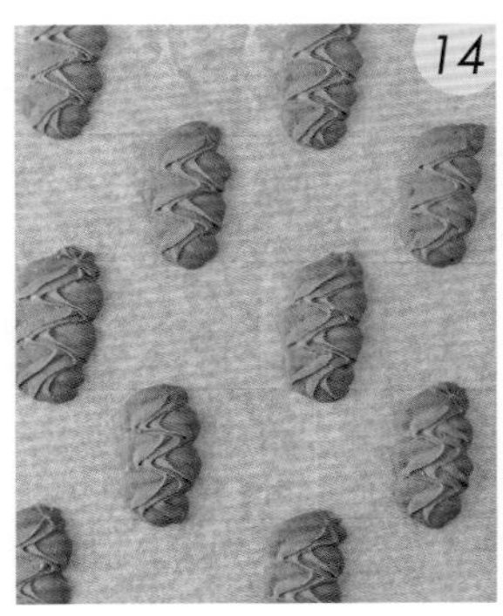

烤好後取出、放涼。

牛奶巧克力加熱融化後，將餅乾前端沾裹巧克力。

TIPS
巧克力加熱融化方式，請參考 P.109 的 TIPS。

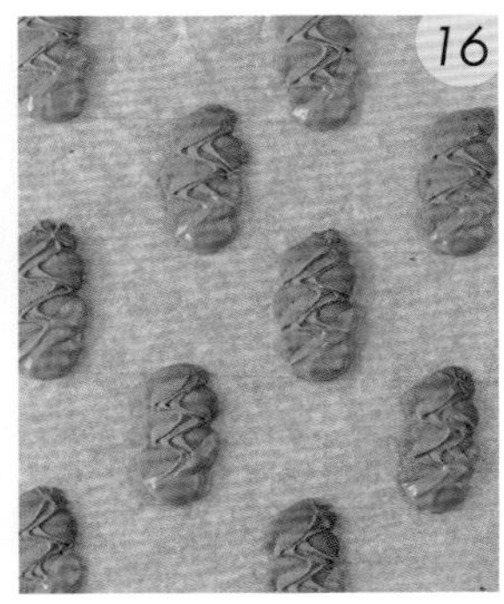

待巧克力凝固即完成。

FROM

沖繩黑糖擠花餅乾

難易度 ★★★

黑糖為這款餅乾帶來了獨特的風味，
酥鬆、濕潤、香甜、濃郁交織在一起，
再加上夏威夷豆的堅果口感，
只要吃過一口就無法再抗拒的美味。

Servings 片數	Tools 特殊工具	Temperature 溫度	Baking Time 烘烤時間
55 片 （擠製 10g / 片）	半排花嘴（7 齒） 孔徑 18mm Φ25X40mm	上火 170℃ 下火 150℃	18 分鐘

材料 Ingredients

無鹽奶油	150g	低筋麵粉	210g	夏威夷豆 （切碎塊，裝飾用）	100g
黑糖粉	75g	動物性鮮奶油	65g	黑糖粉（裝飾）	30g
全蛋	50g				

麵團總重 550g

製作步驟 How to make

將軟化無鹽奶油與黑糖粉一起放入攪拌盆中。

攪拌至糖油完全混勻。

分次加入全蛋，攪拌至油脂和蛋液乳化完全。

接著，加入過篩的低筋麵粉攪打。

攪拌均勻後，加入動物性鮮奶油。

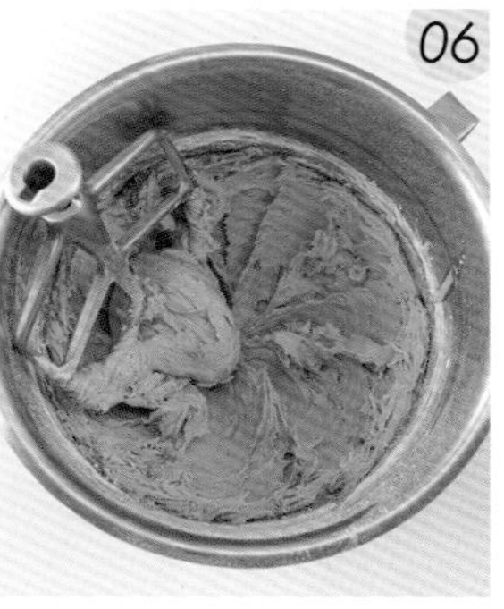

再次攪打均勻後，確認麵糊的濃稠度適中即可。

將擠花袋裝上花嘴，並將麵糊填入袋中。

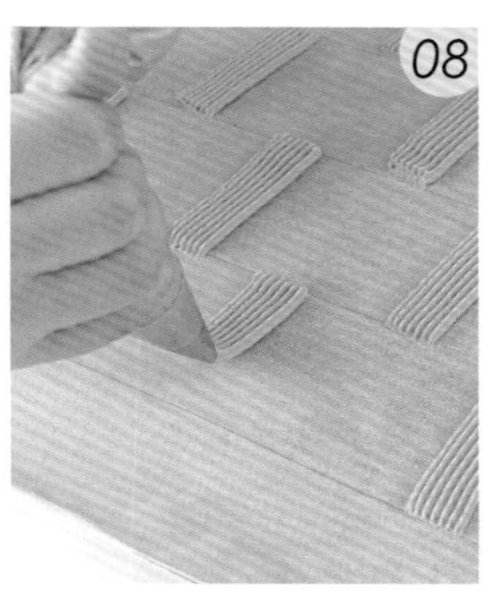

在已鋪好烘焙紙的烤盤上，擠出長條形。

TIPS
保持均勻的壓力和節奏，有助於擠製出漂亮的花紋。

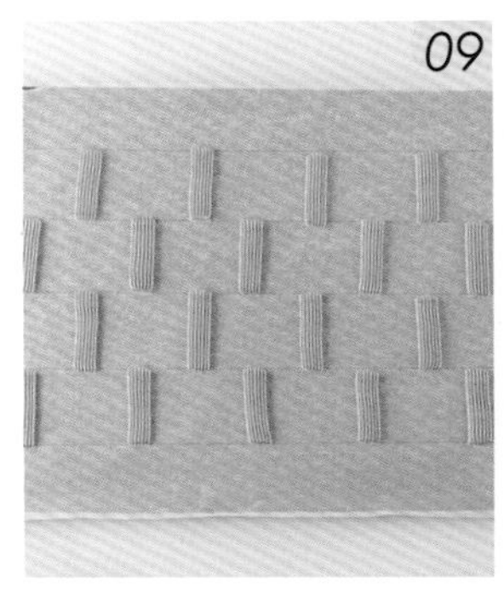

擠製時儘量保持餅乾大小一致，烘焙時才能夠均勻熟透。

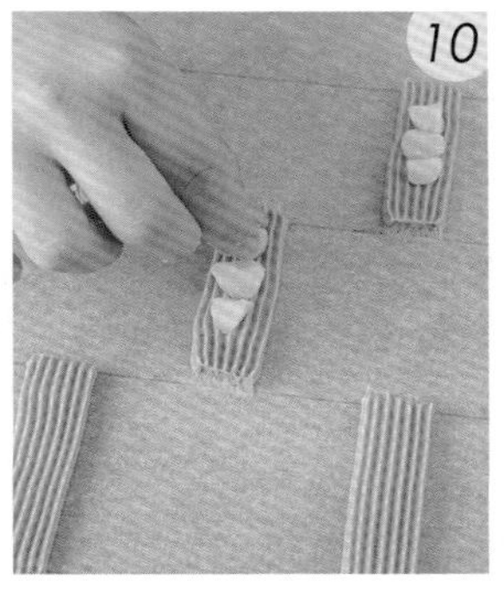

在麵糊中間放入三個夏威夷豆碎塊。

在上面均勻篩入黑糖粉。

烤箱以上火 170℃、下火 150℃預熱後，將烤盤放入，烘烤 18 分鐘。

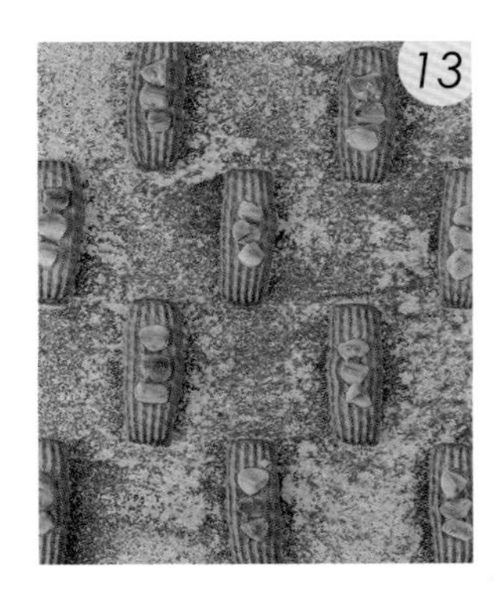

取出、放涼即完成。

THERE IS A PLACE I WAS DREAMING

日式抹茶擠花餅乾

難易度 ★★★

抹茶賦予了餅乾清新淡雅的香氣，
每一口都吃得到苦澀和甘甜特有的平衡。
茶韻融入在酥鬆綿密的奶油餅乾中，
讓人彷彿置身在靜謐的京都宇治。

Servings 片數	Tools 特殊工具	Temperature 溫度	Baking Time 烘烤時間
54 片 （擠製 10g / 片）	8 齒花嘴 孔徑 10mm Φ25X40mm	上火 170℃ 下火 150℃	18 分鐘

材料 Ingredients

無鹽奶油	135g	低筋麵粉	190g	白巧克力	30-50g
糖粉	95g	抹茶粉	15g	（裝飾用，依需求調整）	
全蛋	50g	動物性鮮奶油	60g		

麵團總重 545g

製作步驟 How to make

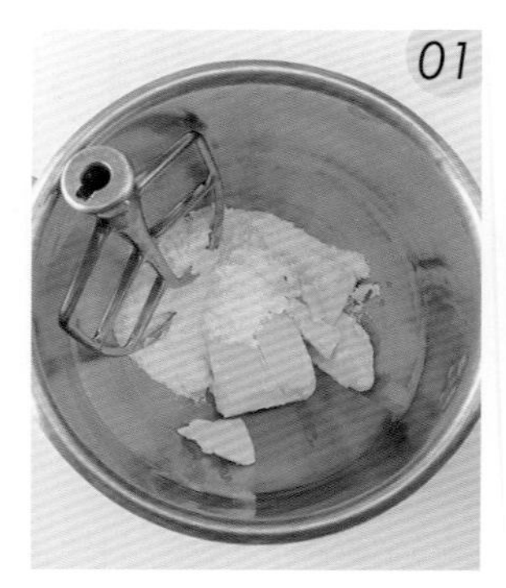

將軟化無鹽奶油與糖粉一起放入攪拌盆中。

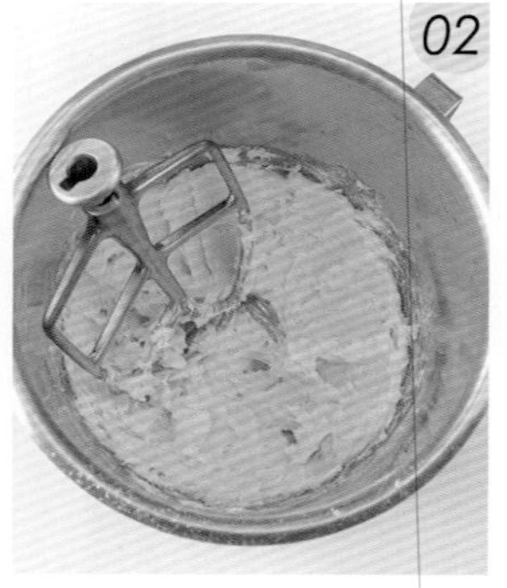

攪拌至糖油完全混勻。

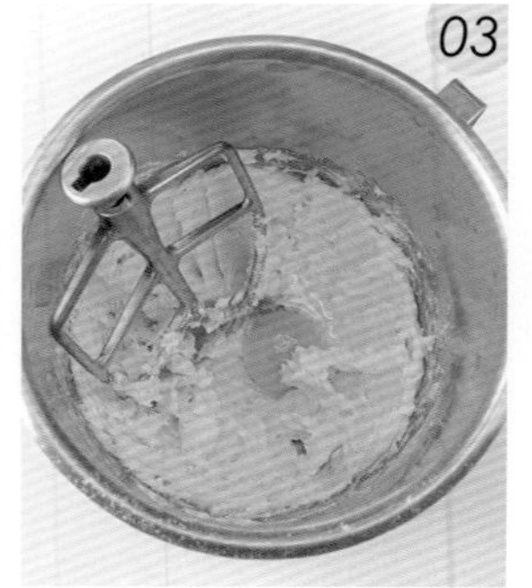

分次加入全蛋。

攪拌至油脂和蛋液充分乳化完全。

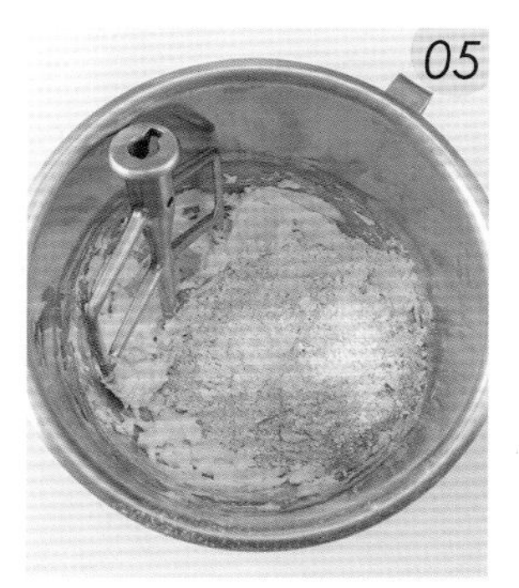

加入過篩的低筋麵粉、抹茶粉。

再次攪打均勻。

加入動物性鮮奶油。

攪打均勻後，確認麵糊的濃稠度適中即可。

將擠花袋裝上花嘴，並將麵糊填入袋中。

在已鋪好烘焙紙的烤盤上，由內而外繞圈擠出玫瑰花。

TIPS
保持均勻的壓力和節奏，有助於擠製出漂亮的花紋。

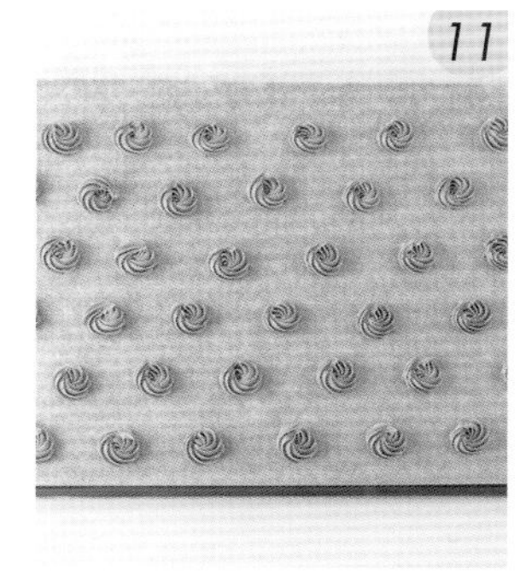

擠製時儘量保持餅乾大小一致，烘焙時才能夠均勻熟透。

烤箱以上火 170℃、下火 150℃預熱後，將烤盤放入，烘烤 18 分鐘。

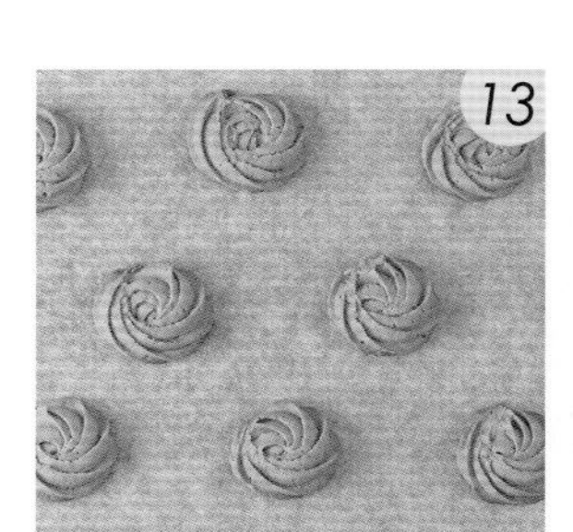

烤好後取出、放涼。

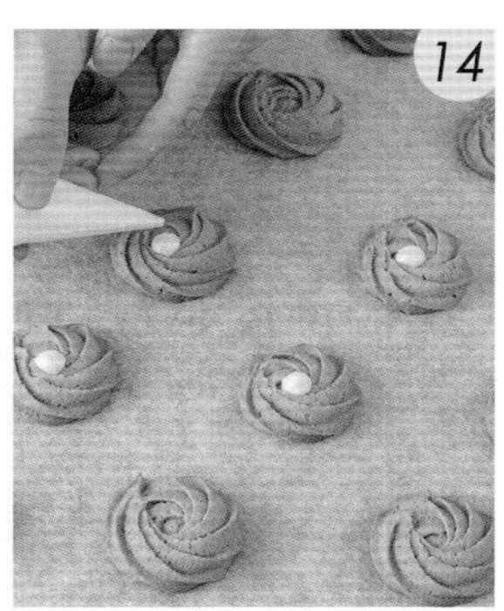

在每一片餅乾中間擠入適量的白巧克力。

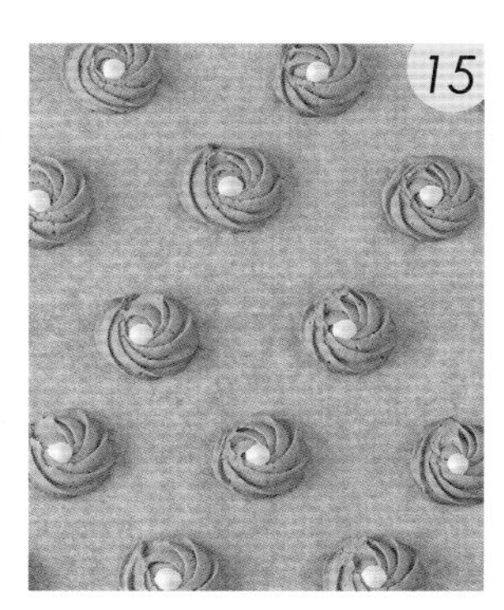

待白巧克力凝固即完成。

伯爵茶
擠花餅乾

難易度 ★★★

金黃的伯爵茶餅乾一出爐，
茶香和奶油香立刻充滿整個空間。
酥脆的擠花餅乾特別適合加上堅果，
杏仁果和奶油的油脂香氣交疊，
從風味到口感都有更豐富的亮點！

Servings 片數	Tools 特殊工具	Temperature 溫度	Baking Time 烘烤時間
52 片 （擠製 10g / 片）	8 齒花嘴 孔徑 10mm Φ25X40mm	上火 170℃ 下火 150℃	18 分鐘

材料 Ingredients

無鹽奶油	135g	低筋麵粉	190g	杏仁粒	約 50 顆
黑糖粉	95g	伯爵茶粉	15g	（裝飾用，依需求調整）	
全蛋	50g	動物性鮮奶油	60g		

麵團總重 520g

製作步驟 How to make

將軟化無鹽奶油與黑糖粉一起放入攪拌盆中。

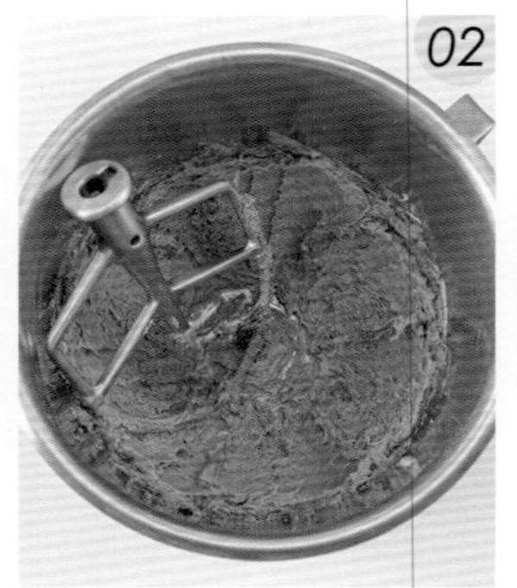

攪拌至糖油完全混勻。

分次加入全蛋，攪拌至油脂和蛋液乳化完全。

加入過篩的低筋麵粉、伯爵茶粉。

攪拌均勻後，加入動物性鮮奶油。

再次攪打均勻後，確認麵糊的濃稠適中即可。

將擠花袋裝上花嘴，並將麵糊填入袋中。

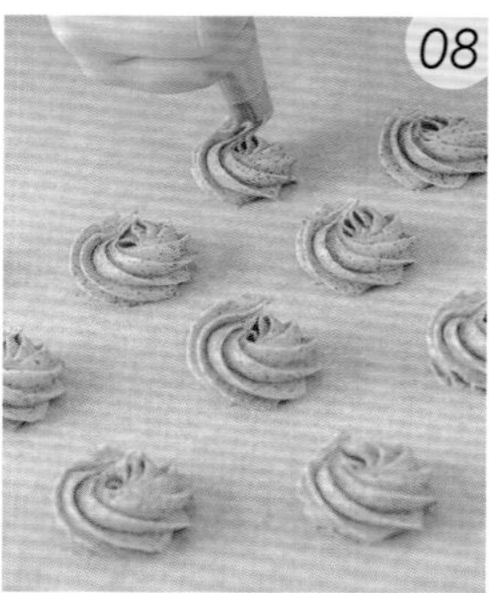

在已鋪好烘焙紙的烤盤上，由內而外繞圈擠出玫瑰花。

TIPS
保持均勻的壓力和節奏，有助於擠製出漂亮的花紋。

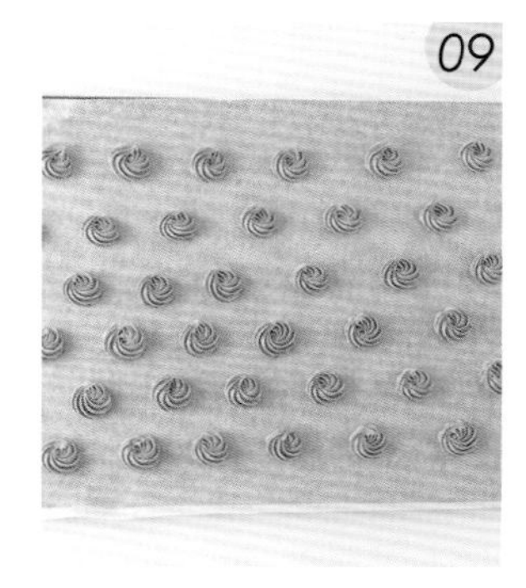

擠製時儘量保持餅乾大小一致，烘焙時才能夠均勻熟透。

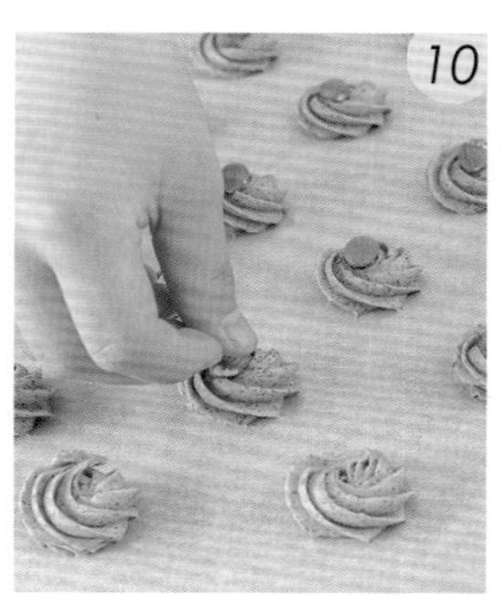

在餅乾上放一顆杏仁粒，並略微下壓。

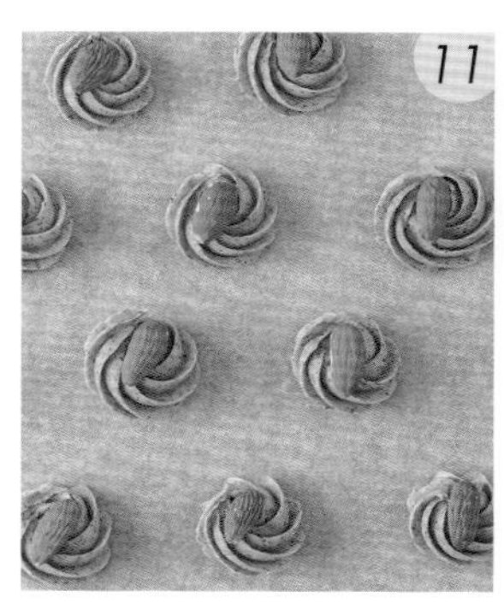

確認每一片餅乾都放好杏仁粒。

烤箱以上火 170℃、下火 150℃ 預熱後，將烤盤放入，烘烤 18 分鐘。

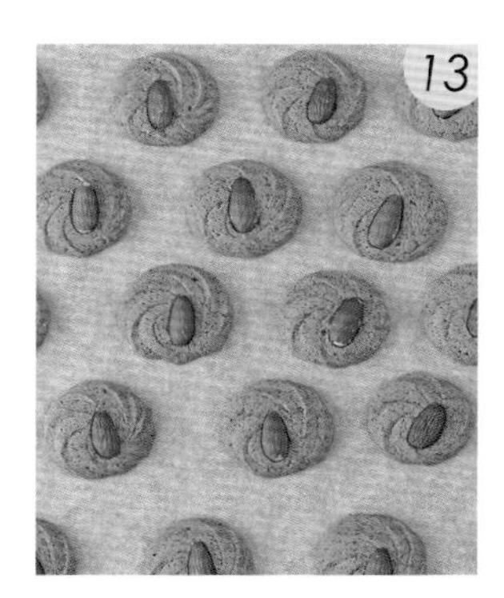

取出、放涼即完成。

鐵觀音焙茶擠花餅乾

難易度 ★★★

以溫潤醇香的鐵觀音焙茶，
襯托出濃厚奶油的絕妙組合。
並在酥鬆、香甜的奶油餅乾中，
加入自製的焦糖杏仁角，
每一片都帶來幸福的滿足感。

Servings 片數	Tools 特殊工具	Temperature 溫度	Baking Time 烘烤時間
52 片 （擠製 10g / 片）	三能特殊手工花嘴 （曲奇） 孔徑 25mm Φ42X45mm	上火 170℃ 下火 150℃	18 分鐘

材料 Ingredients

無鹽奶油	135g
糖粉	85g
全蛋	50g

低筋麵粉	180g
鐵觀音焙茶粉	10g
動物性鮮奶油	60g

焦糖杏仁角

蜂蜜	10g
細砂糖	40g
奶油	25g
杏仁角	30g

麵團總重 520g

製作步驟 How to make

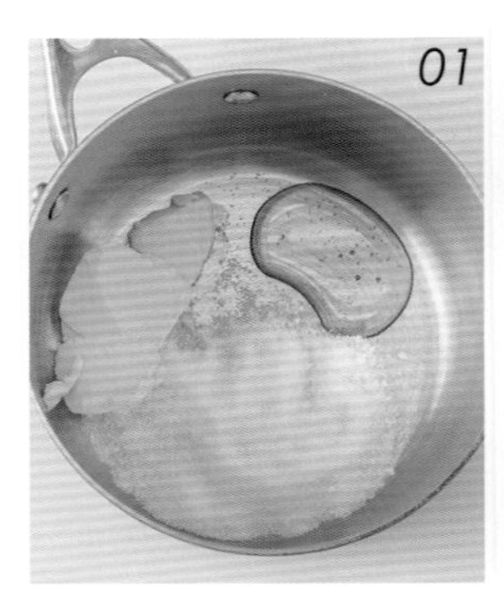

焦糖杏仁角
將蜂蜜、奶油、細砂糖放入鍋中。

以中小火煮滾。

加入杏仁角煮至金黃色，熄火、倒出後攤平在烘焙紙上冷卻，再分切成 5 公克小塊。

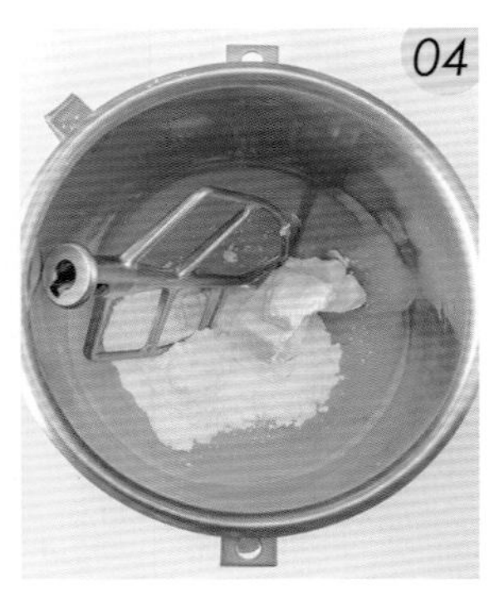

將軟化無鹽奶油與糖粉一起放入攪拌盆中。

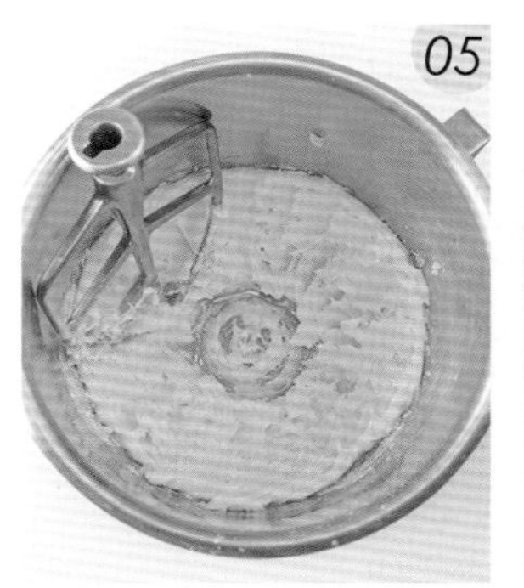

攪拌至糖油完全混勻。

分次加入全蛋，攪拌至油脂和蛋液乳化完全。

加入過篩的低筋麵粉、鐵觀音焙茶粉。

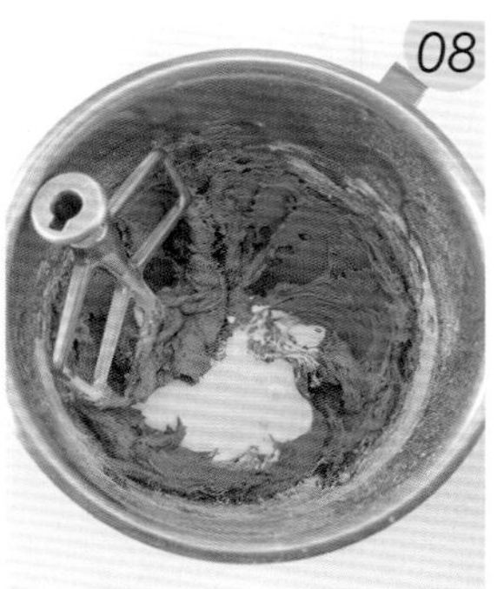

攪拌均勻後，加入動物性鮮奶油。

再次攪打均勻後，確認麵糊的濃稠度適中即可。

將擠花袋裝上花嘴，並將麵糊填入袋中。

在已鋪好烘焙紙的烤盤上，擠出中空圓環造型。

TIPS
保持均勻的壓力和節奏，有助於擠製出漂亮的花紋。

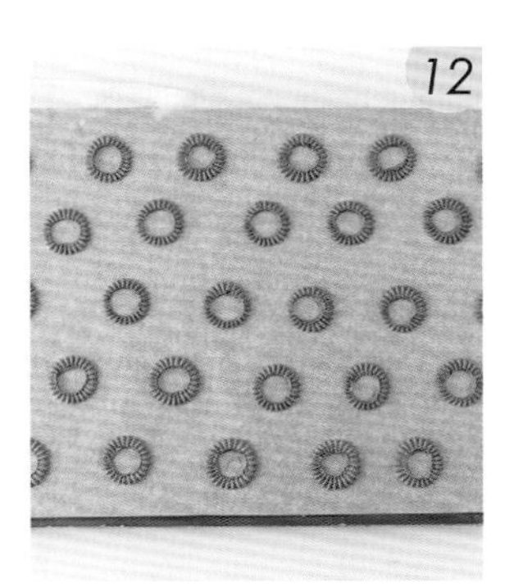

擠製時儘量保持餅乾大小一致，烘焙時才能夠均勻熟透。

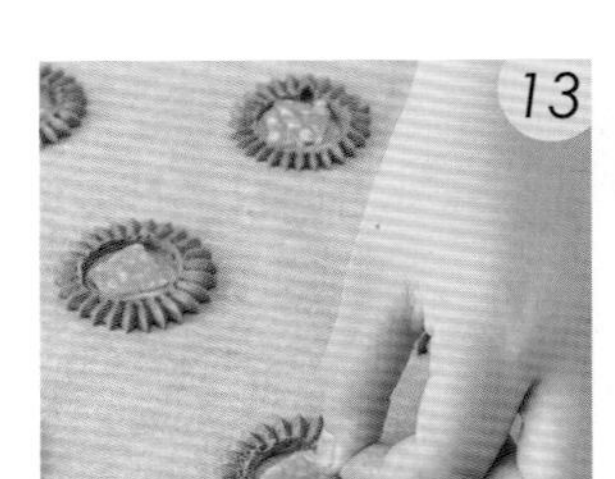

在每片餅乾中間放一片焦糖杏仁角。

烤箱以上火 170℃、下火 150℃預熱後，將烤盤放入，烘烤 18 分鐘。

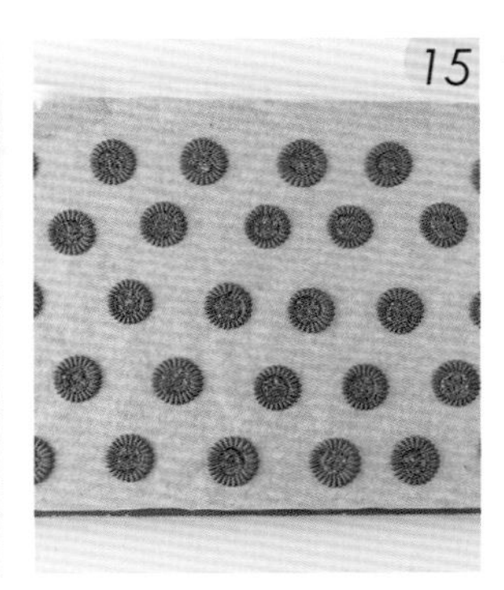

取出、放涼即完成。

PLANET ROSE

蜜香紅茶擠花餅乾

難易度 ★★★

茶香和奶香的組合永遠不會失望！
在茶的淡雅中加入些許的甜味，
在奶油的濃郁中加入一點清新。
交互作用之下讓餅乾更加清爽不膩，
換成不同茶種又是另一種風貌。

Servings 片數	Tools 特殊工具	Temperature 溫度	Baking Time 烘烤時間
52 片 （擠製 10g / 片）	三能特殊手工花嘴 （曲奇） 孔徑 25mm Φ42X45mm	上火 170℃ 下火 150℃	18 分鐘

材料 Ingredients

無鹽奶油	140g
糖粉	40g
黑糖粉	40g
全蛋	50g

低筋麵粉	180g
紅茶粉	10g
動物性鮮奶油	60g

焦糖核桃

蜂蜜	10g
奶油	25g
細砂糖	40g
核桃	30g

麵團總重 520g

製作步驟 How to make

焦糖核桃
將蜂蜜、奶油、細砂糖放入鍋中。

以中小火煮滾後，加入核桃煮至金黃色。

倒出後攤平在烘焙紙上冷卻，再分切成 5 公克小塊備用。

將軟化無鹽奶油與糖粉、黑糖粉放入攪拌盆中。

攪拌至糖油完全混勻。

分次加入全蛋，攪拌至油脂和蛋液乳化完全。

加入過篩的低筋麵粉、紅茶粉。

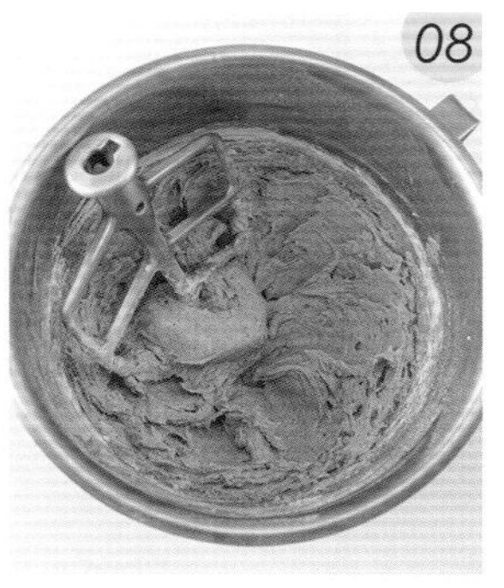

再次攪打均勻。

加入動物性鮮奶油。

攪打均勻後，確認麵糊的濃稠度適中即可。

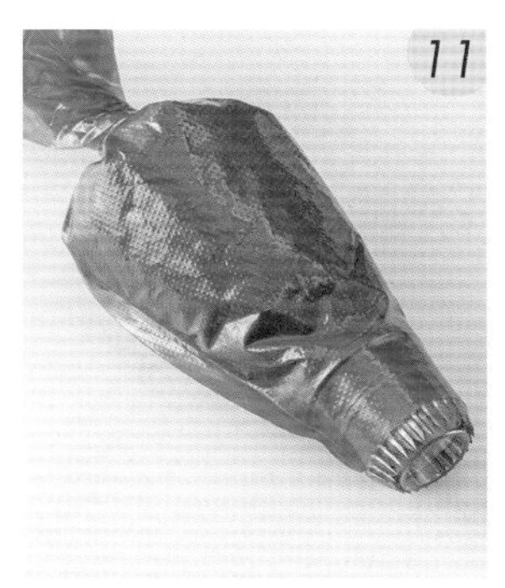

將擠花袋裝上花嘴，並將麵糊填入袋中。

在已鋪好烘焙紙的烤盤上，擠出中空圓環造型。

TIPS
保持均勻的壓力和節奏，有助於擠製出漂亮的花紋。

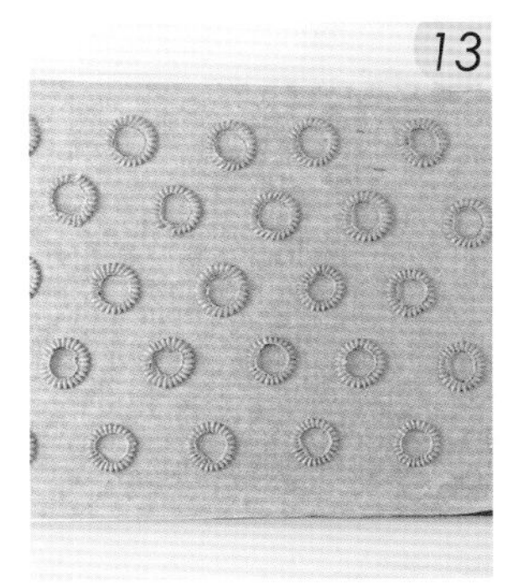

擠製時儘量保持餅乾大小一致，烘焙時才能夠均勻熟透。

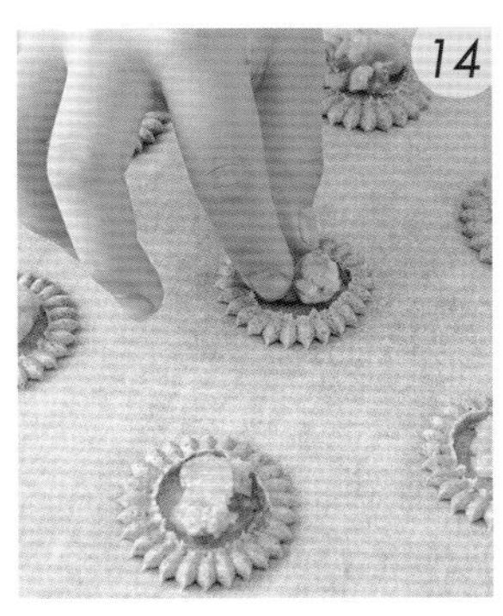

在每片餅乾中間放上一片焦糖核桃。

烤箱以上火 170℃、下火 150℃預熱後，將烤盤放入，烘烤 18 分鐘。

取出、放涼即完成。

FOSSIL REPTILES
THE AGE OF REPTILES. Mention of the fossil reptiles brings us on familiar ground. Most people, if asked about "prehistoric animals", would at once think of some monster after the style of the much-publicised Brontosaurus. Many of these creatures were, indeed, incredibly large and incredibly strange in appearance; their remains form the most impressive and most popular exhibits in our museums. They first appeared in the Permian, the latest of the Palaeozoic periods, but attained their greatest development in the Mesozoic, the Age of Reptiles.
Tyrannosaurus
Brontosaurus.
Stegosaurus
159

巧克力杏仁
切片餅乾

難易度 ★★

入口時除了感受到巧克力的香氣，
還有杏仁片的香脆，
這個絕不會出錯的美味組合，
讓大人小孩都難以抗拒。

Servings 片數	Tools 特殊工具	Temperature 溫度	Baking Time 烘烤時間
10片 （分割 40g / 片）	短款 U 型餅乾 整型器 （可省略，利用桌面 及長尺塑型）	上火 170℃ 下火 150℃	25 分鐘

材料 Ingredients

無鹽奶油	100g	蛋黃	25g	可可粉	8g
糖粉	90g	低筋麵粉	150g	杏仁片	40g

麵團總重 413g

製作步驟 How to make

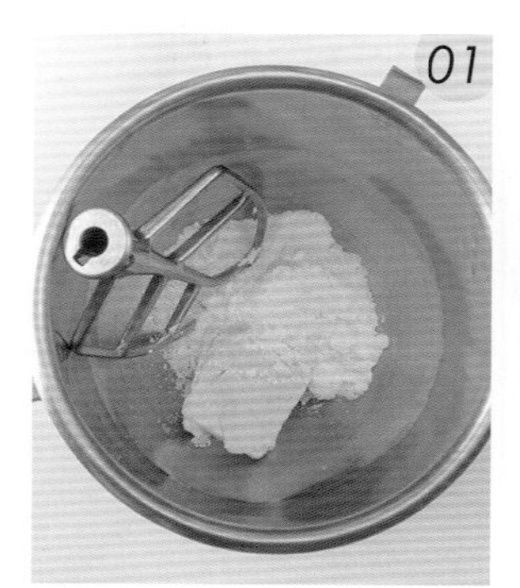

將軟化無鹽奶油與糖粉一起放入攪拌盆中。

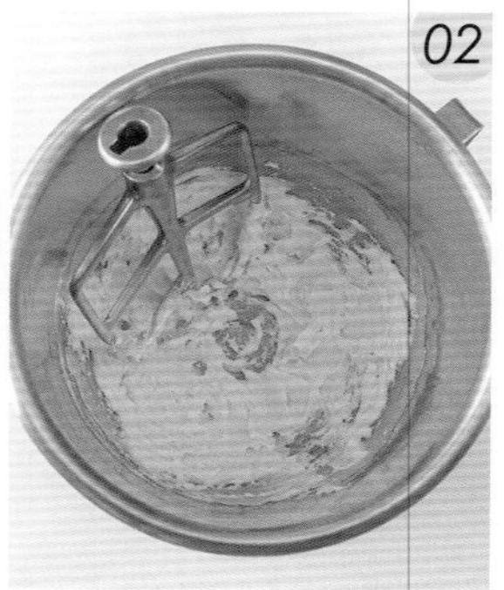

攪拌至糖油完全混勻。

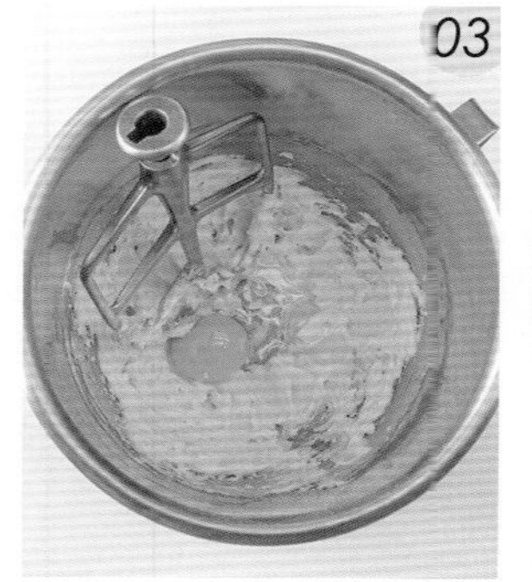

分次加入蛋黃。

攪拌至油脂和蛋液充分乳化完全。

加入過篩的低筋麵粉、可可粉。

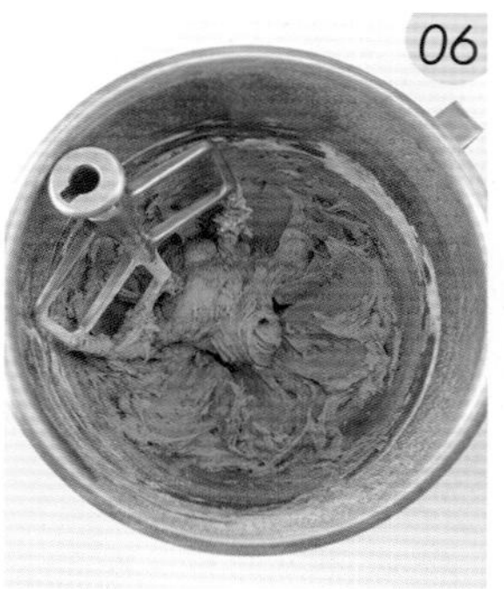

再次攪打均勻。

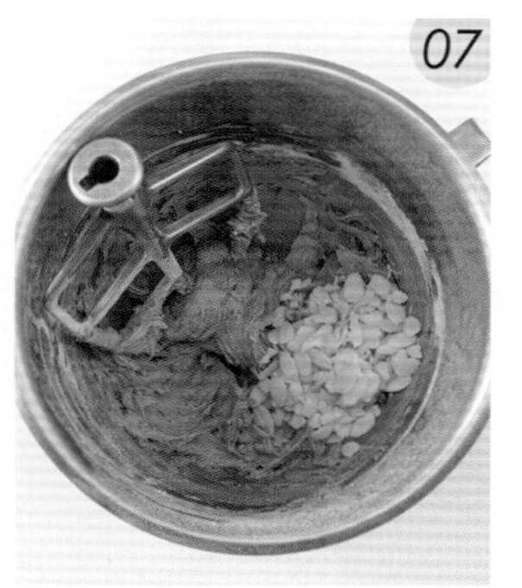

接著加入杏仁片拌勻。

將麵團放在烘焙紙上，呈長條狀並捲起，用短款U型餅乾整型器或長尺輔助整型。

將麵團整型成方形，再放入冰箱冷凍至變硬。

取出後確定麵團不會沾黏，即用刀均切成40公克的小方塊。

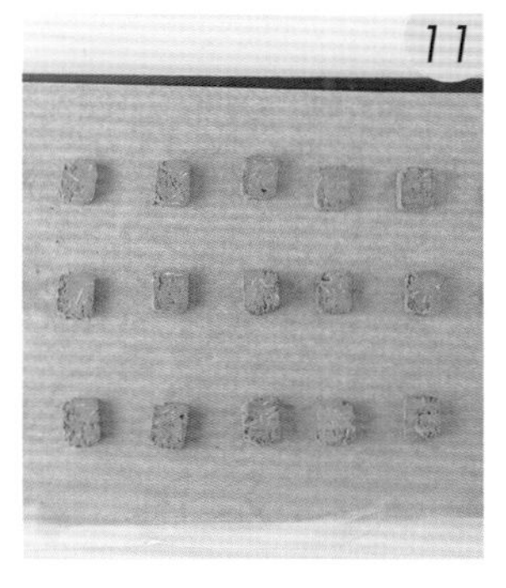

烤盤中鋪上烘焙紙，保持適當間隔、排入切好的小麵團。

烤箱以上火170℃、下火150℃預熱後，將烤盤放入，烘烤25分鐘。

取出、放涼即完成。

TIPS

- ◆ 切片餅乾又稱為冰盒餅乾。此種麵團能夠冷凍保存四週，所以可以一次大量製作。要使用前先冷藏解凍，再切片、烤焙即可。
- ◆ 烤焙好的餅乾，保存期限為室溫一週、冷凍一個月。冷凍的餅乾直接放室溫解凍後，即可食用。

蔓越莓果乾
切片餅乾

難易度 ★★

一口咬下，先感受到酸甜交織的香氣，
接著蔓越莓獨特的酸度在口中蔓延開。
酥脆的餅乾加上果乾本身的嚼勁，
有別於添加堅果時的脆口感，
呈現另一種不同食材堆疊的方式。

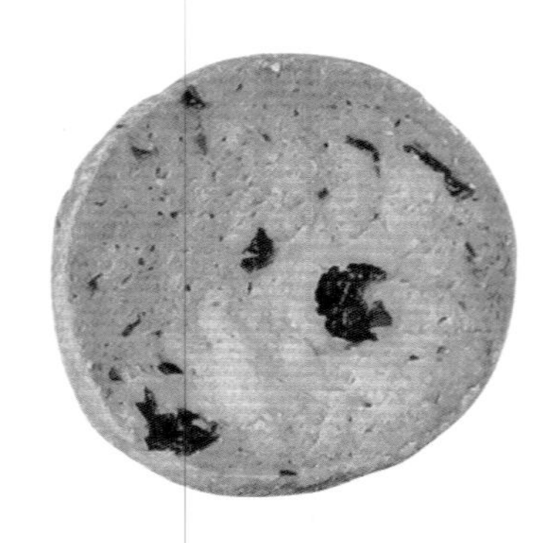

Servings 片數	Temperature 溫度	Baking Time 烘烤時間
12 片 （分割 40g / 片）	上火 170℃ 下火 150℃	25 分鐘

材料 Ingredients

無鹽奶油	120g	低筋麵粉	200g	蔓越莓乾	50g
糖粉	60g	香草粉	5g		
全蛋	50g	杏仁粉	20g		

麵團總重 505g

製作步驟 How to make

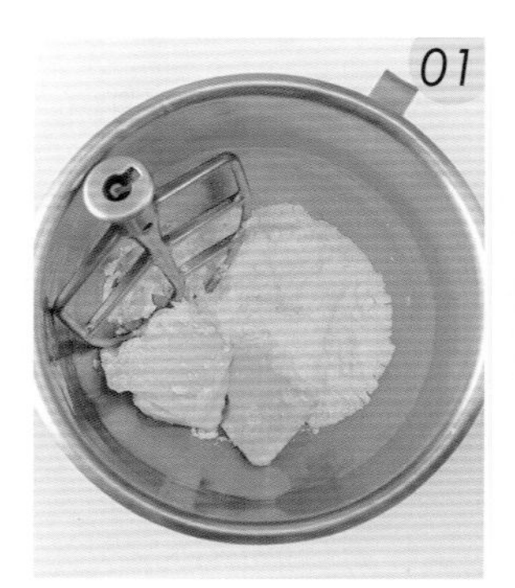

將軟化無鹽奶油與糖粉一起放入攪拌盆中。

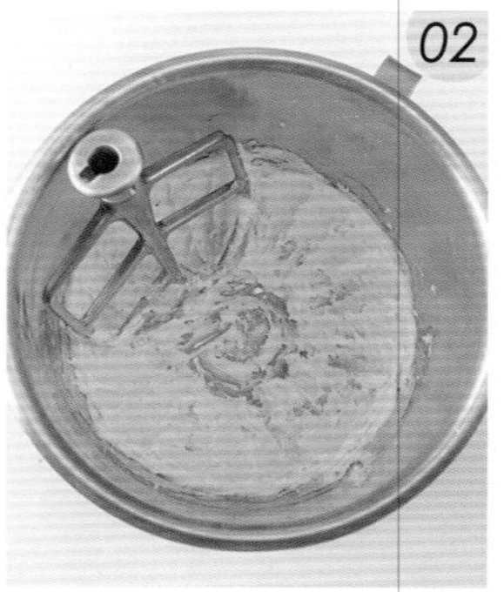

攪拌至糖油完全混匀。

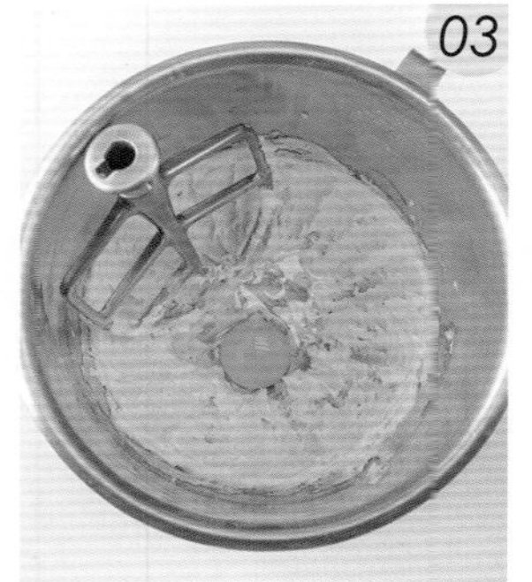

分次加入全蛋。

攪拌至油脂和蛋液充分乳化完全。

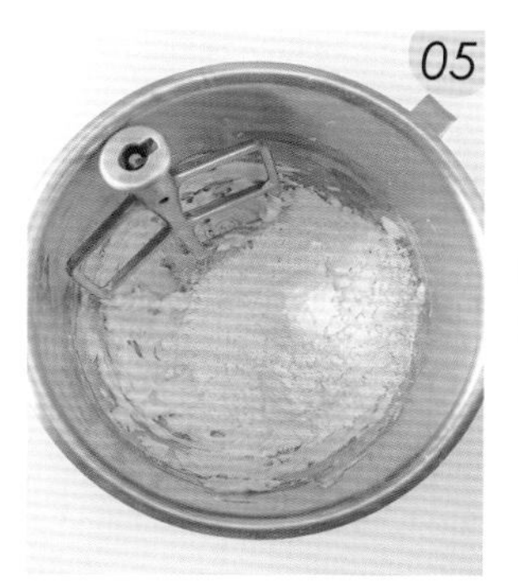

加入過篩的低筋麵粉、香草粉、杏仁粉。

再次攪打均匀。

接著加入蔓越莓乾。

繼續將麵團打匀。

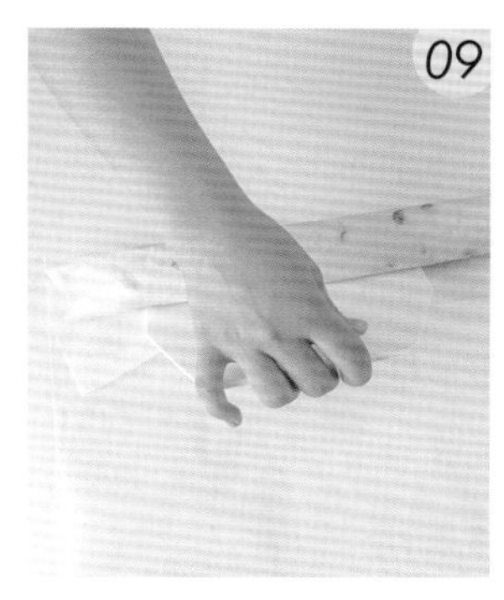

將麵團放在烘焙紙上，呈長條狀並捲起，整型成圓形，再放入冰箱冷凍至麵團變硬。

取出後確定麵團不會再沾黏，即用刀均切成 40 公克的小圓塊。

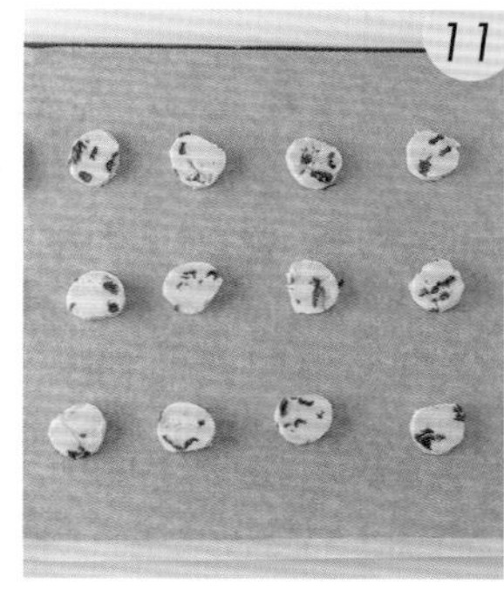

烤盤中鋪上烘焙紙，保持適當間隔、排入切好的小麵團。

烤箱以上火 170℃、下火 150℃預熱後，將烤盤放入，烘烤 25 分鐘。

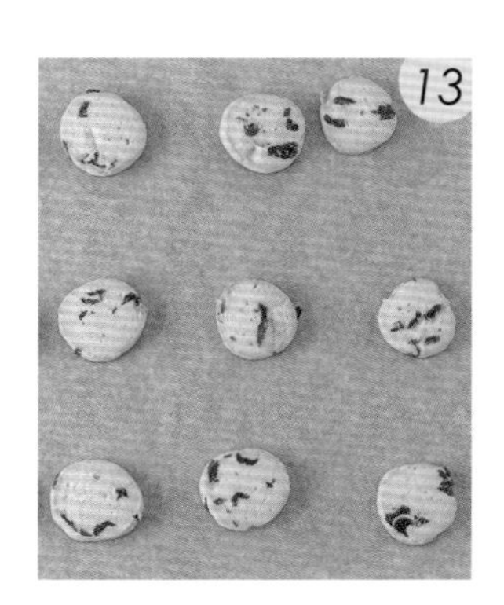

取出、放涼即完成。

Plate 13
SMALLER GREEN ALGAE AND FLAGELLATES

起司核桃
切片餅乾

難易度 ★★★

餅乾表面呈現漂亮的金黃色，
加上獨特的三角造型散發著誘人氛圍。
一入口，感覺起司香氣在嘴裡化開，
再加上酥脆的核桃點綴其中，
如此豐富多姿的口感讓人難以忘懷。

Servings 片數	Tools 特殊工具	Temperature 溫度	Baking Time 烘烤時間
12 片 （分割 40g / 片）	短款 U 型餅乾整型器 （可省略，利用長尺塑型即可）	上火 170℃ 下火 150℃	25 分鐘

材料 Ingredients

無鹽奶油	100g	蛋黃	30g	起司粉	10g
糖粉	90g	低筋麵粉	200g	核桃	50g

麵團總重 480g

製作步驟 How to make

將軟化無鹽奶油與糖粉一起放入攪拌盆中。

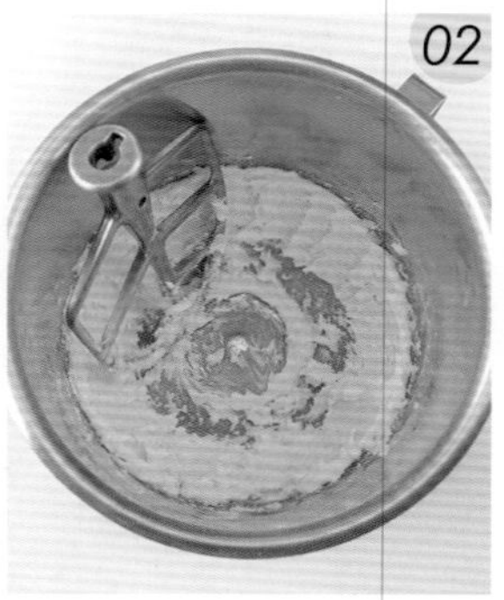

攪拌至糖油完全混勻。

分次加入蛋黃。

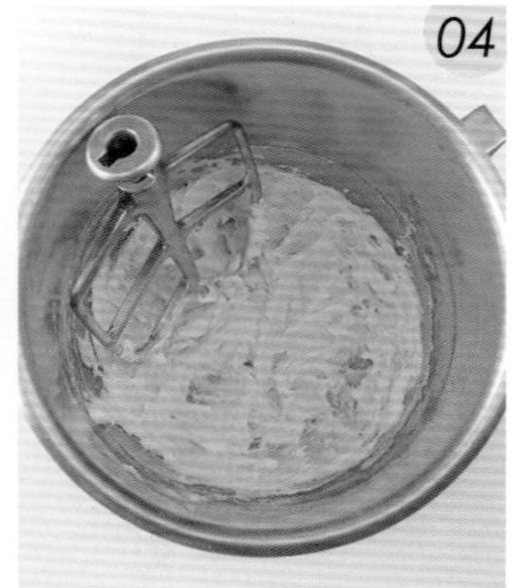

攪拌至油脂和蛋液充分乳化完全。

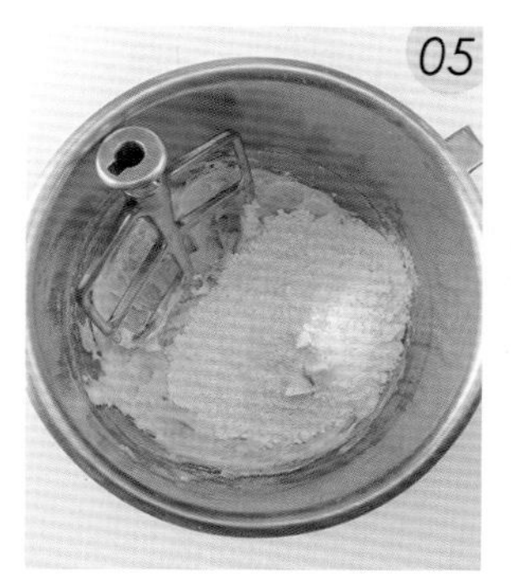

加入過篩的低筋麵粉、起司粉。

再次攪打均勻。

接著加入核桃。

繼續將麵團打勻。

將麵團放在烘焙紙上，呈長條狀並捲起，用短款U型餅乾整型器或長尺壓成三角形，再放入冰箱冷凍至變硬。

取出後確定麵團不會沾黏，用刀均切成40公克的三角形片狀。

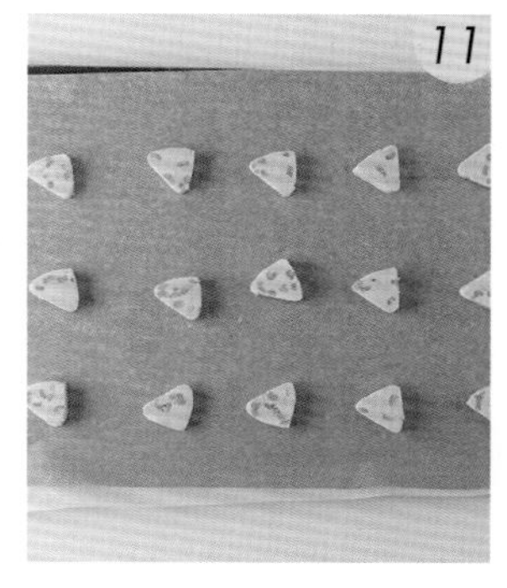

烤盤中鋪上烘焙紙，保持適當間隔、排入切好的小麵團。

烤箱以上火170℃、下火150℃預熱後，將烤盤放入，烘烤25分鐘。

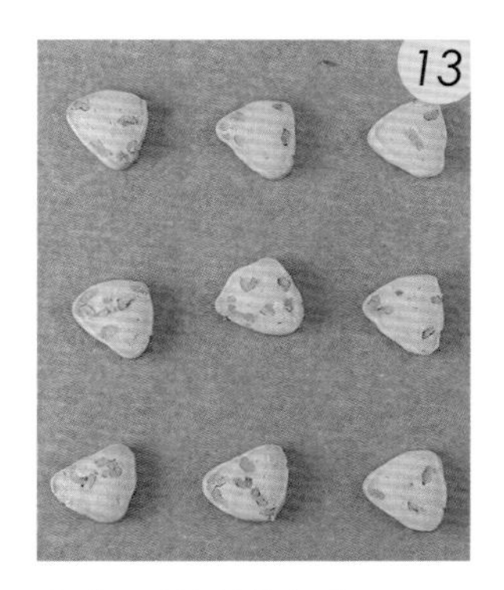

取出、放涼即完成。

FROM
BOURNVILLE

雙色棋格切片餅乾

難易度 ★★★★

這款手工餅乾是歷久彌新的人氣代表，
無論傳統或新穎的餅乾盒中都有它的蹤跡。
除了如同棋盤一般的視覺效果，
對於喜歡口味變化的人來說，
能夠同時品嘗到香草、可可的餅乾，
也是難以割捨的一個迷人之處！

Servings 片數	Tools 特殊工具	Temperature 溫度	Baking Time 烘烤時間
30 片 （分割 40g / 片）	短款 U 型餅乾 整型器 （可省略，利用長尺 塑型即可）	上火 170℃ 下火 150℃	25 分鐘

材料 Ingredients

香草餅乾

無鹽奶油	135g	鹽	1g	法國粉	150g
糖粉	110g	全蛋	50g	香草粉	5g
		低筋麵粉	150g		

麵團總重 601g

巧克力餅乾

無鹽奶油	135g	鹽	1g	法國粉	140g
糖粉	110g	全蛋	50g	可可粉	15g
		低筋麵粉	150g		

麵團總重 601g

製作步驟
How to make

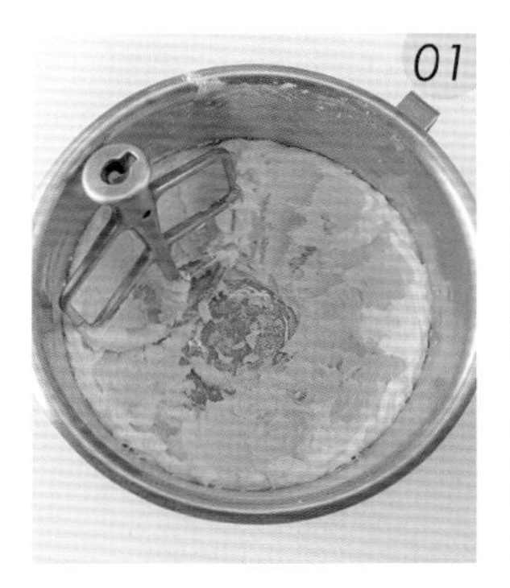

香草麵團
將軟化無鹽奶油與糖粉、鹽攪拌至完全混合均勻。

分次加入全蛋，攪拌至油脂和蛋液乳化完全。

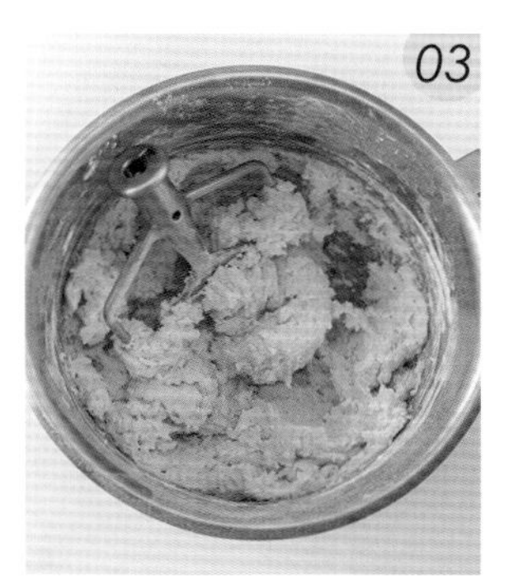

接著加入過篩的低筋麵粉、法國粉、香草粉，攪打均勻。

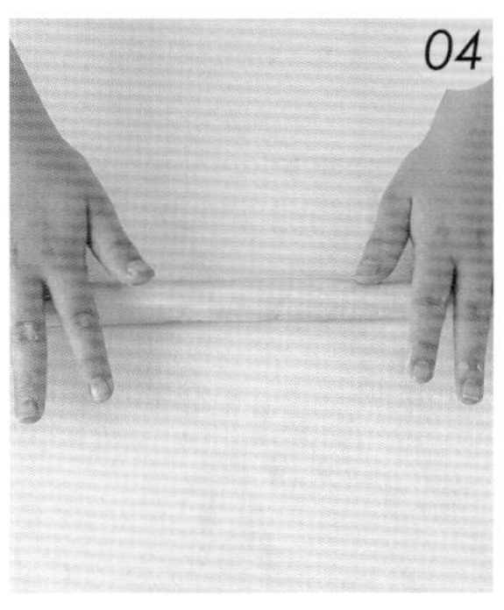

將麵團放在烘焙紙上，分成兩份，用短款U型餅乾整型器或長尺整型成長方條狀。

巧克力麵團
步驟與香草麵團相同，但香草粉改成可可粉。

將麵團打勻。

同樣將巧克力麵團分成兩份，並整型成長方條狀。

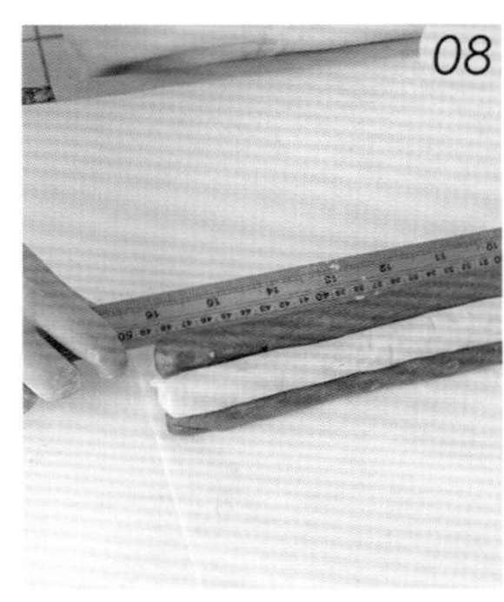

將兩個顏色、共四條的麵團交錯堆疊。

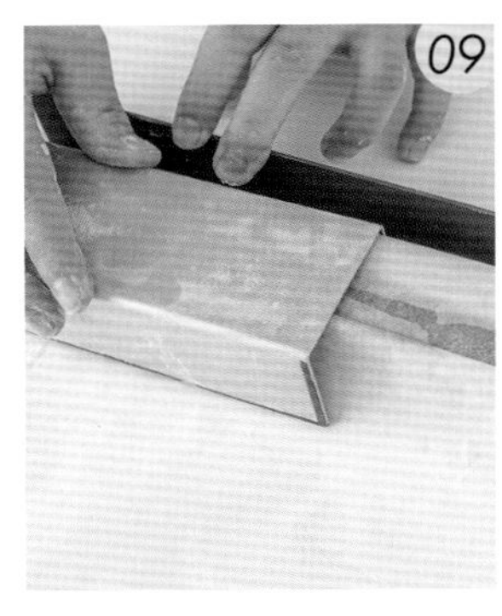

使用短款U型餅乾整型器或長尺輔助定型後，放入冰箱冷凍至變硬。

取出後確認麵團不會沾黏，用刀均切成40公克的片狀。再把麵團排入鋪好烘焙紙的烤盤中。

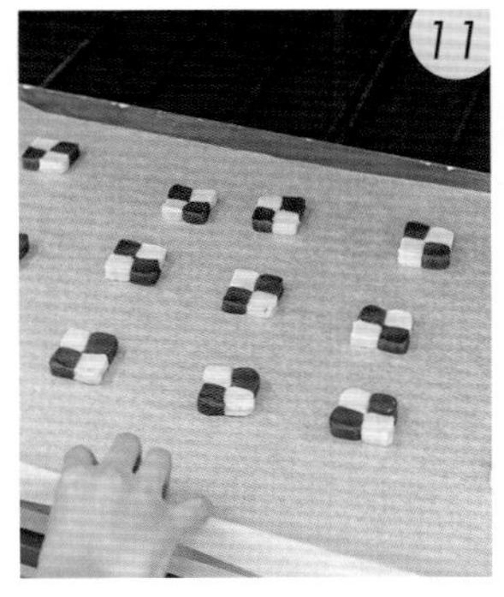

烤箱以上火170℃、下火150℃預熱後，將烤盤放入，烘烤25分鐘。

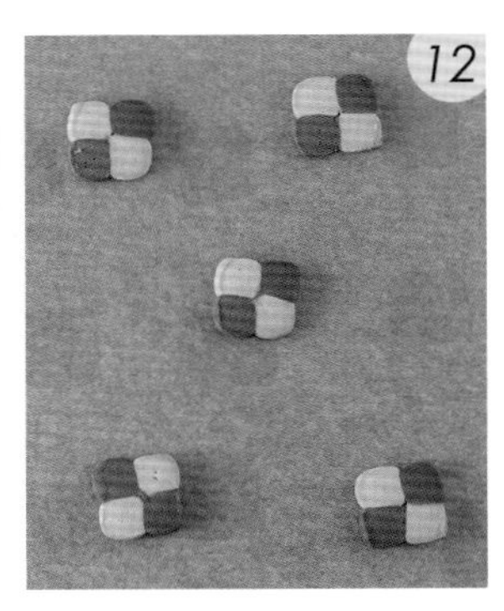

取出、放涼即完成。

Prix : 0.75
le nº correspondant du "Monde
Supplément gratuit au nº 2948
du MONDE ILLUSTRÉ
27 SEPTEMBRE 1913

雙色漩渦切片餅乾

難易度 ★★★★

雙色漩渦餅乾不僅視覺上帶來驚豔，
入口後的滿意度也絕對值得期待。
酥脆中瀰漫巧克力香草的雙重香氣，
細膩而充滿層次的經典口味，
從小吃到大仍然愛不釋手。

Servings 片數	Temperature 溫度	Baking Time 烘烤時間
30 片 （分割 40g / 片）	上火 170℃ 下火 150℃	25 分鐘

材料 Ingredients

香草餅乾

無鹽奶油	135g	鹽	1g	法國粉	150g
糖粉	110g	全蛋	50g	香草粉	5g
		低筋麵粉	150g		

麵團總重 601g

巧克力餅乾

無鹽奶油	135g	鹽	1g	法國粉	140g
糖粉	110g	全蛋	50g	可可粉	15g
		低筋麵粉	150g		

麵團總重 601g

製作步驟
How to make

香草麵團
將軟化無鹽奶油與糖粉、鹽拌勻後，分次加入全蛋攪拌至乳化完全。

接著加入過篩的低筋麵粉、法國粉、香草粉，攪打均勻。

巧克力麵團
步驟與香草麵團相同，但香草粉改成可可粉。

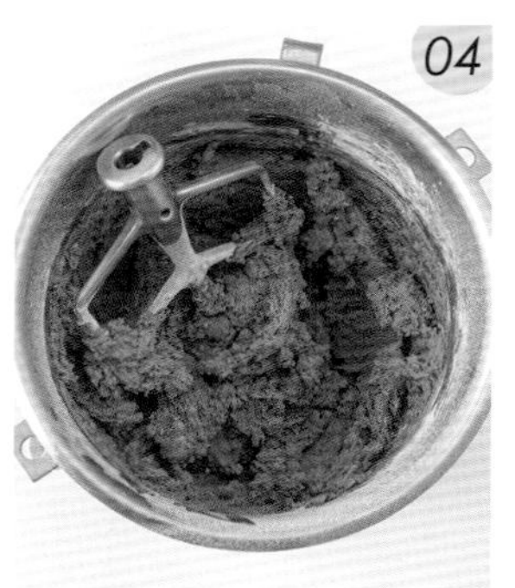

將麵團打勻。

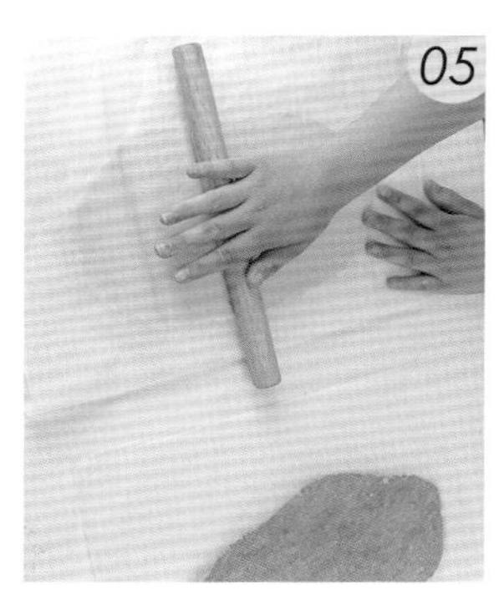

將香草與巧克力麵團放在烘焙紙上，擀平成厚約 0.3 公分的薄片。

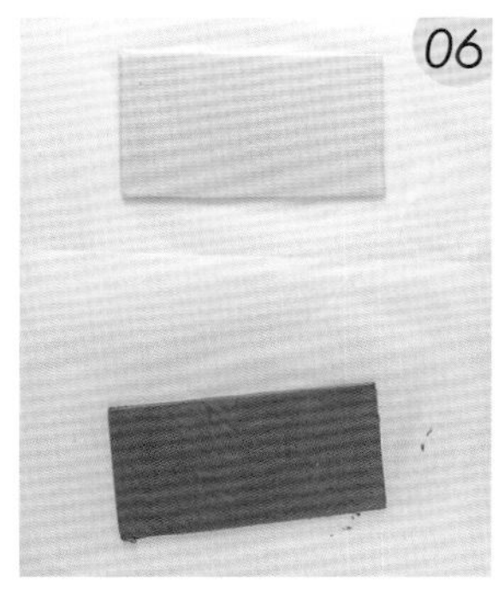

將兩色麵團裁成大小相同的長方形。

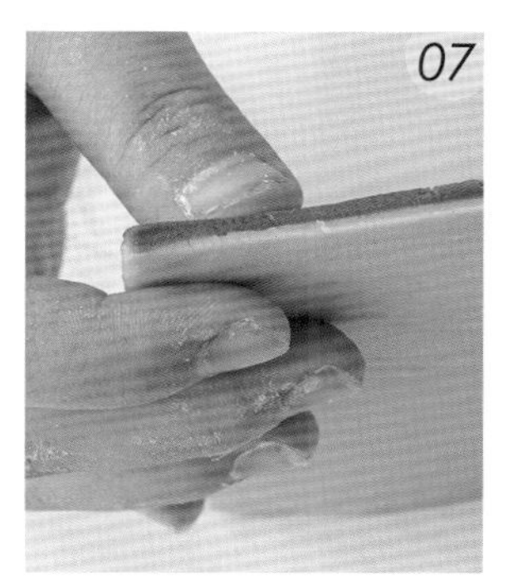

將兩片麵團疊在一起。

將麵團慢慢捲起，邊捲邊用擀麵棍壓實，形成一個緊密的圓柱形。

注意要捲得均勻，避免中間出現空隙。

放入冰箱冷凍至變硬，確認不會沾黏，即用刀均切成 40 公克的片狀。

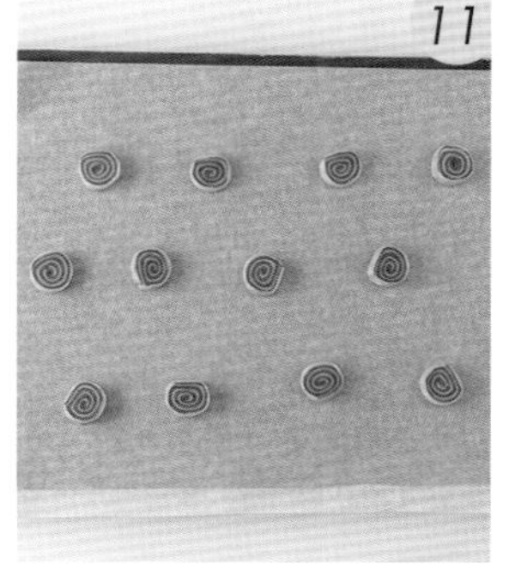

烤盤中鋪上烘焙紙，保持適當間隔、排入切好的小麵團。

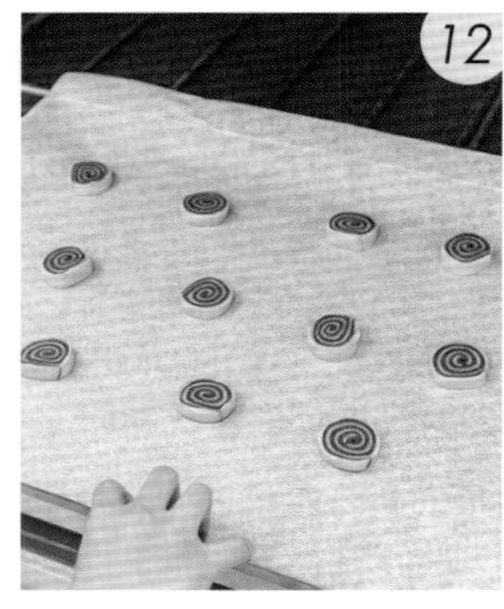

烤箱以上火 170℃、下火 150℃預熱後，將烤盤放入，烘烤 25 分鐘。取出、放涼即完成。

chapter 4

香甜濃郁的
夾心餅乾

學會製作基本的餅乾後，
即使只做一款餅乾，
也能夠利用不同的夾層抹餡，
隨心所欲改變成各種口味，
讓口感、造型的豐富性也同步升級。

蘭姆葡萄
奶油霜餅乾

難易度 ★★★

將糖漿沖入打發蛋液中的奶油霜，
用來當餅乾夾心，不僅增加濕潤度，
也有提升風味與口感層次的作用，
結合微醺香氣的蘭姆葡萄乾，
是一款成人專屬的超人氣餅乾。

Servings 片數	Tools 特殊工具	Temperature 溫度	Baking Time 烘烤時間
12 片 （分割 15g / 片）	鳳梨酥模（長方形） 48X36X16mm 半排花嘴（6 齒） 孔徑 15mm	上火 180℃ 下火 150℃	20 分鐘

材料 Ingredients

奶油餅乾

無鹽奶油	100g
糖粉	60g
杏仁粉	80g
全蛋	50g
低筋麵粉	70g
法國粉	40g

酒漬葡萄乾（浸泡 3-7 天）

蘭姆酒	80g
葡萄乾	100g

奶油霜

砂糖	55g
水飴	15g
礦泉水	14g
全蛋	35g
無鹽奶油	175g

麵團總重 400g

製作步驟
How to make

酒漬葡萄乾
將蘭姆酒、葡萄乾放入鍋中，以中火煮滾。

待其冷卻，放置冰箱中浸泡 3 到 7 天。

奶油餅乾
將軟化無鹽奶油與糖粉、杏仁粉，攪拌均勻。

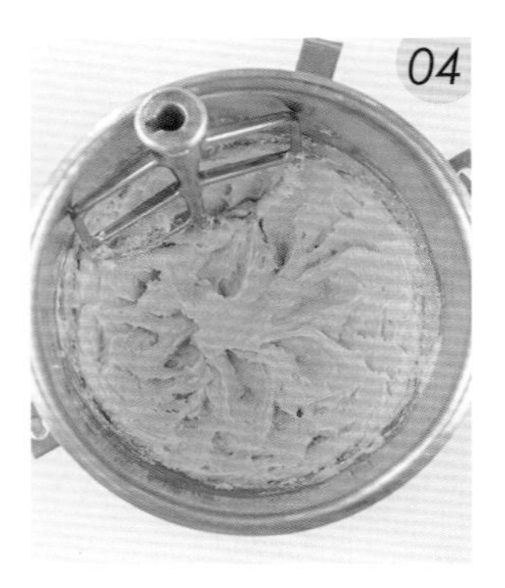

分次加入全蛋，攪拌至油脂和蛋液乳化完全。

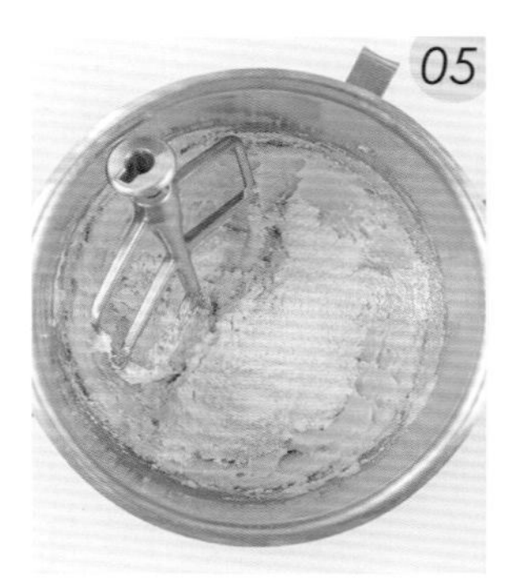

加入過篩的低筋麵粉、法國粉。

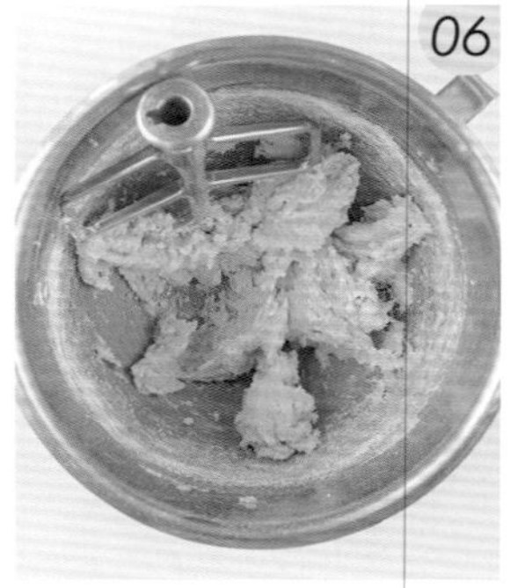

再次攪打均勻。

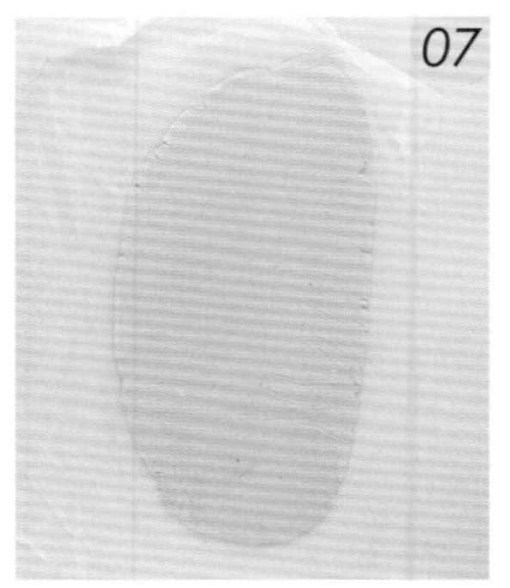

將麵團整型並擀成 0.5 公分厚度後，冷藏 30-60 分鐘，直到變硬。

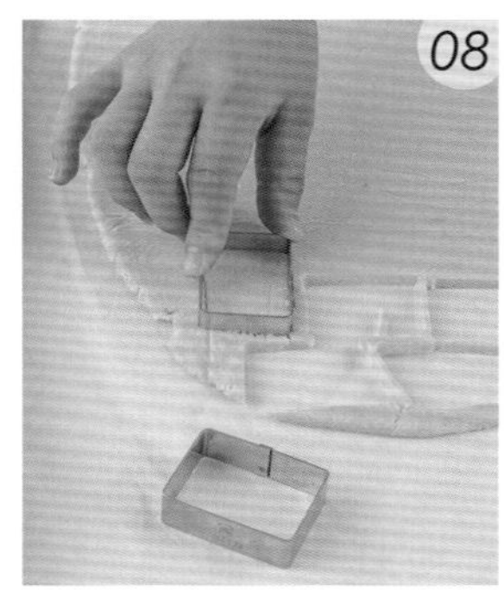

用長方形模具切割麵團。

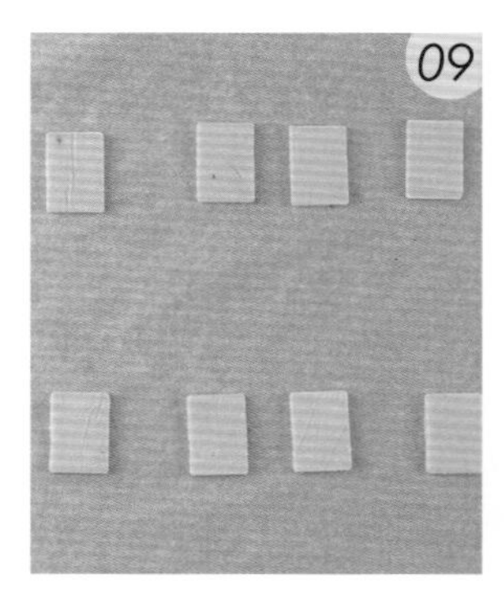

將麵團排入鋪好烘焙紙的烤盤中。

烤箱以上火 180℃、下火 150℃預熱後，將烤盤放入，烘烤 20 分鐘。

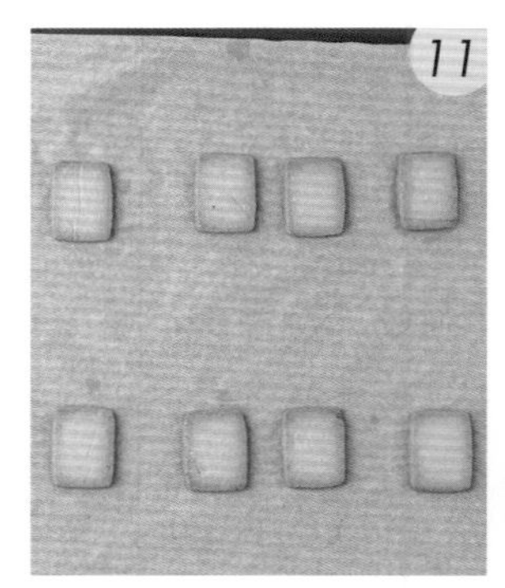

取出、放涼備用。

奶油霜
將砂糖、水飴與水一起煮至 118℃。

> TIPS
> 水飴能讓奶油霜更有光澤和易於打發。

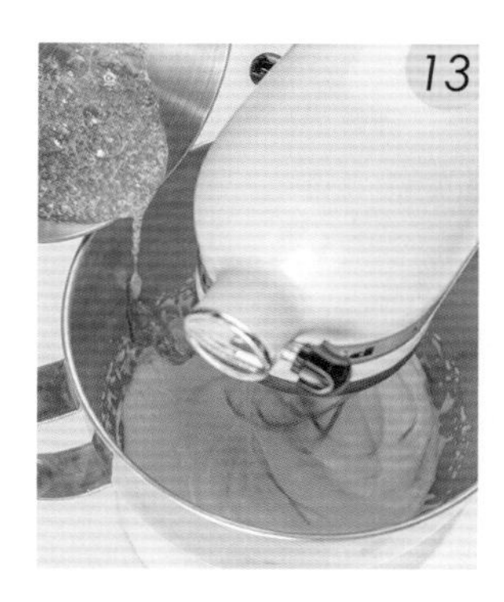

將全蛋打發後，沖入步驟12的糖漿。

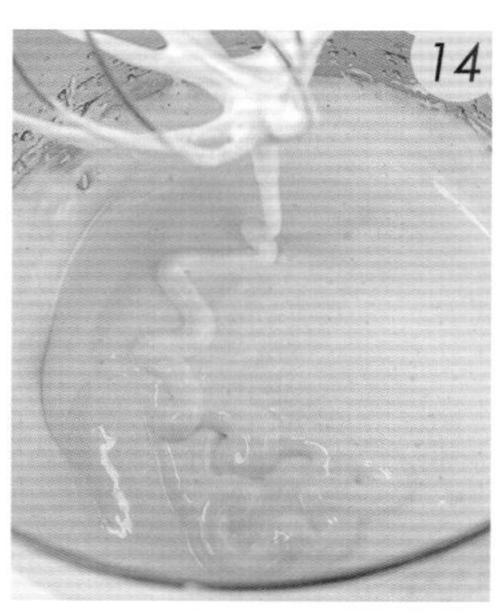

接著低速打發至冷卻。

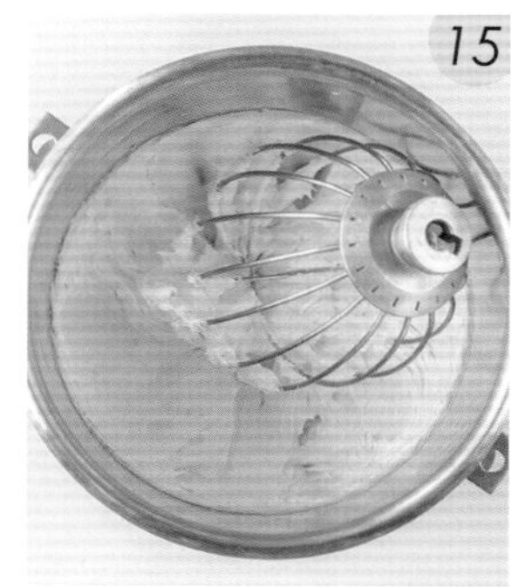

在另一盆中將奶油打發。

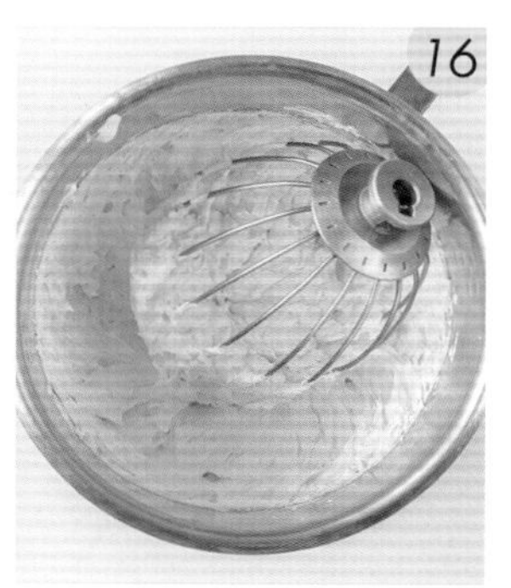

加入步驟14攪拌均勻。

組合
將奶油霜裝入擠花袋中，用半排花嘴擠在餅乾上。

再放上酒漬葡萄乾。

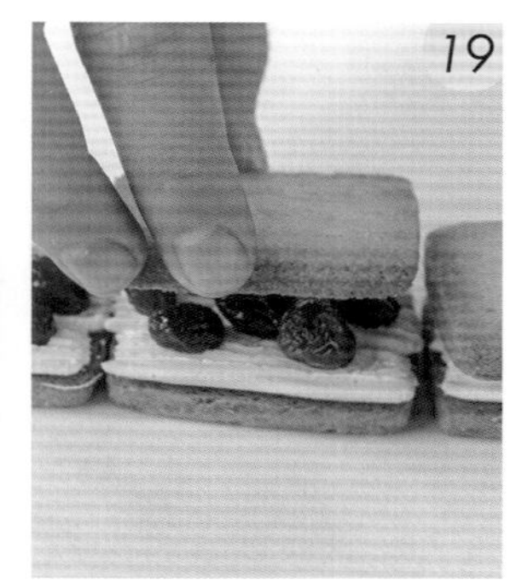

再蓋上一片餅乾即完成。

TIPS

◆ 夾心餅乾烘烤時，須注意觀察餅乾的顏色變化，隨時顧爐察看，以避免烤焦。
◆ 夾心餅乾的保存方式主要分為下述兩種。
常溫保存：密封後放在陰涼乾燥處，避免陽光直射，溫度控制在25℃以下。
冷凍保存：冷凍可以延長夾心餅乾的賞味期限，以保持口感和風味。食用前取出，冷藏解凍即可。

酒漬蔓越莓奶油霜餅乾

難易度 ★★★

酒漬果乾的做法簡單、變化也多，
使用不同果乾和酒種的風味各有特色，
再搭配以全蛋製作的奶油霜，
濃郁的蛋香更加襯托出風味的獨特性，
絕對是主角等級的濃郁夾心餅乾。

Servings 片數	Tools 特殊工具	Temperature 溫度	Baking Time 烘烤時間
12 片 （分割 18g / 片）	愛心型餅乾切模 54X51mm 圓花嘴 孔徑 7.5mm	上火 180℃ 下火 150℃	20 分鐘

材料 Ingredients

蔓越莓餅乾

無鹽奶油	100g
糖粉	70g
杏仁粉	80g
全蛋	50g
低筋麵粉	70g
法國粉	40g
蔓越莓乾（切碎）	40g

酒漬蔓越莓
（浸泡 12-24 小時）

紅酒	100g
蔓越莓乾	100g

奶油霜

砂糖	55g
水飴	15g
礦泉水	14g
全蛋	35g
無鹽奶油	175g

麵團總重 450g

製作步驟
How to make

酒漬蔓越莓
將紅酒、蔓越莓乾放入鍋中，以中火煮滾。

待其冷卻，放置冰箱中浸泡 12-24 小時。

蔓越莓餅乾
將軟化無鹽奶油與糖粉、杏仁粉，攪拌均勻。

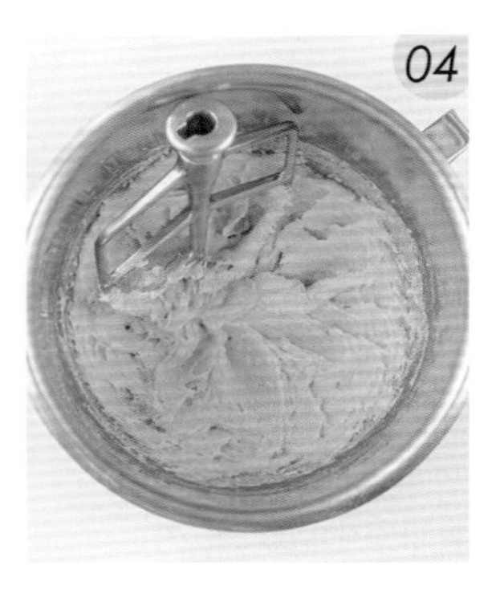

分次加入全蛋，攪拌至油脂和蛋液乳化完全。

加入過篩的低筋麵粉、法國粉。

充分攪拌均勻後，加入蔓越莓乾。

再次攪拌均勻。

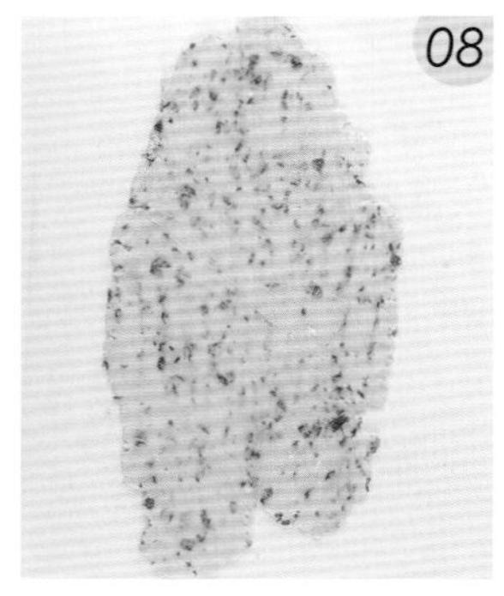

將麵團整型並擀成 0.5 公分厚度後，冷藏 30-60 分鐘，直到變硬。

用心形模具切割麵團。

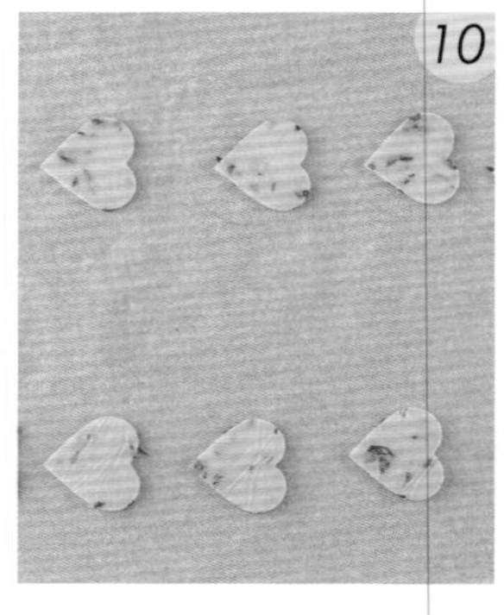

將麵團排入鋪好烘焙紙的烤盤中。

烤箱以上火 180℃、下火 150℃預熱後，將烤盤放入，烘烤 20 分鐘。

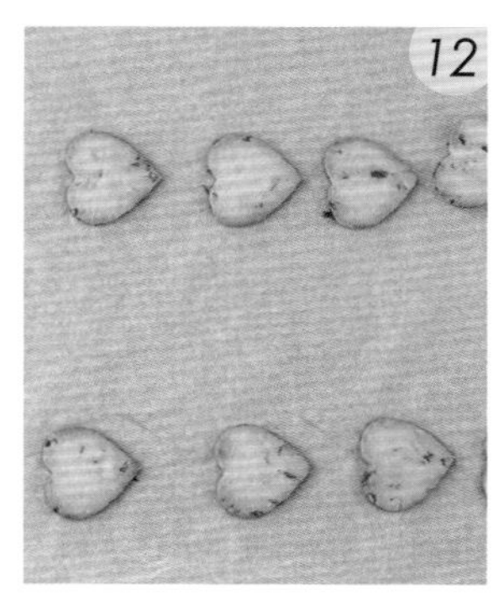

取出、放涼備用。

奶油霜
將砂糖、水飴與水煮至118℃。

將全蛋打發後，沖入步驟13的糖漿。

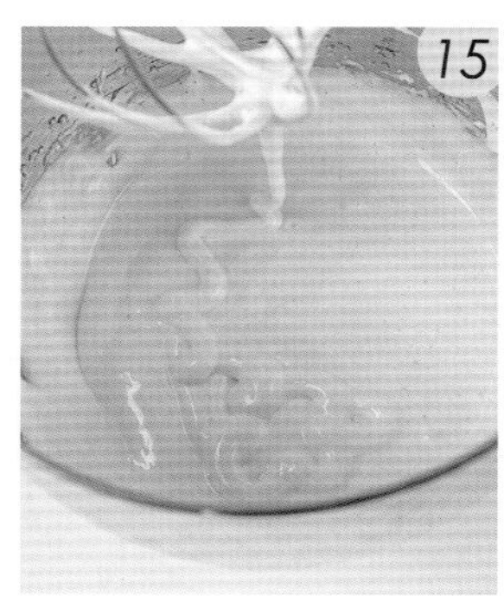

接著以低速打發至冷卻。

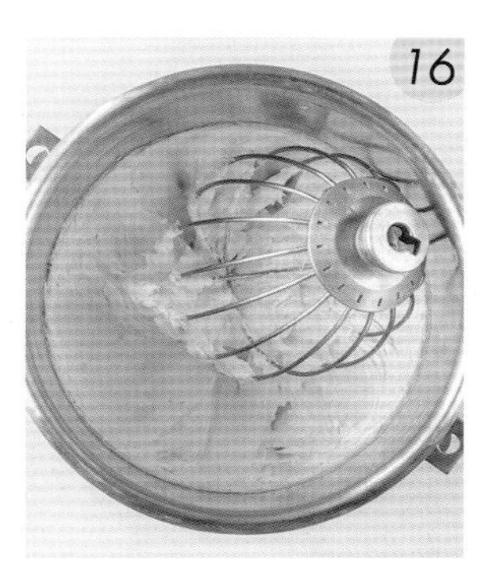

在另一攪拌盆中，將奶油打發。

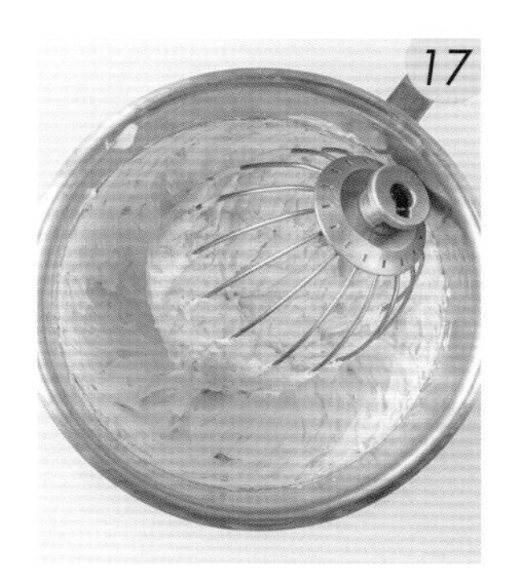

加入步驟15攪拌均勻。

組合
將奶油霜裝入擠花袋，用圓花嘴均勻擠在餅乾上。

再放上酒漬蔓越莓。

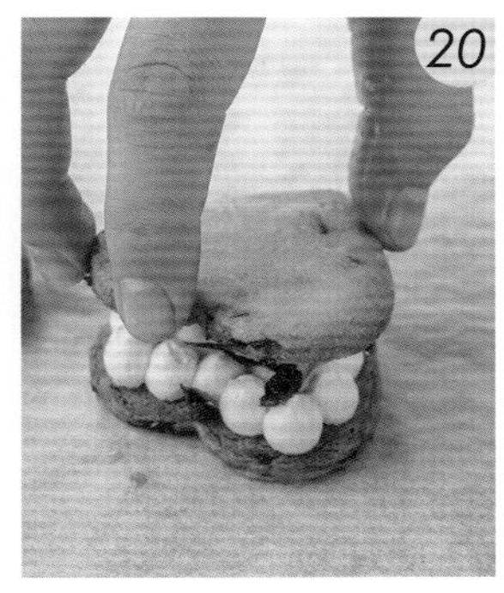

再蓋上一片餅乾即完成。

重巧克力
厚餡夾心餅乾

難易度 ★★★

在苦甜巧克力中加入鮮奶油，
有別於輕盈奶油霜的厚實夾餡，
可可味濃厚、微微的苦恰到好處，
夾入同屬巧克力口味的餅乾中，
每一口都是高濃縮的巧克力小宇宙。

Servings 片數	Tools 特殊工具	Temperature 溫度	Baking Time 烘烤時間
12 片 （分割 15g / 片）	三角形餅乾切模 50X50mm 8 吋方形慕斯圈	上火 180℃ 下火 150℃	20 分鐘

材料 Ingredients

巧克力餅乾

無鹽奶油	100g
糖粉	60g
杏仁粉	40g
全蛋	50g
低筋麵粉	110g
可可粉	40g

苦甜生巧克力餡

苦甜巧克力	170g
動物性鮮奶油	110g
轉化糖漿	15g
水飴	15g

麵團總重 400g

製作步驟
How to make

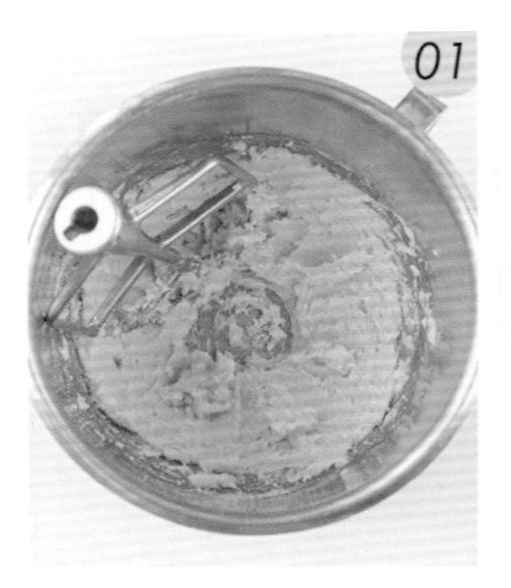

巧克力餅乾
將軟化無鹽奶油與糖粉、杏仁粉，攪拌至完全混合均匀。

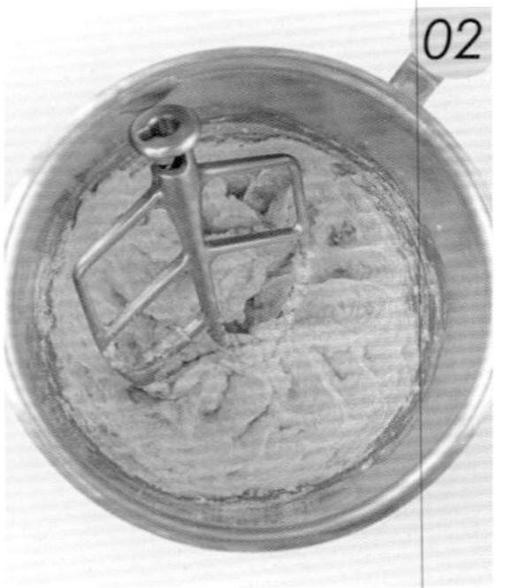

分次加入全蛋，攪拌至油脂和蛋液乳化完全。

加入過篩的低筋麵粉、可可粉。

再次攪打均匀。

將麵團整型並擀成 0.5 公分厚度後，冷藏 30-60 分鐘，直到變硬。

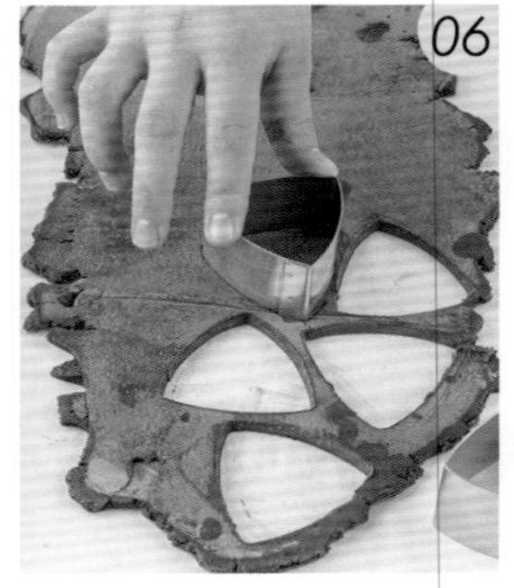

用三角形模具切割麵團。

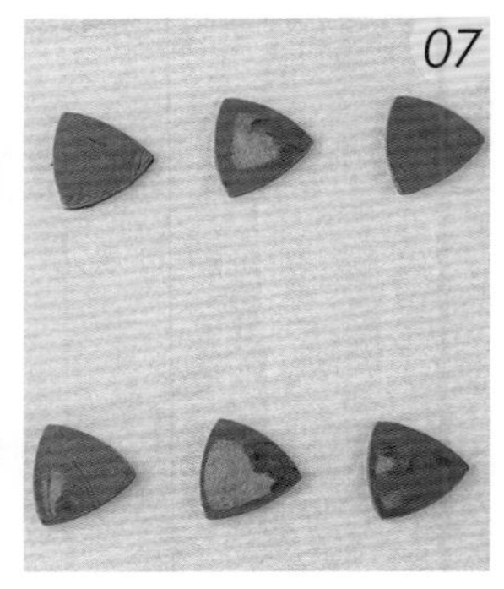

將麵團排入鋪好烘焙紙的烤盤中。

烤箱以上火 180℃、下火 150℃預熱後，將烤盤放入，烘烤 20 分鐘。

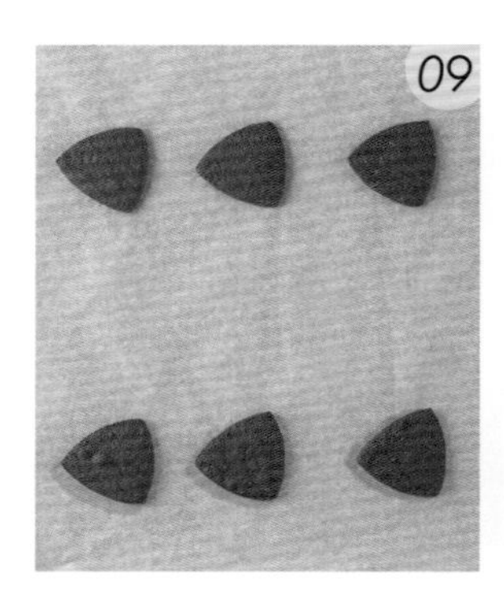

取出、放涼備用。

苦甜生巧克力餡
將動物性鮮奶油、轉化糖漿、水飴在鍋中煮滾。

趁熱倒入苦甜巧克力中。

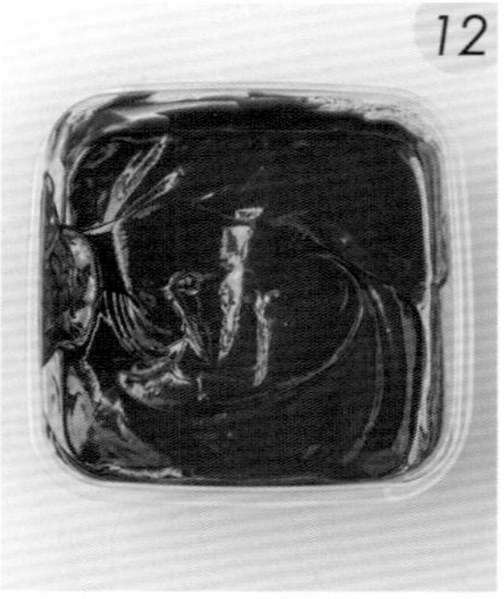

攪拌至巧克力融化。

準備 8 吋方形慕斯圈，倒入苦甜生巧克力餡。

冷藏 30 分鐘至凝固。

用三角形模具切割。

放在烘焙紙上備用。

組合
在餅乾上放一片苦甜生巧克力餡。

再蓋上一片餅乾即完成。

GET THE BOOK
CAN LEARN TO PLAY THE
PIANO

粉紅草莓巧克力餅乾

難易度 ★★★

以草莓泥和白巧克力混成漂亮的粉色，
做出帶有天然果香、可可香、奶香的夾餡，
夾入白巧克力餅乾中，點綴少許糖漬草莓乾，
甜而不膩的風味與細緻外觀，絕對值得嘗試！

Servings 片數	Tools 特殊工具	Temperature 溫度	Baking Time 烘烤時間
12 片 （分割 18g / 片）	愛心型餅乾切模 54X51mm 圓花嘴 孔徑 7.5mm	上火 180℃ 下火 150℃	20 分鐘

材料 Ingredients

白巧克力餅乾

無鹽奶油	100g
糖粉	60g
杏仁粉	80g
全蛋	50g
低筋麵粉	70g
法國粉	40g
白巧克力（融化）	30g

白巧克力草莓餡

白巧克力	100g
草莓果泥	10g
動物性鮮奶油	15g
無鹽奶油	10g

糖漬草莓乾

礦泉水	115g
砂糖	70g
草莓乾	90g

麵團總重 430g

製作步驟
How to make

糖漬草莓乾
礦泉水、砂糖、草莓乾放入鍋中，以中火煮沸 3-5 分鐘。

待其冷卻，將草莓乾切小塊備用。

白巧克力餅乾
將軟化無鹽奶油與糖粉、杏仁粉，攪拌均勻。

分次加入全蛋，攪拌至油脂和蛋液乳化完全。

加入過篩的低筋麵粉、法國粉。

攪拌均勻後，加入融化的白巧克力。

再次攪拌均勻

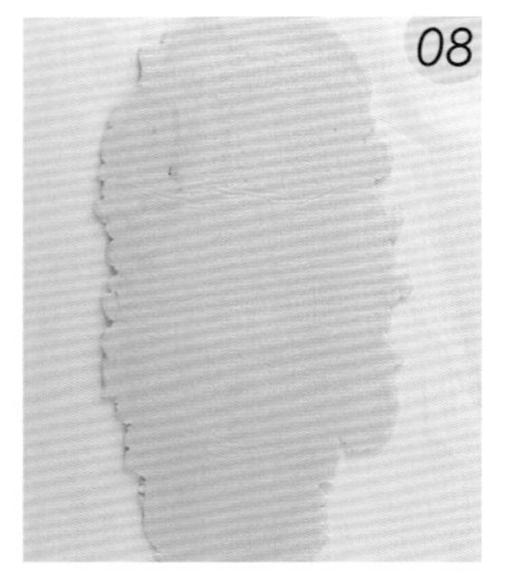

將麵團整型並擀成 0.5 公分厚度後，冷藏 30-60 分鐘，直到變硬。

用心形模具切割麵團。

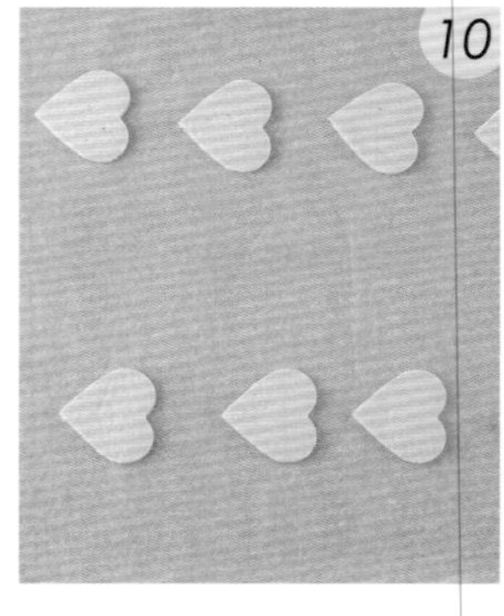

將麵團排入鋪好烘焙紙的烤盤中。

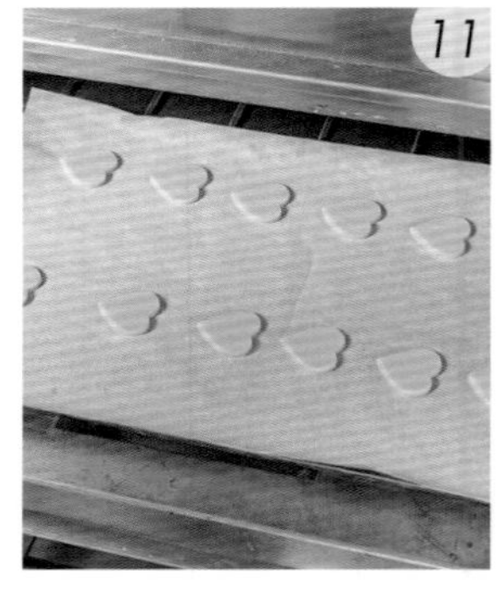

烤箱以上火 180℃、下火 150℃預熱後，將烤盤放入，烘烤 20 分鐘。

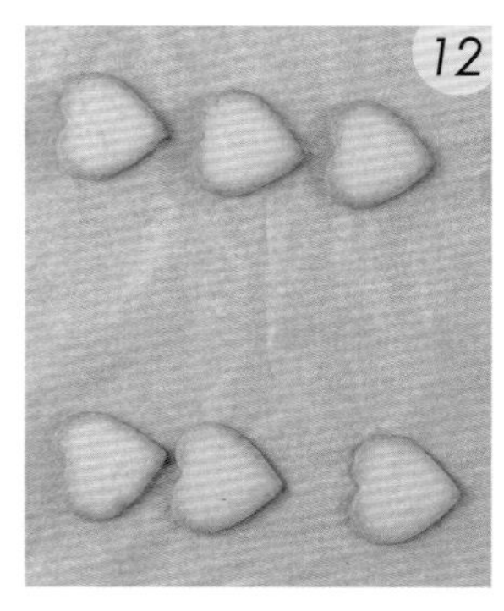

取出、放涼備用。

白巧克力草莓餡
將動物性鮮奶油與草莓果泥混合，加熱煮沸。

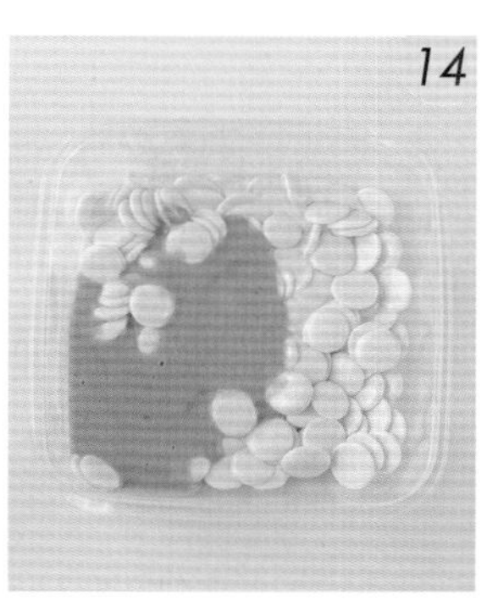

趁熱沖入白巧克力中，使其融化。

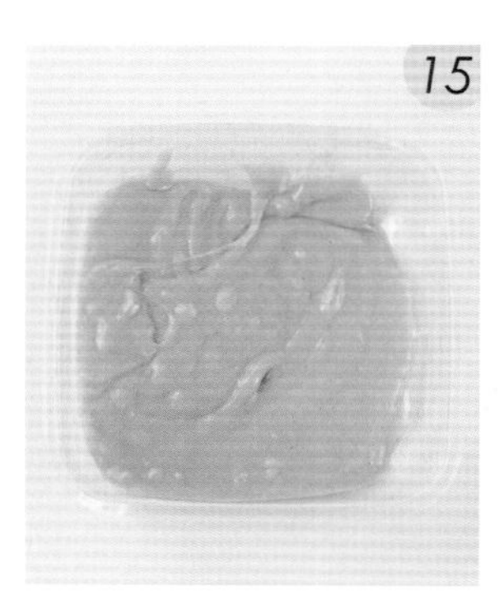

再加入奶油拌勻至乳化。

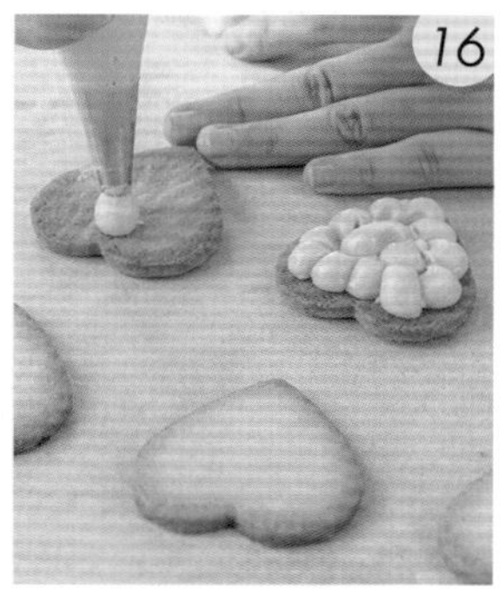

組合
將白巧克力草莓餡裝入擠花袋中，用圓花嘴均勻地擠在餅乾上。

再放上糖漬草莓乾。

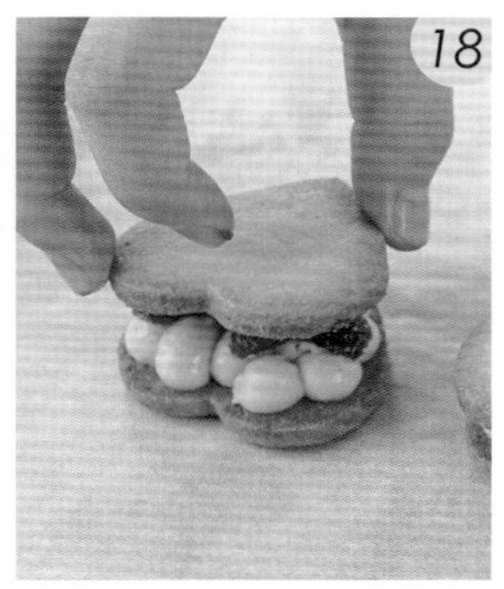

再蓋上一片餅乾即完成。

覆盆子香草奶油霜餅乾

難易度 ★★★

這款餅乾為了強調清新的覆盆子風味，
夾餡使用的是只添加蛋白的奶油霜製法，
不加入巧克力、全蛋液等味道重的食材，
改以香草推疊層次，做出清爽版的夾心餅乾。

Servings 片數	Tools 特殊工具	Temperature 溫度	Baking Time 烘烤時間
12 片 （分割 16g / 片）	圓形餅乾切模 Φ50mm 圓花嘴 孔徑 7.5mm	上火 180℃ 下火 150℃	20 分鐘

材料 Ingredients

覆盆子餅乾

無鹽奶油	100g
糖粉	60g
杏仁粉	80g
全蛋	50g
低筋麵粉	60g
法國粉	50g
冷凍覆盆子	40g

覆盆子香草奶油霜

砂糖	55g
水飴	15g
礦泉水	14g
蛋白	35g
覆盆子粉	3g
香草糖漿	3g
無鹽奶油	180g

TIPS
這款奶油餡是以蛋白霜製作，而非全蛋，很常運用在覆盆子或草莓口味的奶餡，比較清爽，不會蓋過莓果的風味。

麵團總重 440g

製作步驟
How to make

覆盆子餅乾
將軟化無鹽奶油與糖粉、杏仁粉，攪拌均勻。

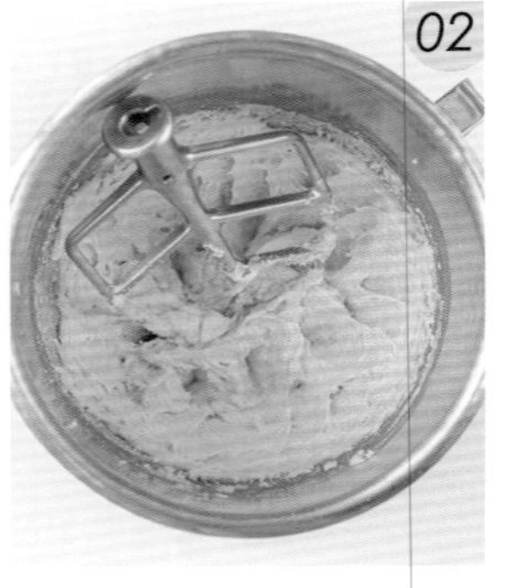

分次加入全蛋，攪拌至油脂和蛋液乳化完全。

加入過篩的低筋麵粉、法國粉。

攪拌均勻後，加入冷凍覆盆子。

再次攪打均勻。

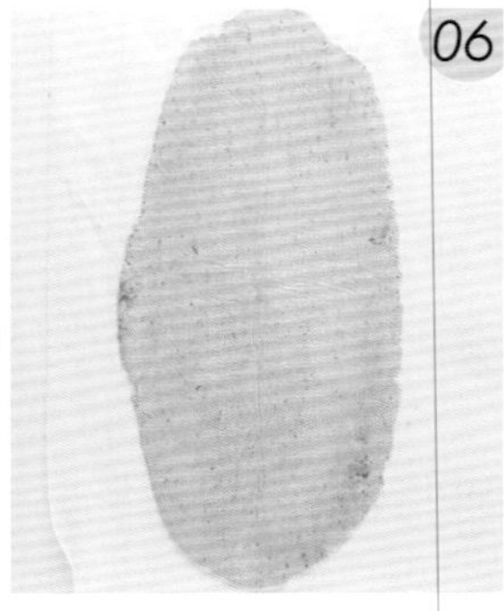

將麵團整型並擀成 0.5 公分厚度後，冷藏 30-60 分鐘，直到變硬。

用圓形模具切割麵團。

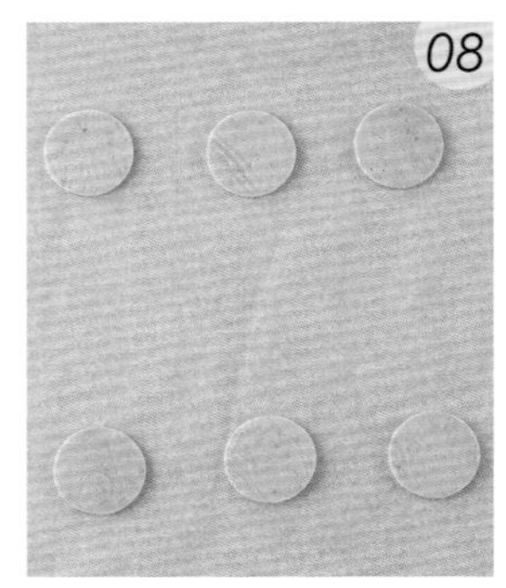

將麵團排入鋪好烘焙紙的烤盤中。

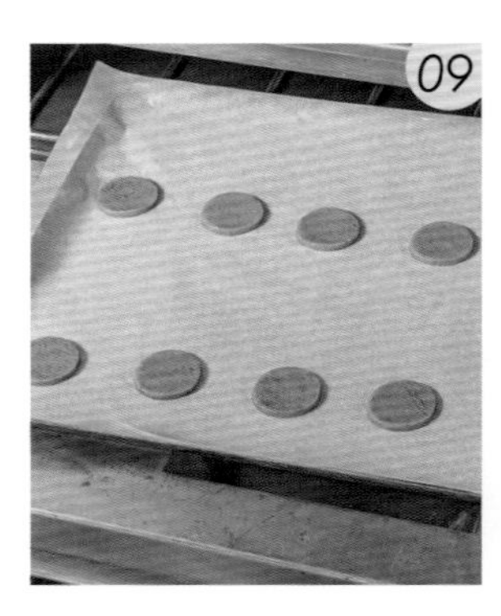

烤箱以上火 180℃、下火 150℃預熱後，將烤盤放入，烘烤 20 分鐘。

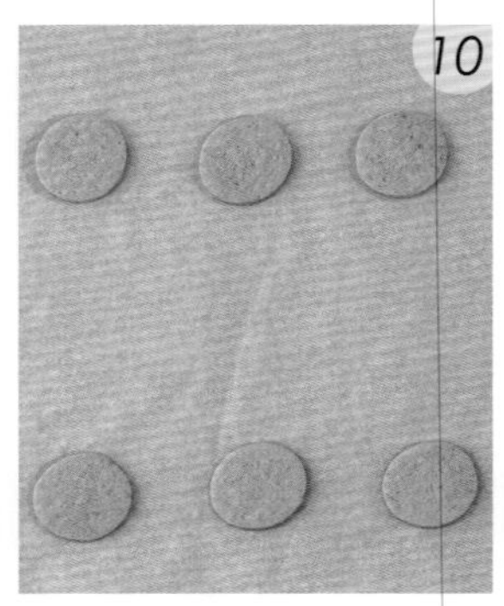

取出、放涼備用。

覆盆子香草奶油霜
將砂糖、水飴與水一起煮至 118℃。

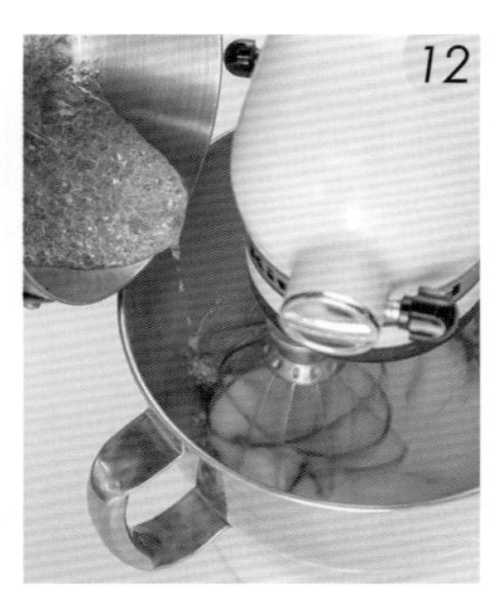

以低速先將蛋白微打發（發泡狀態）後，沖入步驟 11 的熱糖漿。

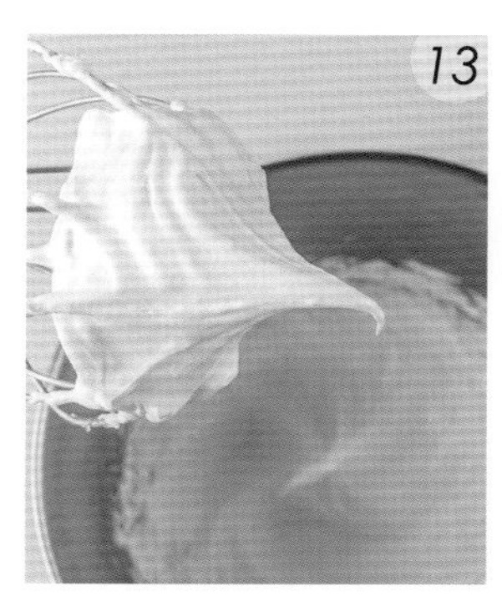

再以高速打發至蛋白舉起呈鳥嘴狀。

TIPS
此時整體溫度也已經冷卻。

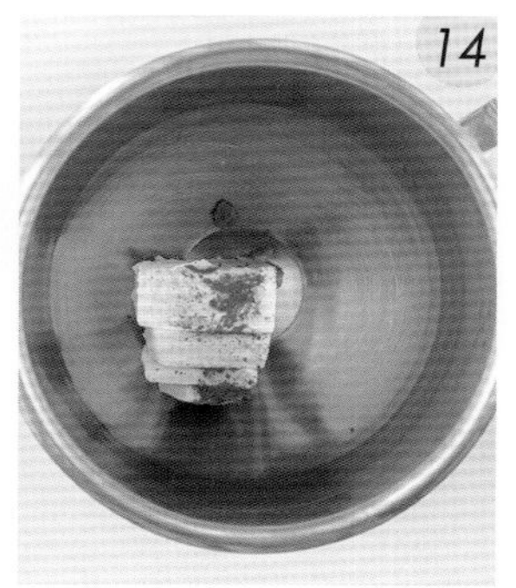

在另一個攪拌盆中放入奶油、覆盆子粉，以及香草糖漿。

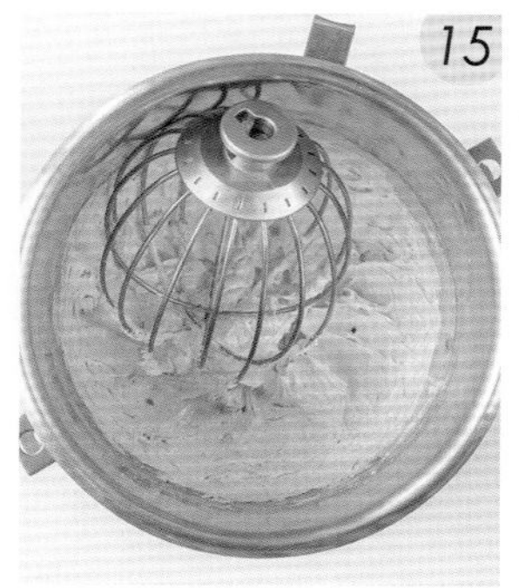

一起攪打均勻。

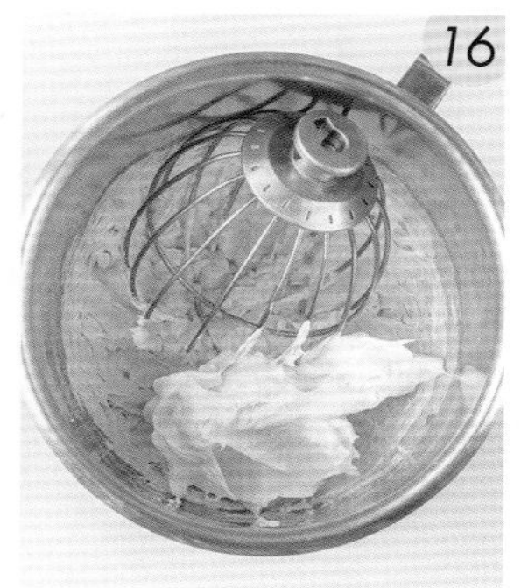

加入步驟 13 的蛋白霜。

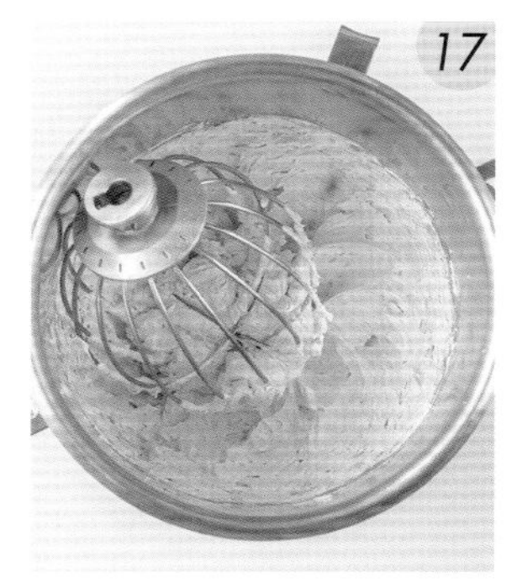

全部攪拌均勻後，裝入擠花袋。

組合
將奶油霜用圓花嘴以螺旋狀擠在餅乾上。

再蓋上一片餅乾即完成。

HAND
MADE
Happy
MARVELOUS
Enjoy

抹茶生巧克力厚餡夾心餅乾

難易度 ★★★

這款夾心中的抹茶生巧克力餡，
是以白巧克力和鮮奶油溫和的甜度，
中和掉茶本身的天然苦澀味，
在滑順濃密中襯托出抹茶的高級感。

Servings 片數	Tools 特殊工具	Temperature 溫度	Baking Time 烘烤時間
13 片 （分割 16g / 片）	圓形餅乾切模 Φ50mm 8 吋方形慕斯圈	上火 180℃ 下火 150℃	20 分鐘

材料 Ingredients

抹茶餅乾

無鹽奶油	100g
糖粉	60g
杏仁粉	70g
全蛋	50g
低筋麵粉	100g
抹茶粉	10g

抹茶生巧克力餡

動物性鮮奶油	35g
抹茶粉	3g
白巧克力	200g

麵團總重 390g

製作步驟
How to make

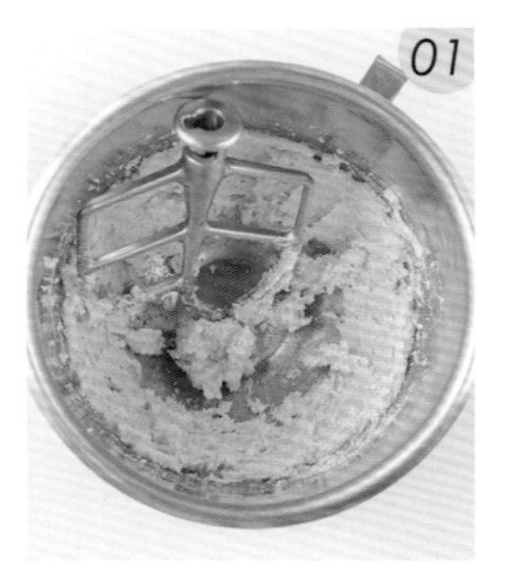

抹茶餅乾
將軟化無鹽奶油與糖粉、杏仁粉，攪拌均勻。

分次加入全蛋，攪拌至油脂和蛋液乳化完全。

加入過篩的低筋麵粉、抹茶粉。

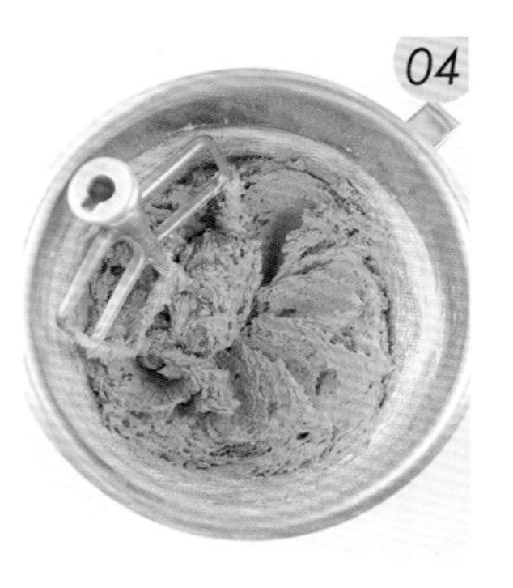

再次攪打均勻。

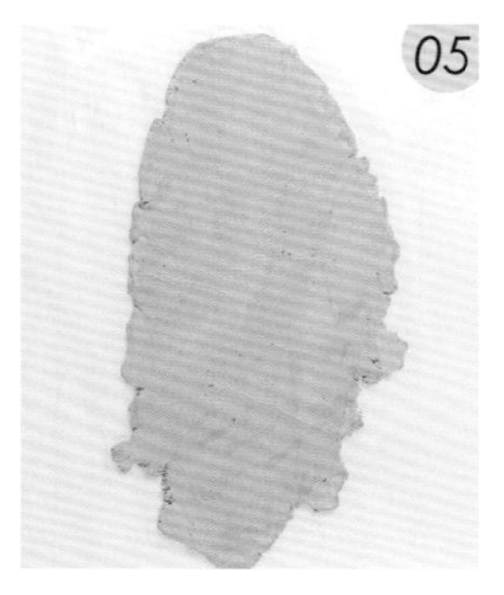

將麵團整型並擀成 0.5 公分厚度後，冷藏 30-60 分鐘，直到變硬。

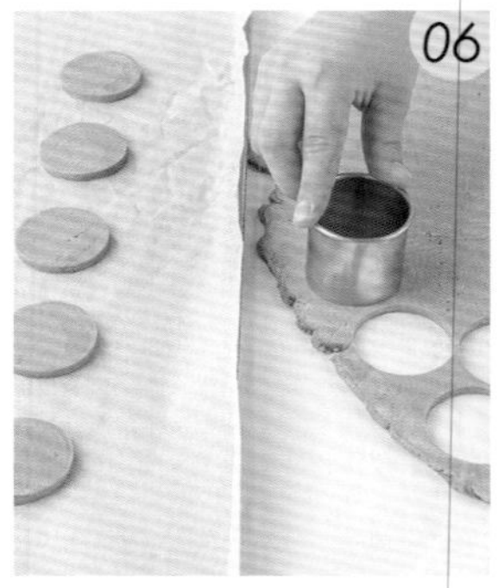

用圓形模具切割麵團。

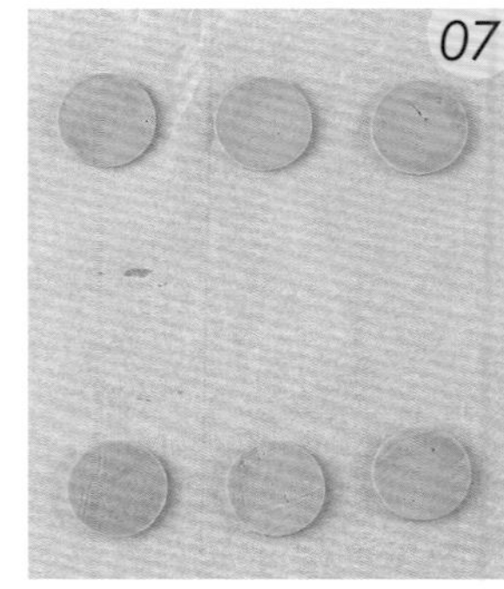

將麵團排入鋪好烘焙紙的烤盤中。

烤箱以上火 180℃、下火 150℃預熱後，將烤盤放入，烘烤 20 分鐘。

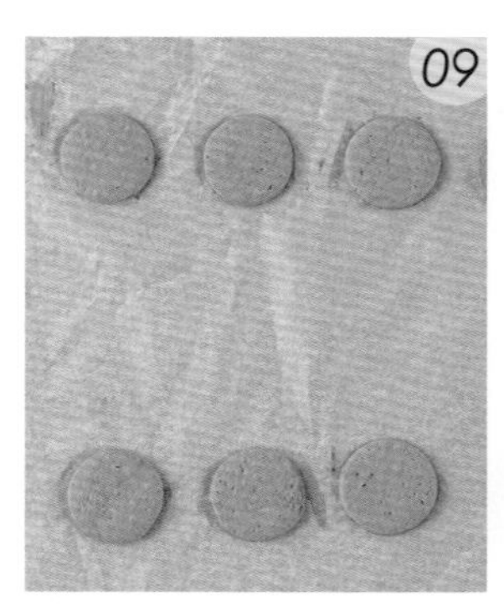

取出、放涼備用。

抹茶生巧克力餡
將動物性鮮奶油、抹茶粉放入鍋中拌勻煮滾。

趁熱倒入白巧克力中。

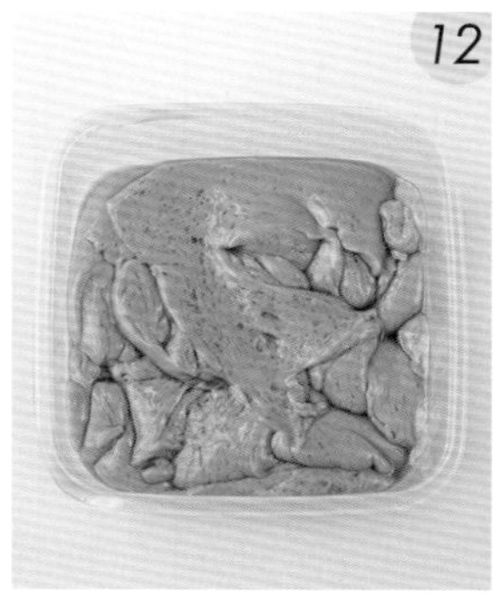

攪拌至白巧克力融化，並乳化均勻。

準備 8 吋方形慕斯圈，倒入抹茶生巧克力餡，放入冰箱冷藏30分鐘至變硬。

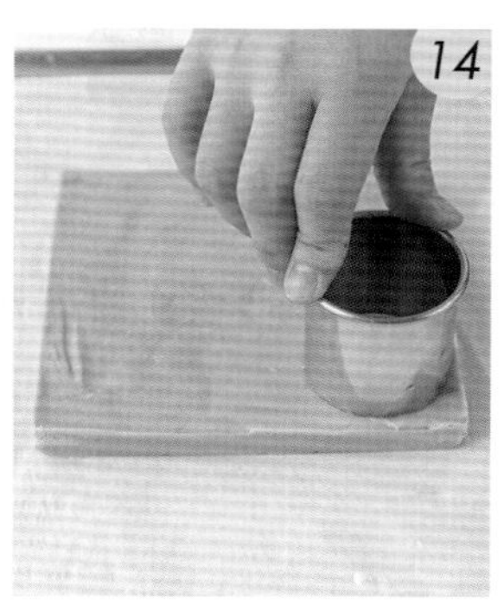

用和餅乾同樣的圓形模具切割。

放在烘焙紙上備用。

組合

在餅乾上放一片抹茶生巧克力餡。

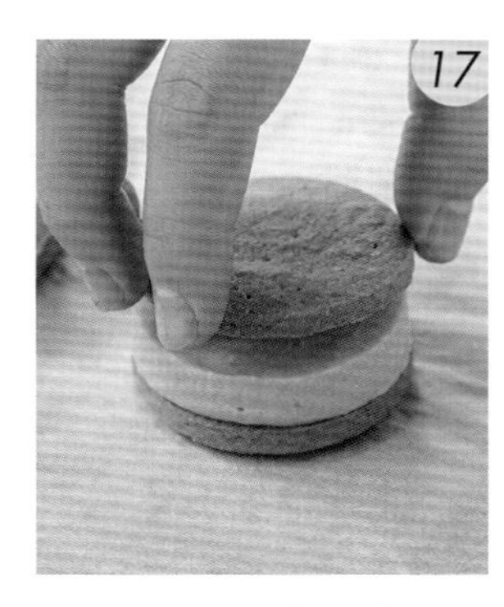

再蓋上一片餅乾即完成。

酸甜檸檬
奶油霜餅乾

難易度 ★★★

在奶油霜中加入新鮮的檸檬汁，
做出酸酸甜甜的清爽夾餡。
刻意選擇搭配原味的奶油餅乾，
最後再以檸檬皮補足天然柑橘香氣，
讓刺激性的檸檬也能溫潤宜人！

Servings 片數	Tools 特殊工具	Temperature 溫度	Baking Time 烘烤時間
12 片 （分割 15g / 片）	水滴餅乾切模 36X59mm 6 齒花嘴 孔徑 8.5mm	上火 180℃ 下火 150℃	20 分鐘

材料 Ingredients

奶油餅乾

無鹽奶油	100g
糖粉	60g
杏仁粉	80g
全蛋	50g
低筋麵粉	70g
法國粉	40g

檸檬奶油霜

砂糖	55g
水飴	15g
礦泉水	14g
全蛋	35g
無鹽奶油	175g
新鮮檸檬汁	50g

裝飾

檸檬皮	10g

麵團總重 400g

製作步驟
How to make

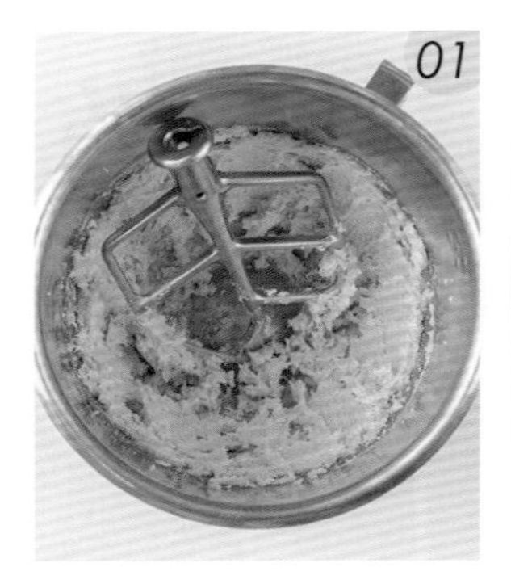

奶油餅乾
將軟化無鹽奶油與糖粉、杏仁粉，攪拌均勻。

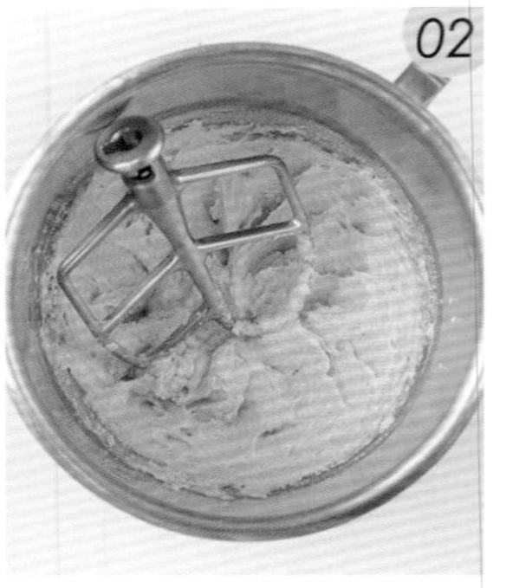

分次加入全蛋，攪拌至油脂和蛋液乳化完全。

加入過篩的低筋麵粉、法國粉。

再次攪打均勻。

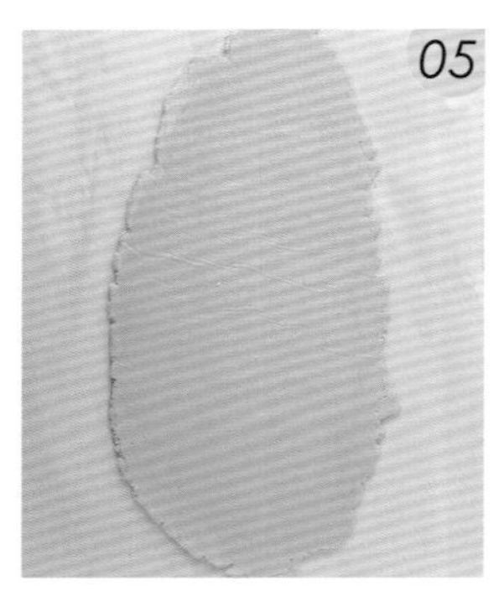

將麵團整型並擀成 0.5 公分厚度後，冷藏 30-60 分鐘，直到變硬。

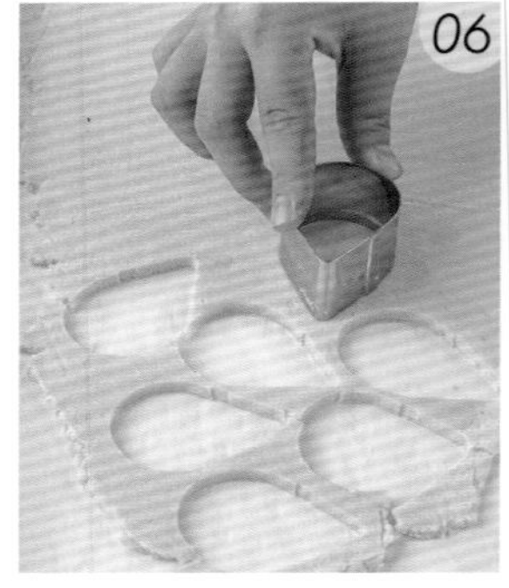

用水滴形模具切割麵團。

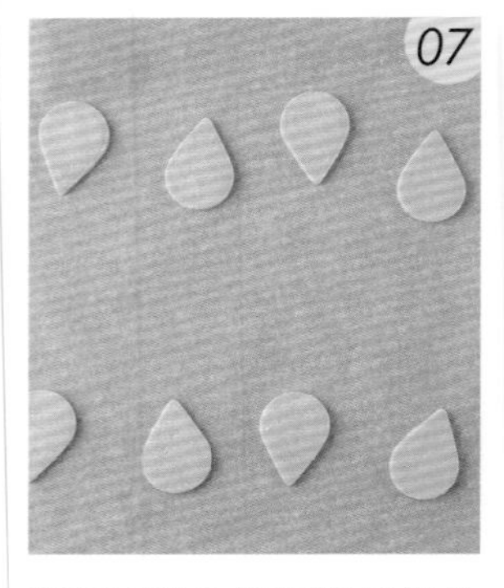

將麵團排入鋪好烘焙紙的烤盤中。

烤箱以上火 180℃、下火 150℃預熱後，將烤盤放入，烘烤 20 分鐘。

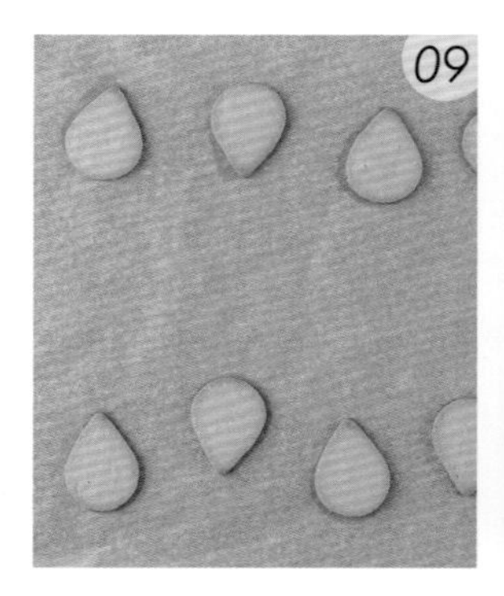

取出、放涼備用。

檸檬奶油霜
將砂糖、水飴與水一起煮至 118℃。

將全蛋打發後，沖入步驟 10 的糖漿。

繼續以低速打發至冷卻。

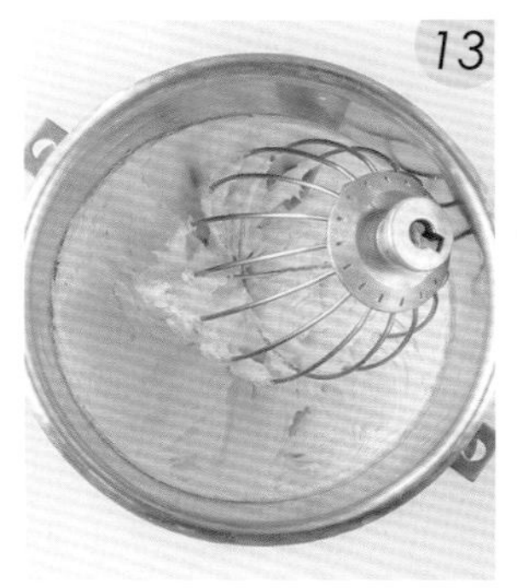

在另一攪拌盆中，將奶油打發。

TIPS
以中速攪打，奶油顏色會由黃色變成接近乳白色。

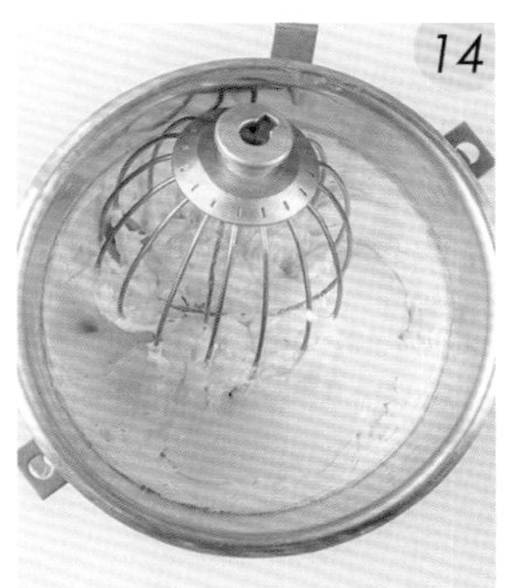

再加入打發的步驟 12。

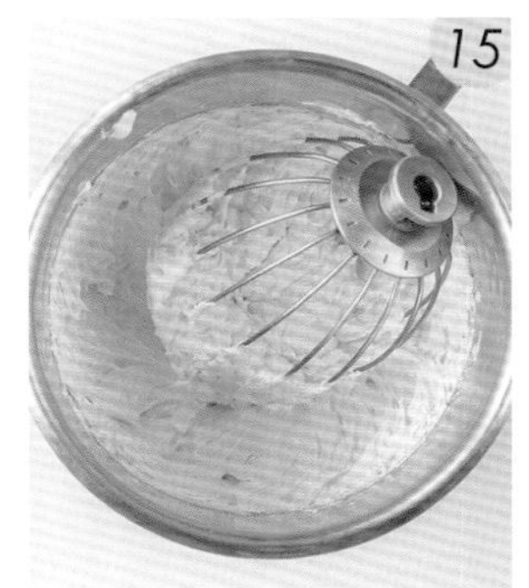

再次攪拌均勻。

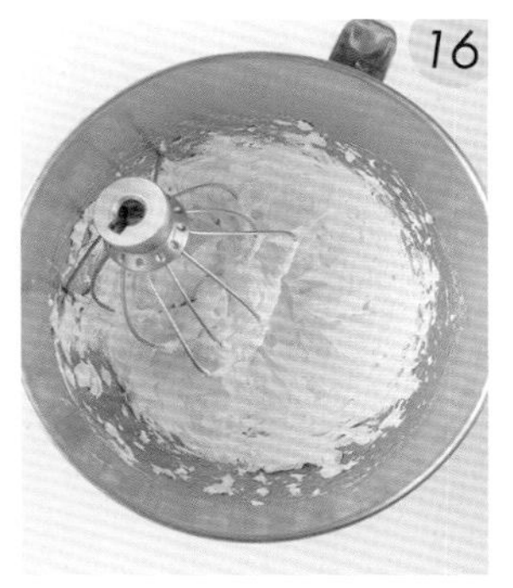

最後加入新鮮檸檬汁拌勻後，裝入擠花袋備用。

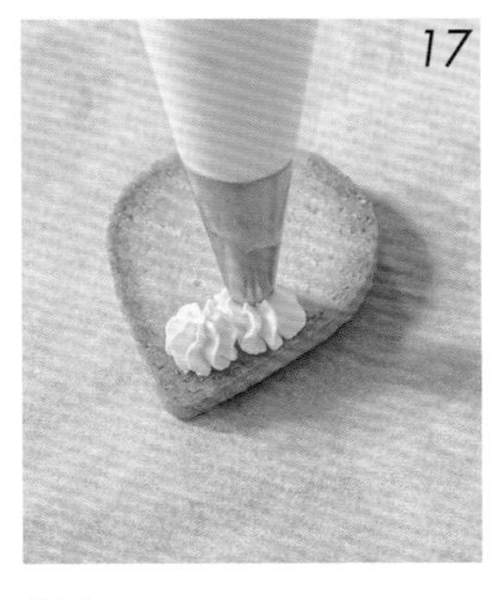

組合

用 6 齒花嘴將檸檬奶油霜擠在餅乾上。

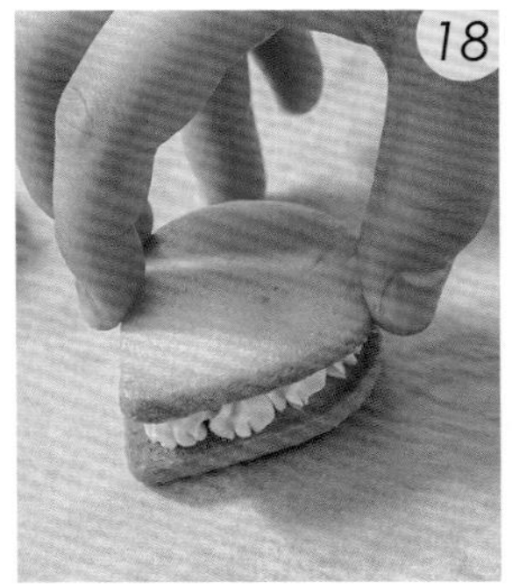

上方再蓋上一片餅乾。

最後在餅乾側邊刨入一些檸檬皮即完成。

TIPS
檸檬皮要刨在餅乾側邊的奶油霜上才黏得起來。

TAINT NO SIN
Music by Walter Donaldson
28

焦糖醬
鹹奶油霜餅乾

難易度 ★★★

這款奶油霜刻意做成鹹的口味，
很適合搭配焦糖醬，甜度不會過高，
整體也更有變化，每一口都充滿驚喜。
在餅乾中加入少許焦糖醬提升風味，
可以讓整體搭配起來的融合性更高。

Servings 片數	Tools 特殊工具	Temperature 溫度	Baking Time 烘烤時間
12片 （分割 15g / 片）	鳳梨酥模（長方形） 48X36X16mm 圓花嘴 孔徑 7.5mm	上火 180℃ 下火 150℃	20 分鐘

材料 Ingredients

焦糖醬

材料	份量
砂糖	125g
動物性鮮奶油	150g

焦糖餅乾

材料	份量
無鹽奶油	100g
糖粉	60g
杏仁粉	80g
全蛋	50g
低筋麵粉	70g
法國粉	40g
焦糖醬	15g

鹹奶油霜

材料	份量
砂糖	55g
水飴	15g
礦泉水	14g
全蛋	35g
有鹽奶油	175g

麵團總重 415g

製作步驟
How to make

焦糖醬
將砂糖放入鍋中加熱。

TIPS
使用厚底鍋才能均勻傳熱。

加熱過程中不要攪拌，以免出現結晶。

TIPS
焦糖醬煮到顏色越深，風味會越濃郁。

持續煮到變褐色且冒泡後，沖入事先加熱的鮮奶油，回煮至糖融化，即可放涼備用。

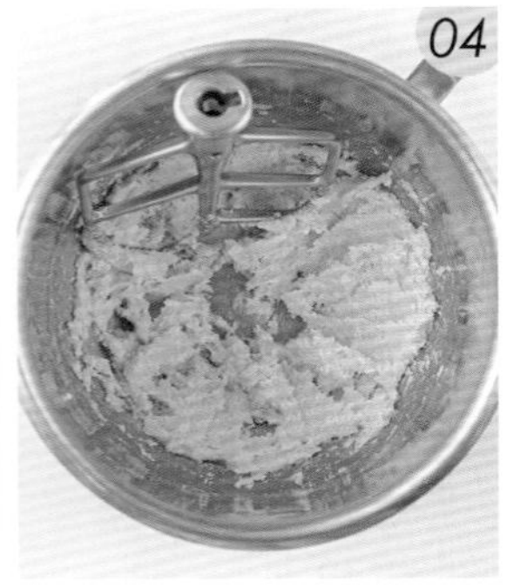

焦糖餅乾
將軟化無鹽奶油與糖粉、杏仁粉，攪拌均勻。

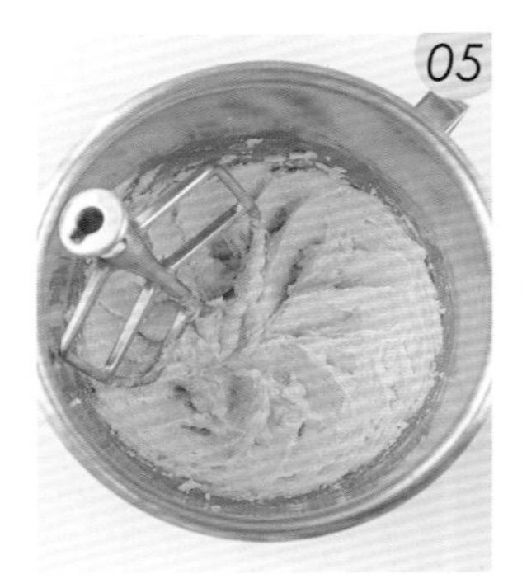

分次加入全蛋，攪拌至油脂和蛋液乳化完全。

加入過篩的低筋麵粉、法國粉，攪拌均勻。

加入焦糖醬。

再次攪打均勻。

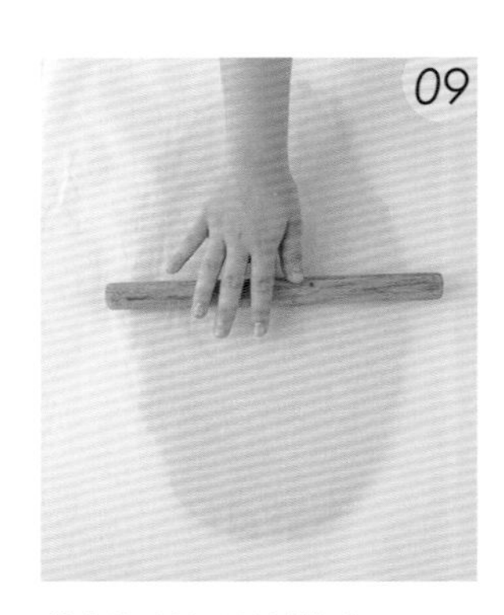

將麵團整型並擀成 0.5 公分厚度。

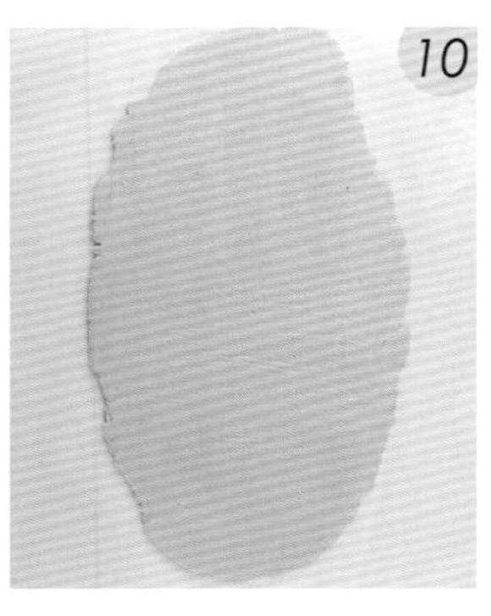

再放置冰箱冷藏 30-60 分鐘，直到變硬後取出。

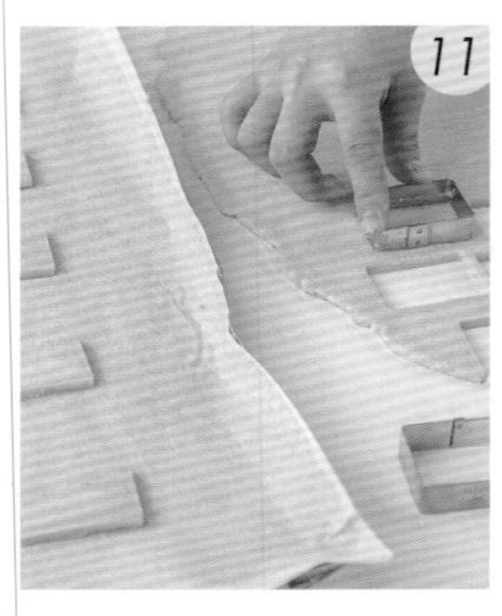

用長方形模具切割麵團。

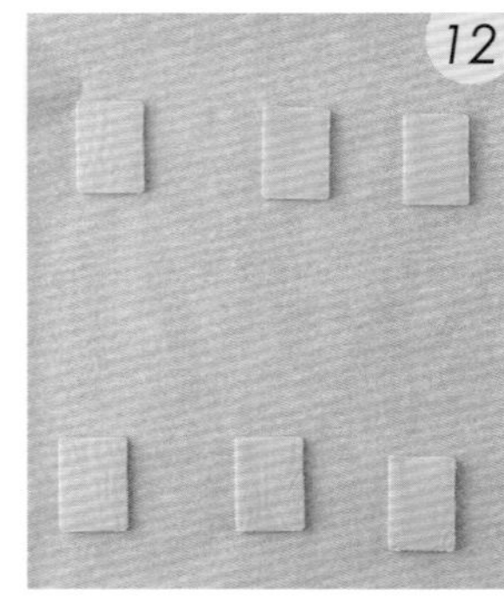

將麵團排入鋪好烘焙紙的烤盤中。

烤箱以上火 180℃、下火 150℃預熱後，將烤盤放入，烘烤 20 分鐘。

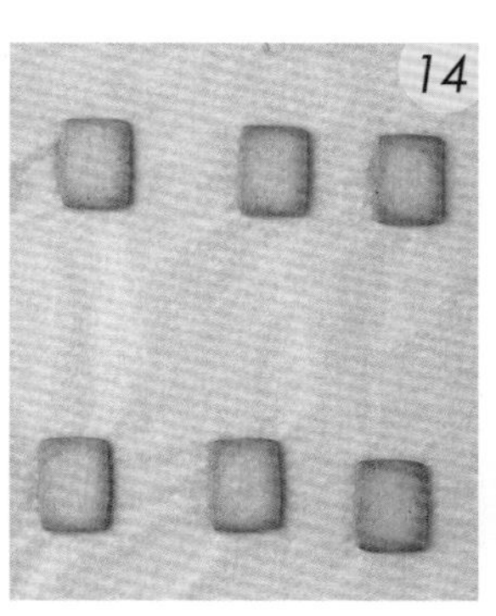

取出、放涼備用。

鹹奶油霜

將砂糖、水飴與水一起煮至 118℃。

將全蛋打發後，沖入步驟 15 的糖漿。

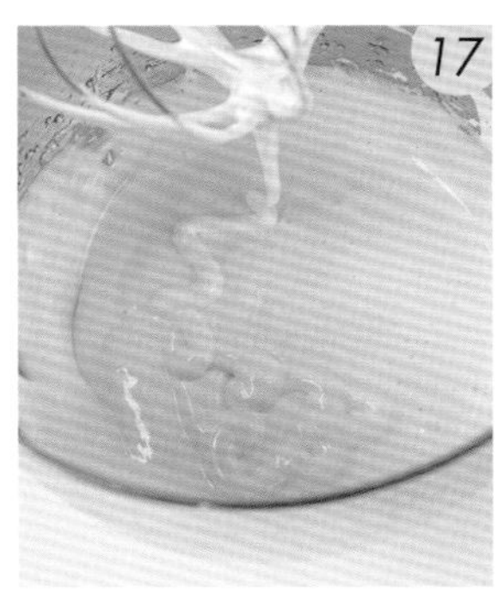

繼續以低速打發至冷卻。

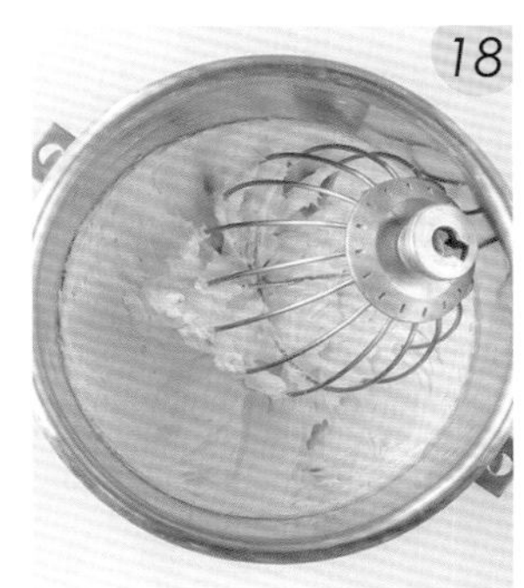

在另一攪拌盆中，將有鹽奶油打發。

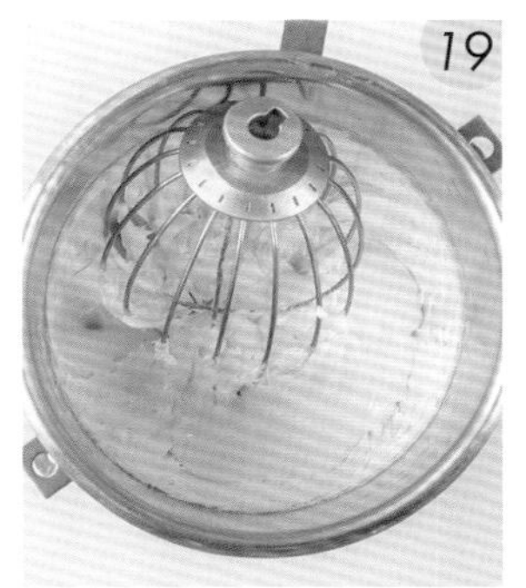

接著加入步驟 17。

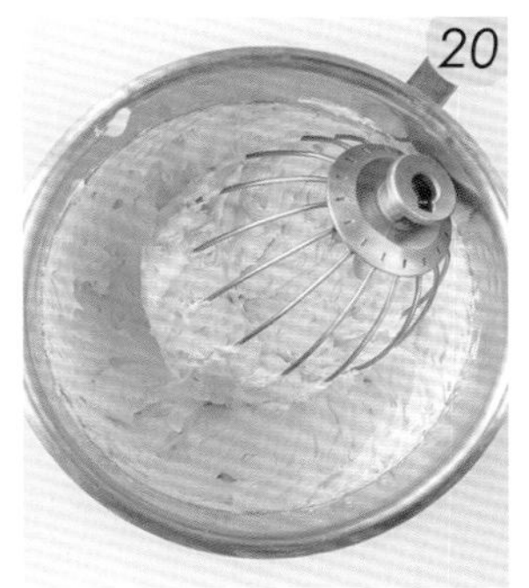

全部攪拌均勻後，裝入擠花袋備用。

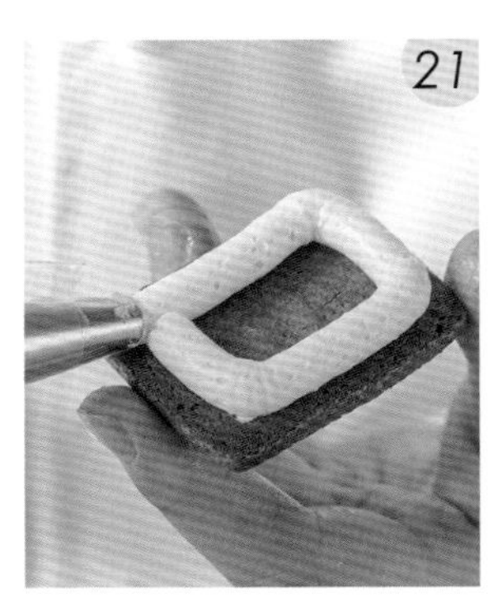

組合

用圓花嘴在餅乾的四周擠一圈鹹奶油霜。

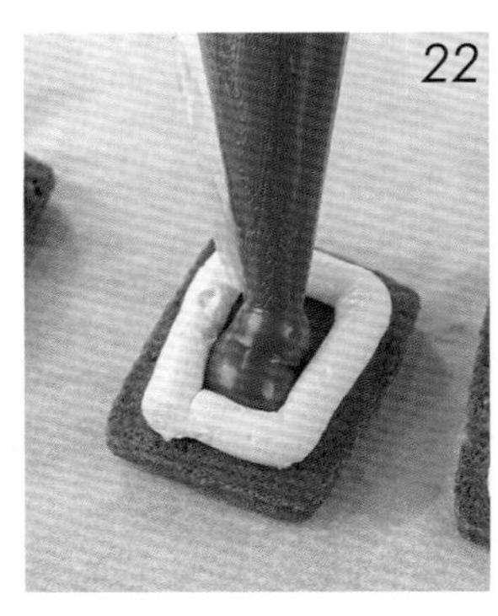

然後在中間擠上適量的焦糖醬。

再蓋上一片餅乾即完成。

Mauris News
PENATI BUSET
MAIGNIS SAIRT

黑芝麻
奶油霜餅乾

難易度 ★★★

這款夾心餅乾的餅乾和奶油霜中，
都加入許多香氣濃郁的黑芝麻，
每一口都能感受到芝麻的強烈存在感，
是各年齡層都喜歡的高接受度口味。

Servings 片數	Tools 特殊工具	Temperature 溫度	Baking Time 烘烤時間
12 片 （分割 16g / 片）	花形餅乾切模 Φ50mm 圓花嘴 孔徑 7.5mm	上火 180℃ 下火 150℃	20 分鐘

材料 Ingredients

黑芝麻餅乾

無鹽奶油	100g
糖粉	60g
杏仁粉	40g
全蛋	50g
低筋麵粉	110g
黑芝麻粉	40g

黑芝麻奶油霜

砂糖	55g
水飴	15g
礦泉水	15g
全蛋	35g
無鹽奶油	175g
黑芝麻粉	60g

麵團總重 400g

製作步驟
How to make

黑芝麻餅乾
將軟化無鹽奶油與糖粉、杏仁粉，攪拌均勻。

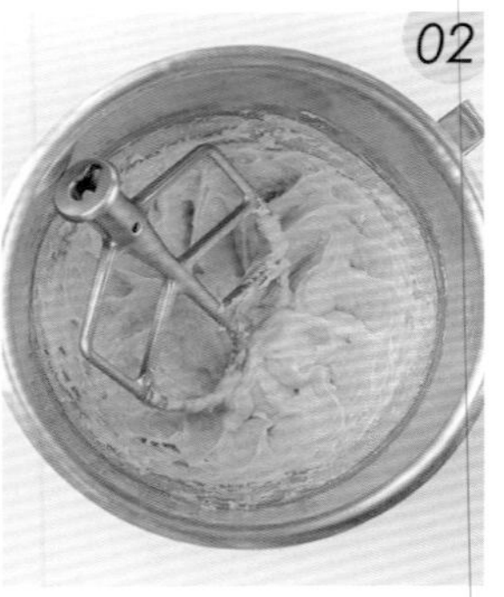

分次加入全蛋，攪拌至油脂和蛋液乳化完全。

加入過篩的低筋麵粉、黑芝麻粉。

再次攪打均勻。

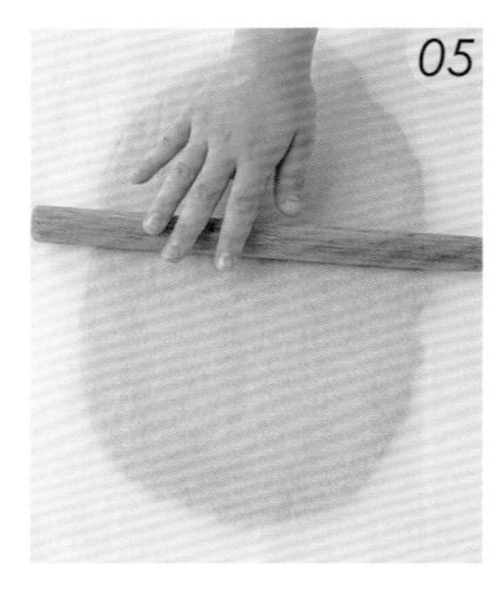

將麵團整型並擀成 0.5 公分厚度。

再放置冰箱冷藏 30-60 分鐘，直到變硬後取出。

用花形模具切割麵團。

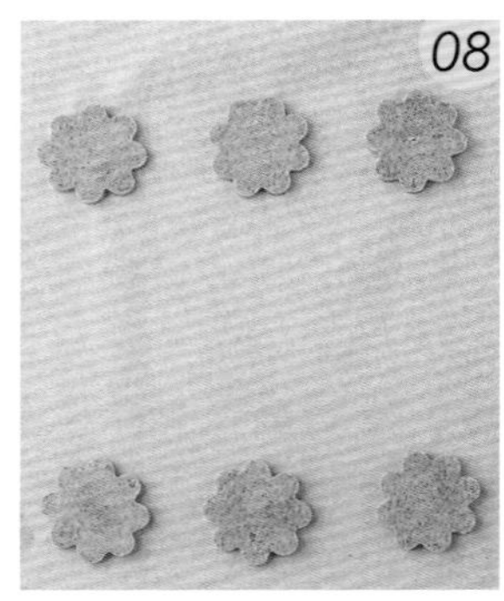

將麵團排入鋪好烘焙紙的烤盤中。

烤箱以上火 180℃、下火 150℃預熱後，將烤盤放入，烘烤 20 分鐘。

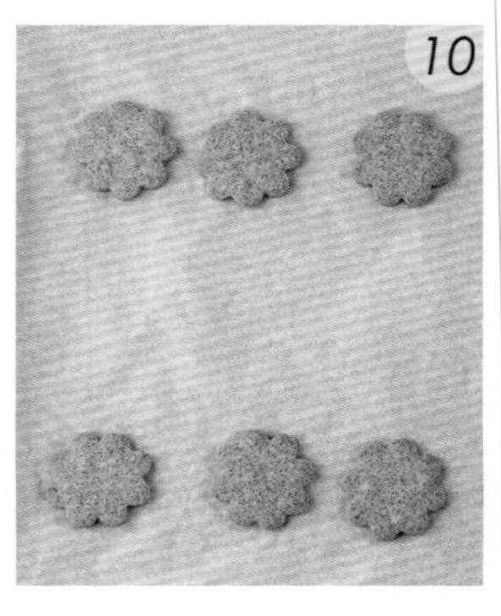

取出、放涼備用。

黑芝麻奶油霜
將砂糖、水飴與水一起煮至 118℃。

將全蛋打發後，趁熱沖入步驟 11 的糖漿，並持續打發。

繼續以低速打發至冷卻。

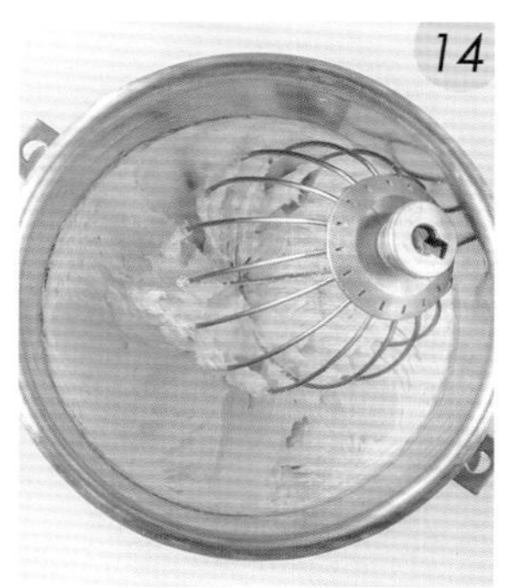

在另一攪拌盆中，將奶油打發。

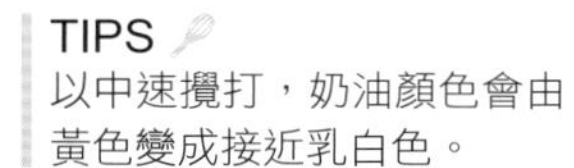

TIPS
以中速攪打，奶油顏色會由黃色變成接近乳白色。

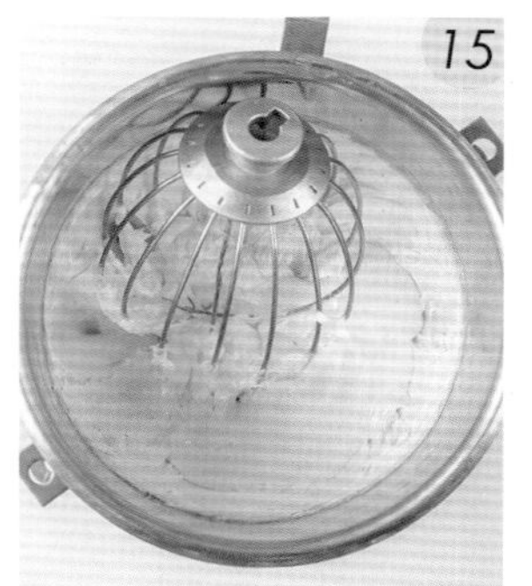

接著加入步驟 13。

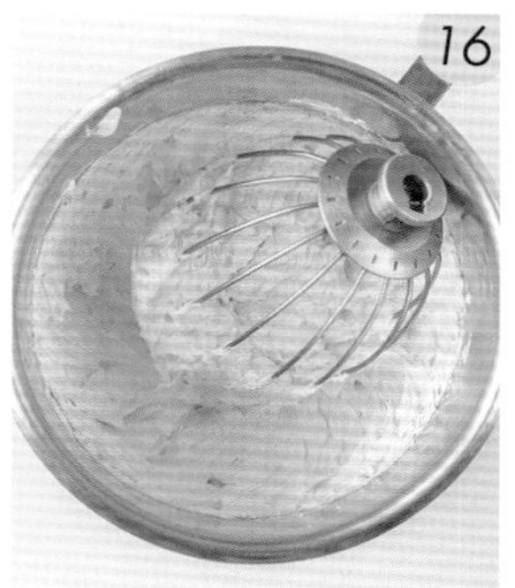

再次攪拌均勻。

將鋼盆周圍的奶油霜刮乾淨後，加入黑芝麻粉。

全部攪拌均勻後，裝入擠花袋備用。

組合

用圓花嘴在餅乾上均勻地擠出黑芝麻奶油霜。

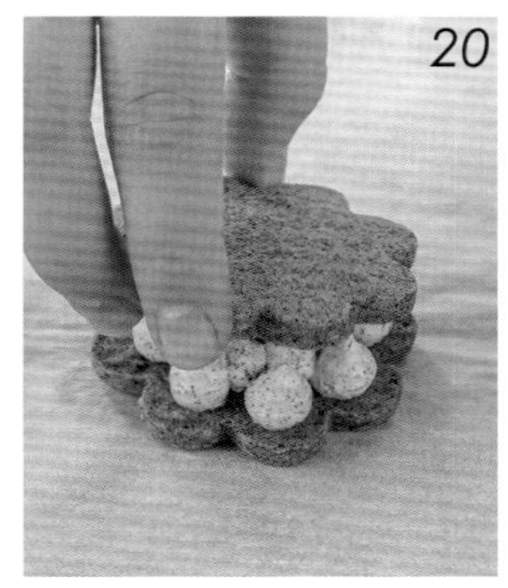

再蓋上一片餅乾即完成。

開心果香草奶油霜餅乾

難易度 ★★★

開心果是絕對不能錯過的超值口味，
一點點就能帶來截然不同的香氣。
開心果餅乾和夾餡的顯色程度不高，
但只要在最後撒上一點開心果碎，
整體的精緻感就會大幅提升。

Servings 片數	Tools 特殊工具	Temperature 溫度	Baking Time 烘烤時間
12 片 （分割 16g / 片）	六邊形餅乾切模 50X50mm 6 齒花嘴 孔徑 8.5mm	上火 180℃ 下火 150℃	20 分鐘

材料 Ingredients

開心果餅乾

無鹽奶油	100g
糖粉	60g
杏仁粉	80g
全蛋	50g
低筋麵粉	70g
法國粉	40g
開心果醬	15g

開心果香草奶油霜

砂糖	55g
水飴	15g
水	14g
全蛋	35g
香草糖漿	3g
開心果醬	10g
無鹽奶油	180g

裝飾

開心果碎	30g

麵團總重 415g

製作步驟
How to make

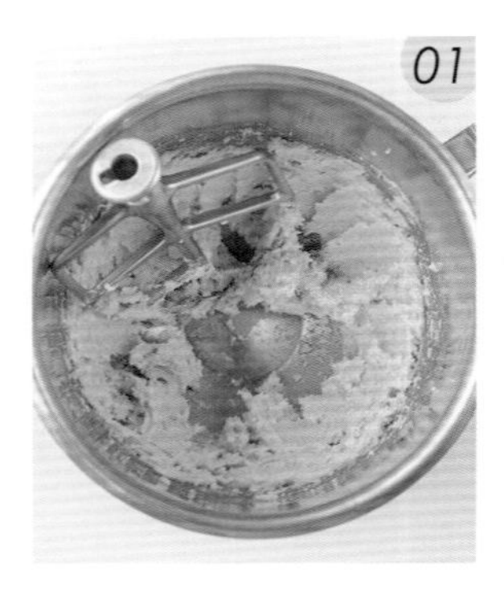

開心果餅乾
將軟化無鹽奶油與糖粉、杏仁粉，攪拌均勻。

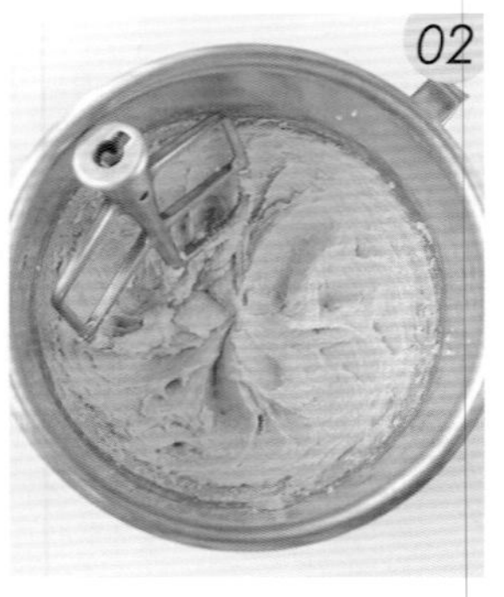

分次加入全蛋，攪拌至油脂和蛋液乳化完全。

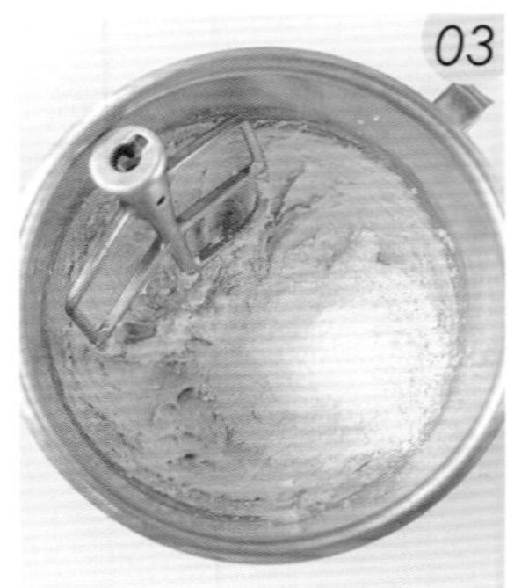

加入過篩的低筋麵粉、法國粉。

充分攪拌均勻後，加入開心果醬。

再次攪打均勻。

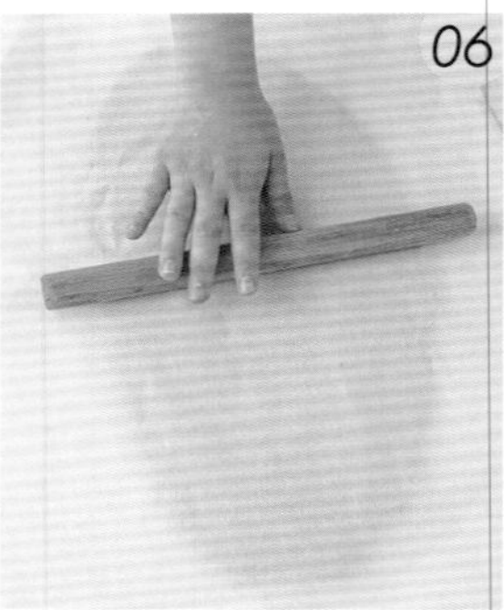

將麵團整型並擀成 0.5 公分厚度。

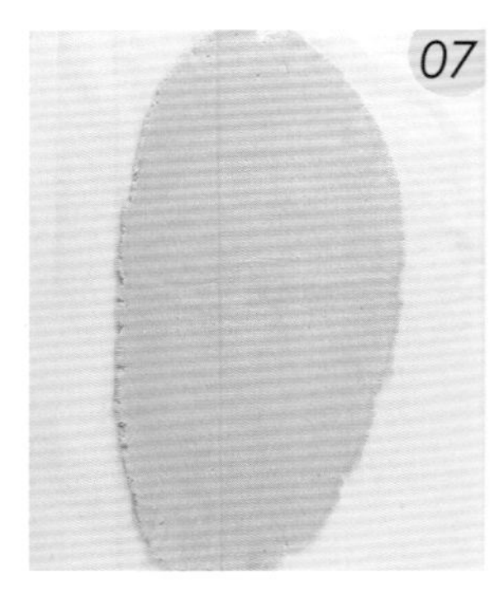

再放置冰箱冷藏 30-60 分鐘，直到變硬後取出。

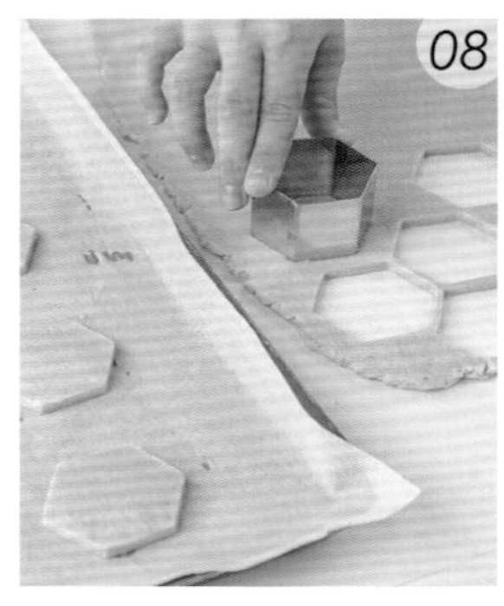

用六邊形模具切割麵團。

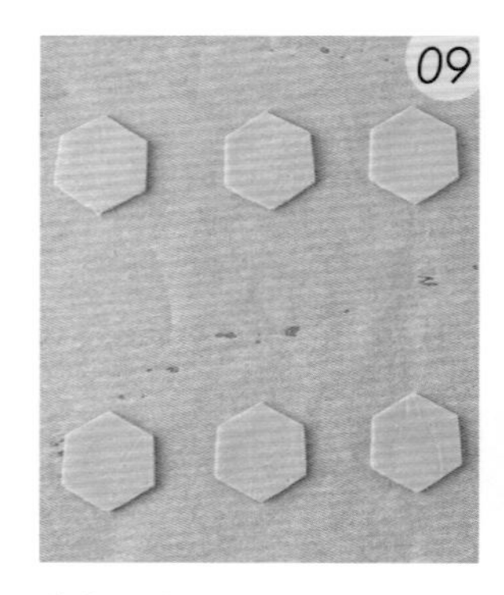

將麵團排入鋪好烘焙紙的烤盤中。

烤箱以上火 180℃、下火 150℃預熱後，將烤盤放入，烘烤 20 分鐘。

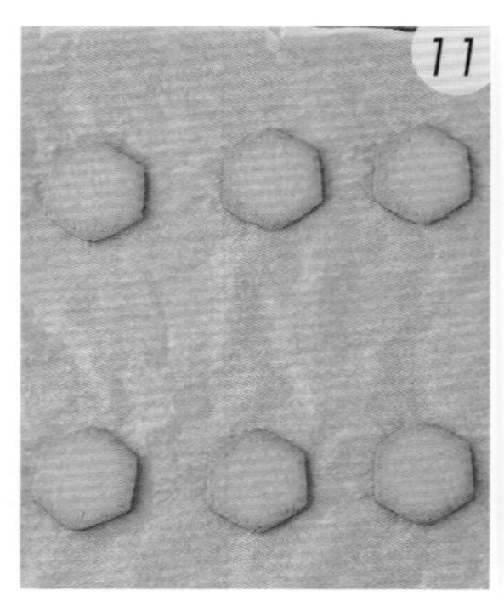

取出、放涼備用。

開心果香草奶油霜
將砂糖、水飴與水一起煮至 118℃。

將全蛋打發後，沖入步驟 12 的糖漿。

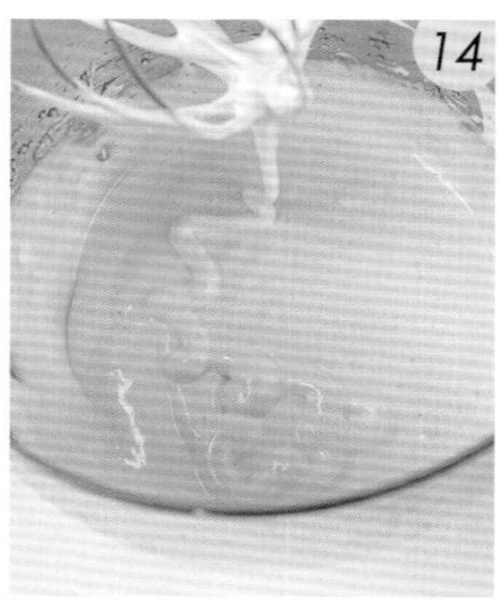

繼續以低速打發至冷卻。

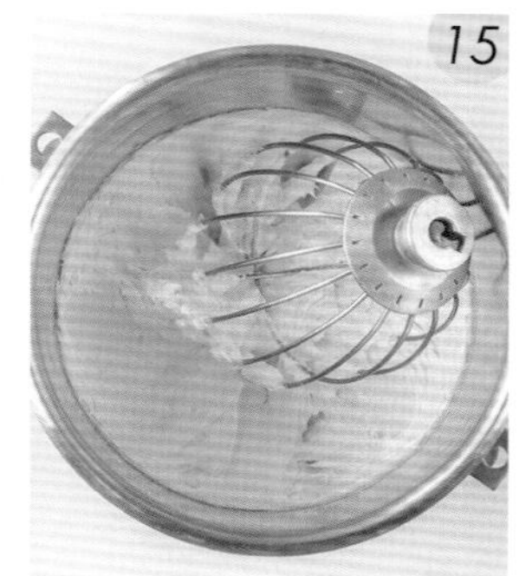

在另一攪拌盆中，將奶油打發。

TIPS
以中速攪打，奶油顏色會由黃色變成接近乳白色。

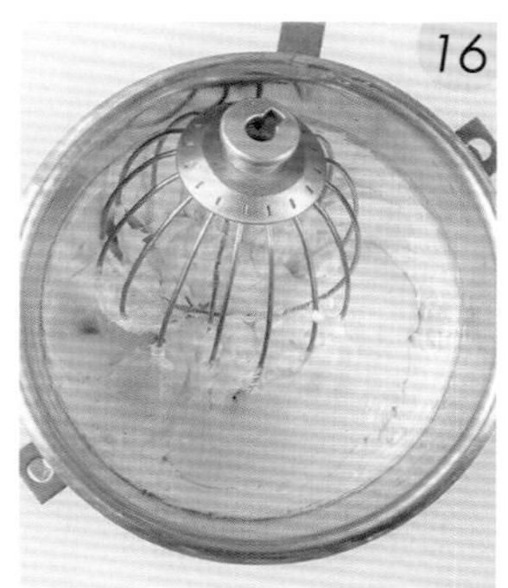

接著加入步驟 14 混合。

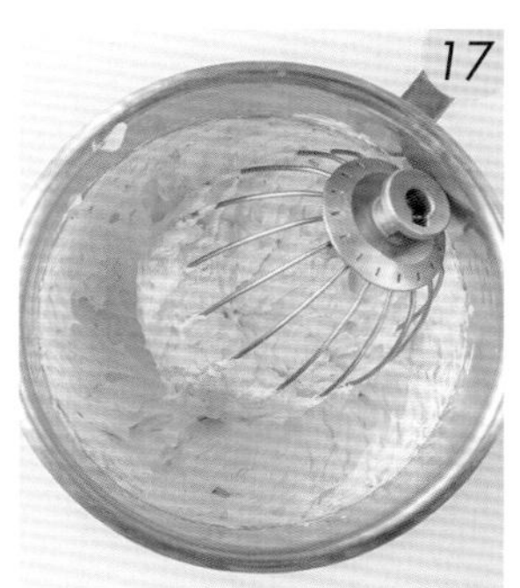

再次攪拌均勻。

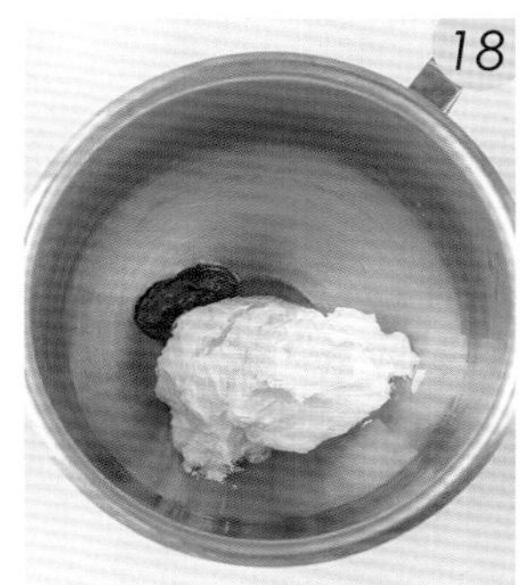

將盆壁的奶油霜刮乾淨後，加入開心果醬、香草糖漿。

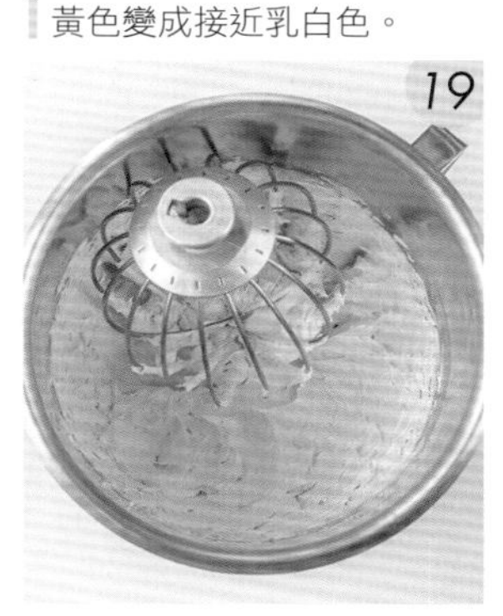

全部攪拌均勻後，裝入擠花袋備用。

組合
用 6 齒花嘴在餅乾上均勻擠出開心果香草奶油霜。

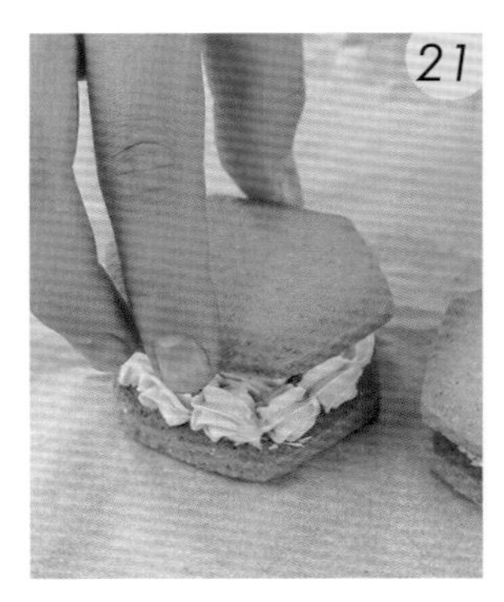

上方再蓋上一片餅乾。

在夾餡邊緣撒上適量的開心果碎即完成。

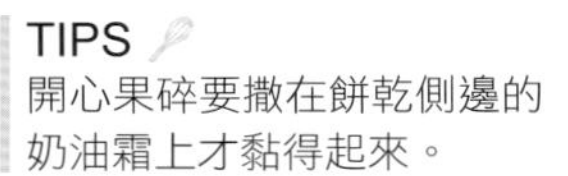

TIPS
開心果碎要撒在餅乾側邊的奶油霜上才黏得起來。

Mauris News
NIT CUMSCIS NATO
DISAPE
HEADING DUR
IPISING ATORA

肉桂黑糖
奶油霜餅乾

難易度 ★★★

這款奶油霜中沒有另外再添加蛋液，
單純以奶油、糖、肉桂粉來製作，
口感上保留了奶油濃密的滑順感。
肉桂和黑糖彼此之間的搭配性很好，
做成餅乾或夾餡都是溫和細膩的風味。

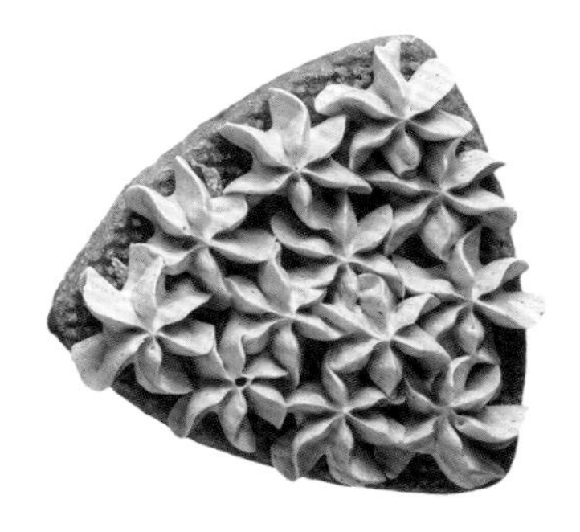

Servings 片數	Tools 特殊工具	Temperature 溫度	Baking Time 烘烤時間
12 片 （分割 15g / 片）	三角形餅乾切模 50X50mm 6 齒花嘴 孔徑 8.5mm	上火 180℃ 下火 150℃	20 分鐘

材料 Ingredients

肉桂餅乾

無鹽奶油	100g
黑糖粉	60g
肉桂粉	5g
杏仁粉	65g
全蛋	50g
低筋麵粉	70g
法國粉	40g

肉桂糖奶油霜

無鹽奶油	100g
香草糖	30g
肉桂粉	5g
黑糖粉	60g

麵團總重 390g

製作步驟 How to make

肉桂餅乾
將軟化無鹽奶油與黑糖粉、肉桂粉、杏仁粉，攪拌均勻。

分次加入全蛋，攪拌至油脂和蛋液乳化完全。

加入過篩的低筋麵粉、法國粉。

再次攪打均勻。

將麵團整型並擀成 0.5 公分厚度。

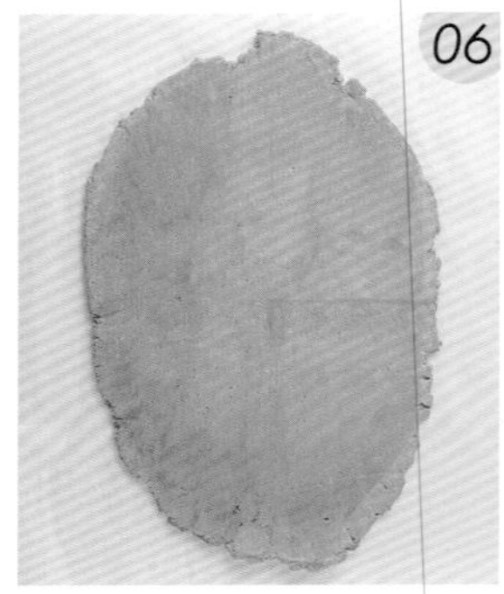

再放置冰箱冷藏 30-60 分鐘，直到變硬後取出。

用三角形模具切割麵團。

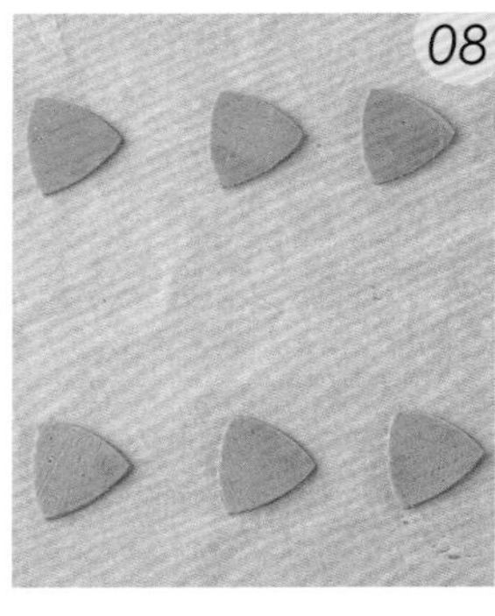

將麵團排入鋪好烘焙紙的烤盤中。

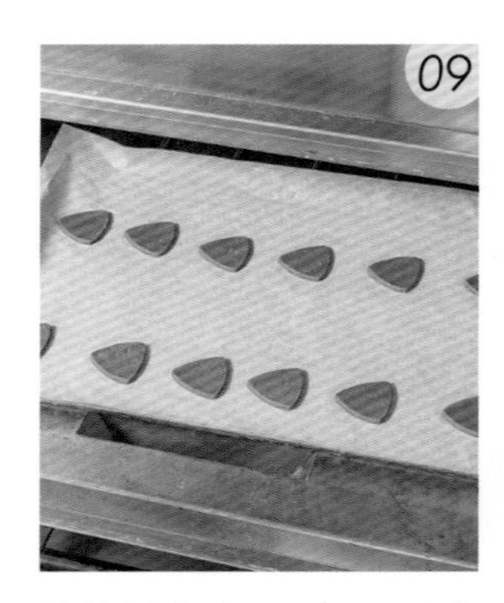

烤箱以上火 180℃、下火 150℃預熱後，將烤盤放入，烘烤 20 分鐘。

取出、放涼備用。

肉桂糖奶油霜
將所有材料放進攪拌盆。

一起打發，即可裝入擠花袋備用。

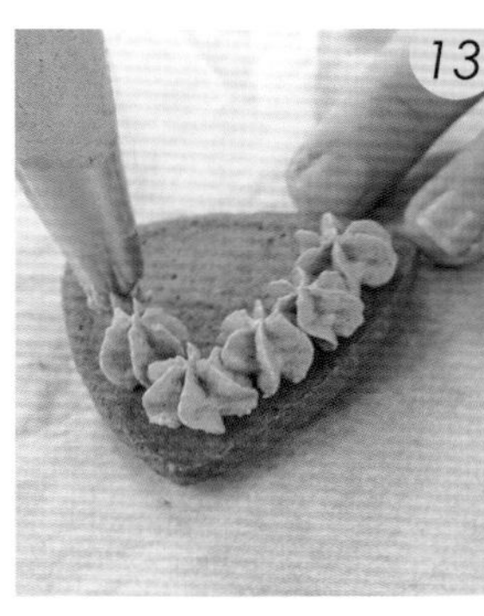

組合
用 6 齒花嘴在餅乾上均勻地擠出肉桂糖奶油霜。

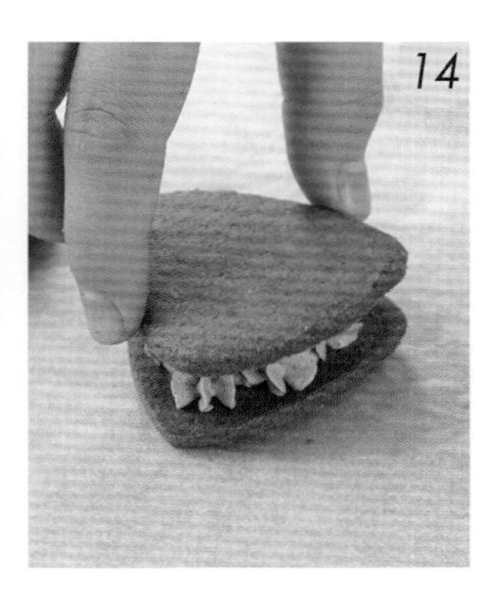

再蓋上一片餅乾即完成。

Plate IV
W.N.W.
N.N.W.
SNOWDON
Plate V

榛果帕林內奶油霜餅乾

難易度 ★★★★

帕林內具有濃郁的堅果和焦糖風味，
做好後除了加在餅乾和奶油霜中，
如果有剩餘的量也能直接塗抹麵包享用，
為日常餐食增添豐富的風味和口感。

Servings 片數	Tools 特殊工具	Temperature 溫度	Baking Time 烘烤時間
11 片 （分割 18g / 片）	橢圓形餅乾切模 50X35X25mm 圓花嘴 孔徑 7.5mm	上火 180℃ 下火 150℃	20 分鐘

材料 Ingredients

榛果帕林內

榛果	100g
糖	100g
礦泉水	20g

榛果餅乾

無鹽奶油	100g
糖粉	60g
杏仁粉	80g
全蛋	50g
低筋麵粉	70g
法國粉	40g
榛果帕林內	15g

榛果奶油霜

砂糖	55g
水飴	15g
礦泉水	14g
全蛋	35g
榛果帕林內	50g
無鹽奶油	180g

麵團總重 415g

製作步驟
How to make

榛果帕林內
鍋中放入糖、水煮沸。

TIPS
使用能均勻傳熱的厚底鍋。

再加入榛果，以中小火繼續加熱。

煮到焦化，即可倒出靜置放涼。

放入食物調理機中打碎後，再持續攪打至泥狀。

榛果餅乾
將軟化無鹽奶油與糖粉、杏仁粉，攪拌均勻。

分次加入全蛋，攪拌至油脂和蛋液乳化完全。

加入過篩的低筋麵粉、法國粉。

攪拌均勻後，加入 15 公克的榛果帕林內拌勻。

再次攪打均勻。

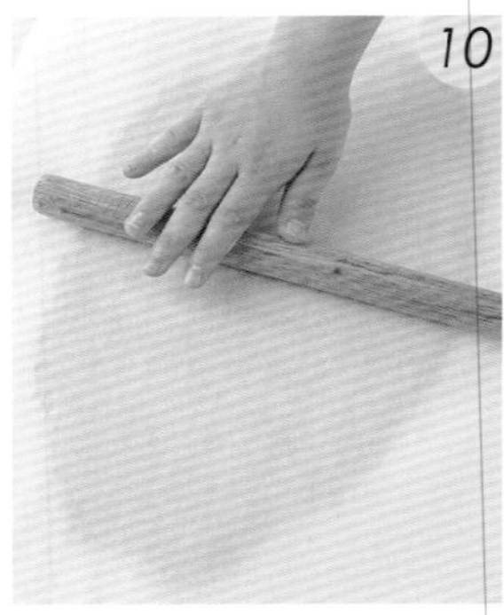

將麵團整型並擀成 0.5 公分厚度後，冷藏 30-60 分鐘，直到變硬。

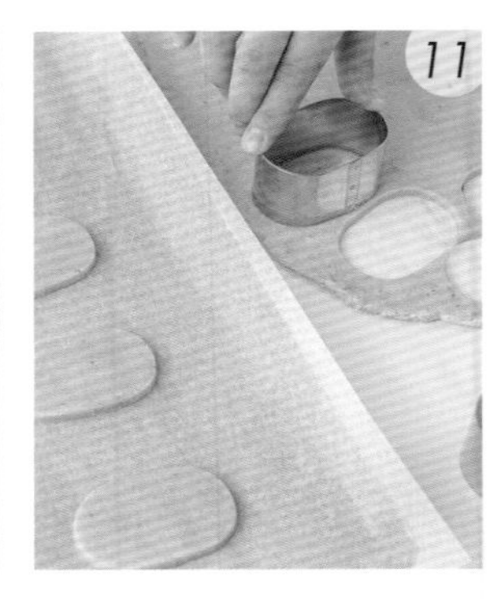

用橢圓形模具切割麵團，再將切好的麵團排入鋪好烘焙紙的烤盤中。

烤箱以上火 180℃、下火 150℃預熱後，將烤盤放入，烘烤 20 分鐘。

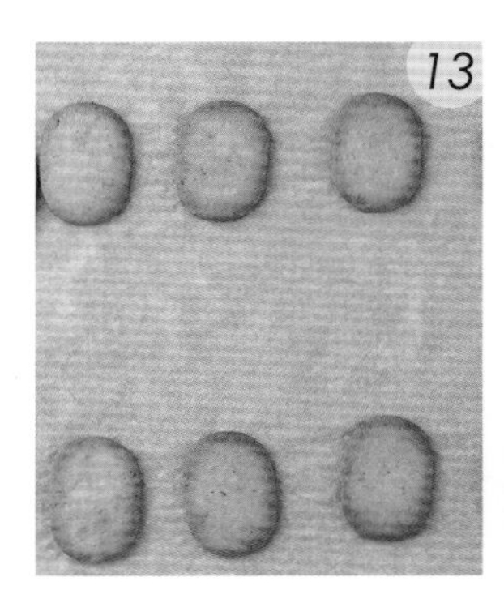

取出、放涼備用。

榛果奶油霜

將砂糖、水飴與水一起煮至 118℃。

將全蛋打發後，趁熱沖入步驟 14 的糖漿。

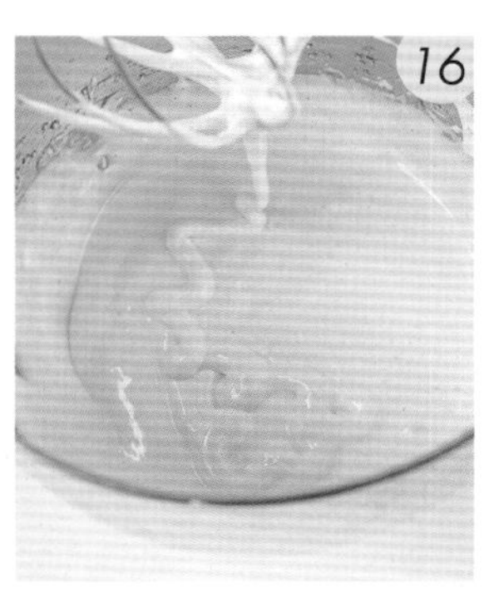

以低速打發至冷卻。

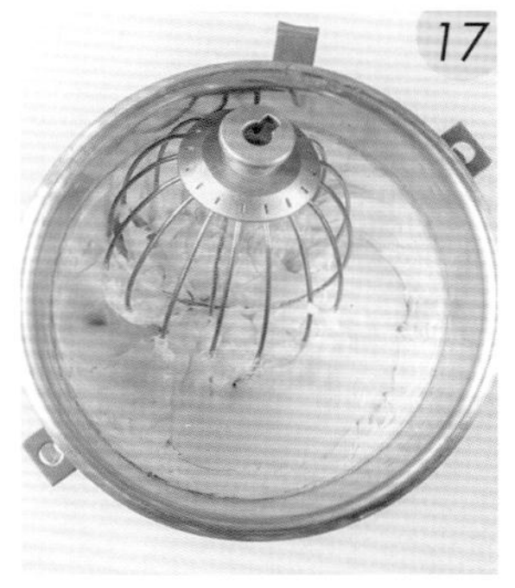

在另一盆中將奶油打發後，加入步驟 16。

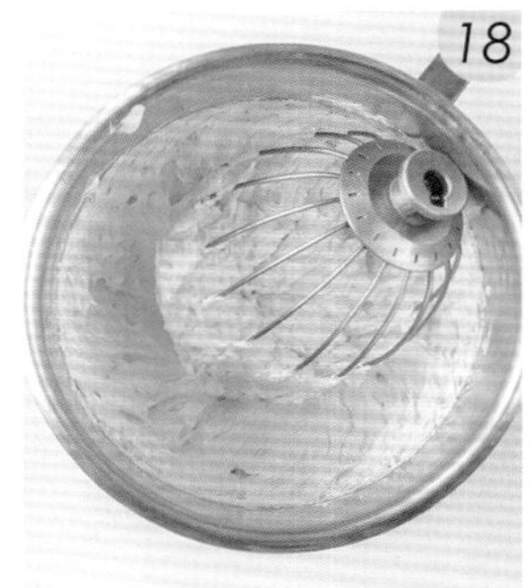

全部攪拌均勻。

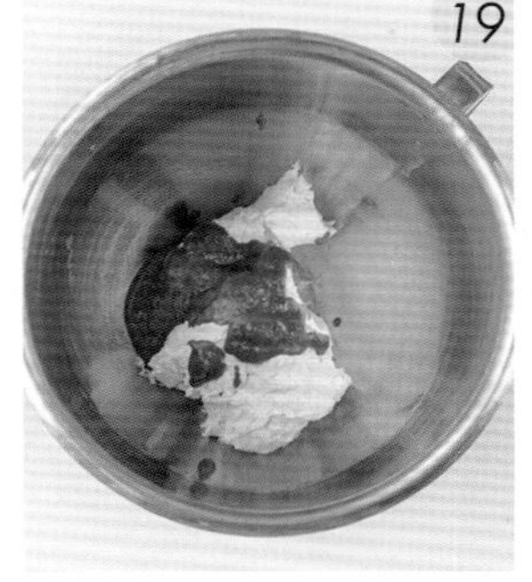

將盆壁的奶油霜刮乾淨後，加入 50 公克的榛果帕林內。

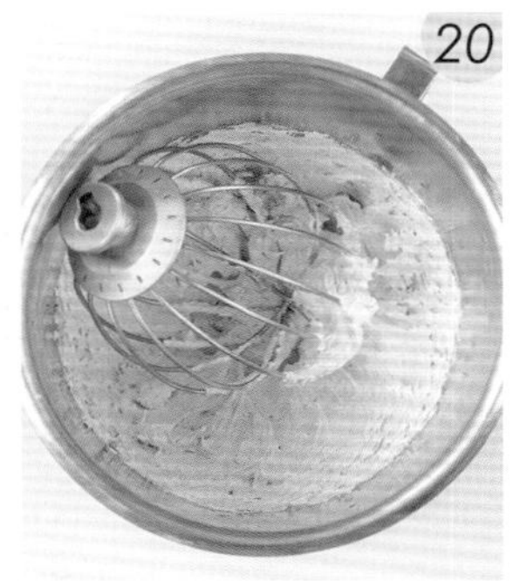

攪拌均勻後，裝入擠花袋備用。

組合

用圓花嘴在餅乾上擠一圈榛果奶油霜。

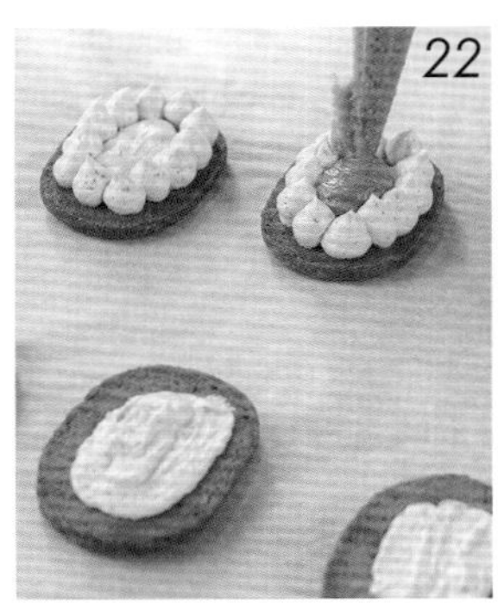

在中間擠上一點奶油霜，再擠入榛果帕林內。作為上蓋的餅乾片也在中間擠適量的奶油霜。

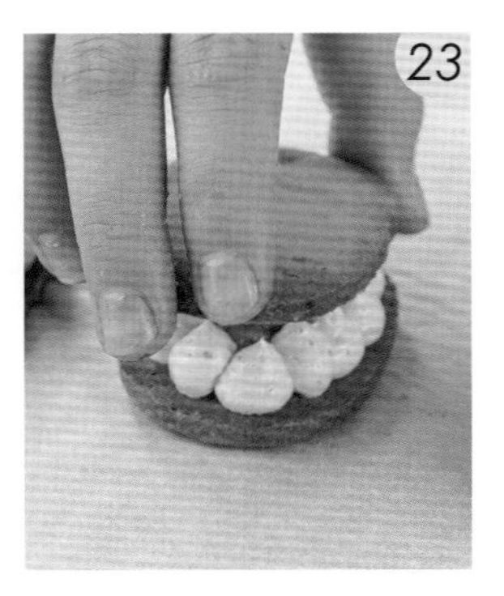

最後將上蓋餅乾覆蓋上去即完成。

花生帕林內奶油霜餅乾

難易度 ★★★★

帕林內可以使用不同的堅果製作，
既然如此，當然不能錯過台灣在地花生！
在這款餅乾中沒有保留顆粒感，
而是將花生帕林內製成綿滑的口感，
濃濃的香氣自然融在口中，讓人難以抗拒。

Servings 片數	Tools 特殊工具	Temperature 溫度	Baking Time 烘烤時間
11 片 （分割 18g / 片）	橢圓形餅乾切模 50X35X25mm 圓花嘴 孔徑 7.5mm	上火 180℃ 下火 150℃	20 分鐘

材料 Ingredients

花生帕林內

糖	100g
礦泉水	20g
花生	100g

花生餅乾

無鹽奶油	100g
糖粉	60g
杏仁粉	80g
全蛋	50g
低筋麵粉	70g
法國粉	40g
花生帕林內	15g

花生奶油霜

砂糖	55g
水飴	15g
礦泉水	14g
全蛋	35g
花生帕林內	40g
無鹽奶油	180g

麵團總重 415g

製作步驟
How to make

花生帕林內
鍋中放入糖、水煮沸後，加入花生。

TIPS 
使用能均勻傳熱的厚底鍋。

以中小火煮到焦化後，倒出、靜置放涼。

放入食物調理機中打碎。

再持續攪打至泥狀。

花生餅乾
將軟化無鹽奶油與糖粉、杏仁粉，攪拌均勻。

分次加入全蛋，攪拌至油脂和蛋液乳化完全。

加入過篩的低筋麵粉、法國粉。

攪拌均勻後，加入花生帕林內。

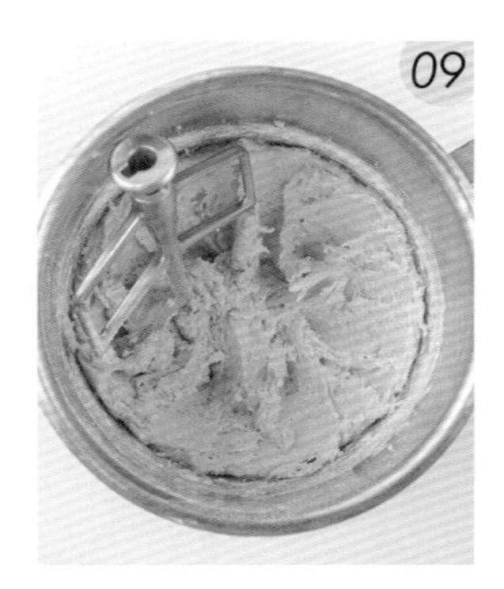

再次攪打均勻。

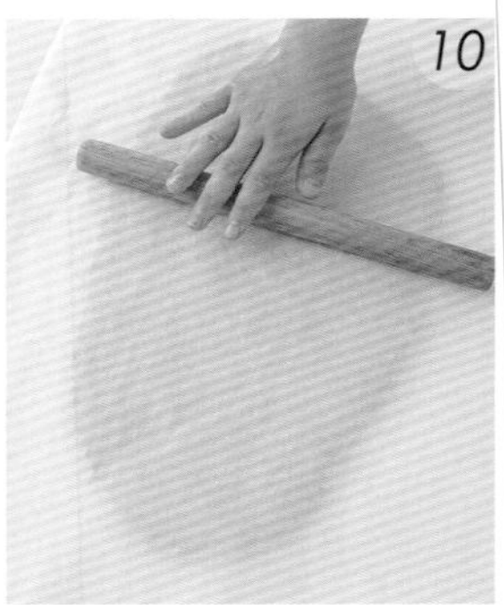

將麵團整型並擀成 0.5 公分厚度。

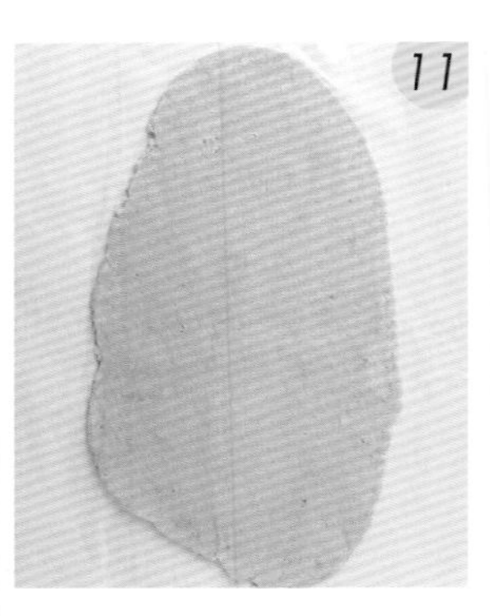

再放置冰箱冷藏 30-60 分鐘，直到變硬後取出。

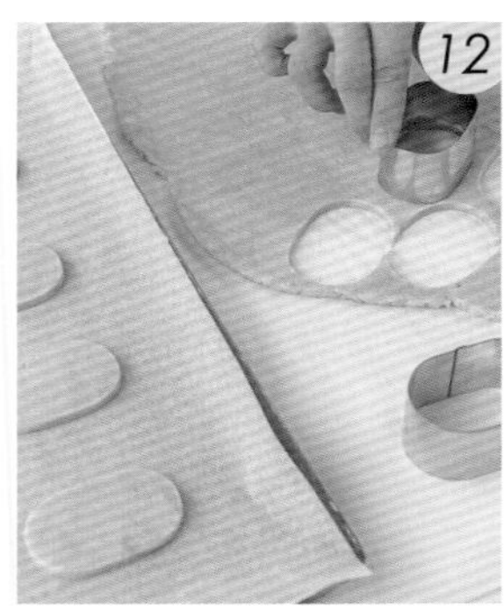

用橢圓形模具切割麵團，然後將麵團排入鋪好烘焙紙的烤盤中。

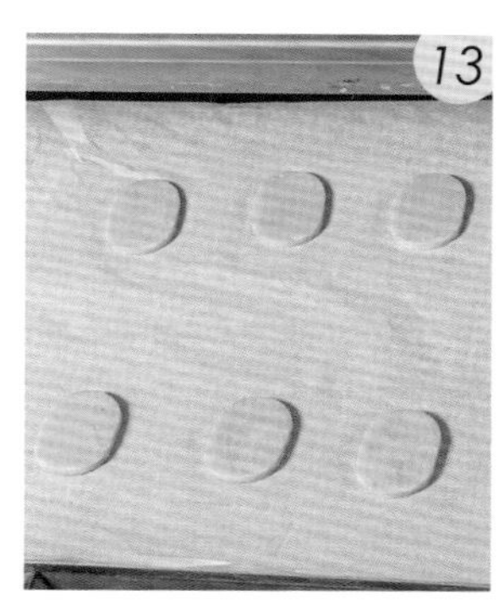

烤箱以上火 180℃、下火 150℃預熱後，將烤盤放入，烘烤 20 分鐘。

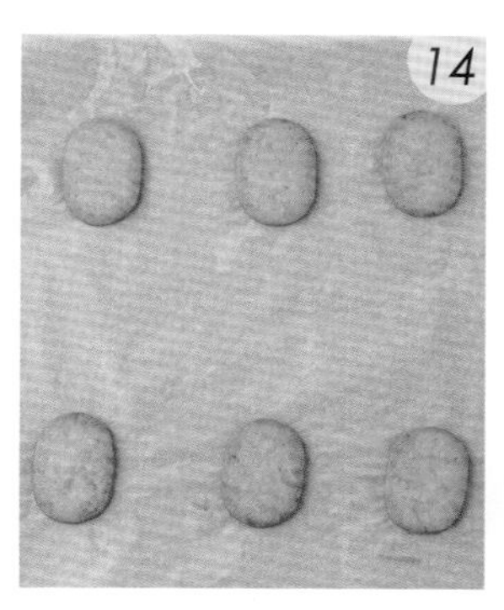

取出、放涼備用。

花生奶油霜

將砂糖、水飴與水一起煮至 118℃。

將全蛋打發後，趁熱沖入步驟 15 的糖漿。

以低速打發至冷卻。

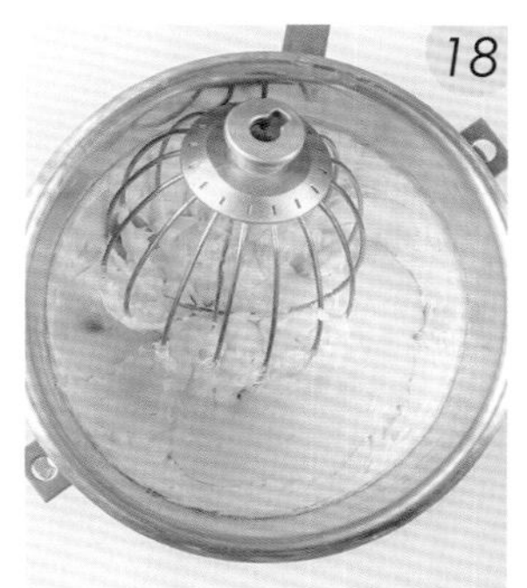

在另一盆中將奶油打發後，加入步驟 17。

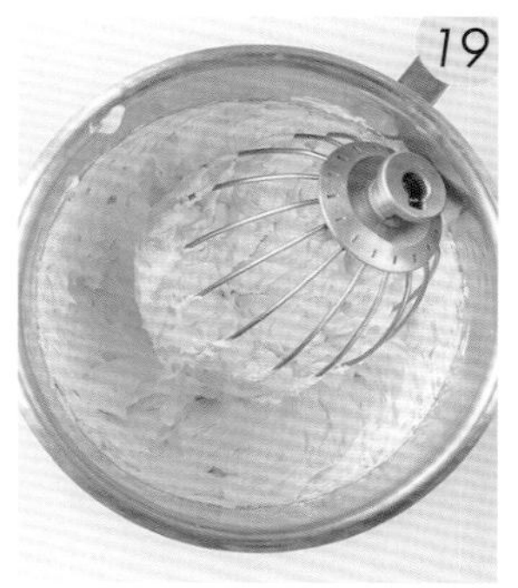

全部一起攪拌均勻。

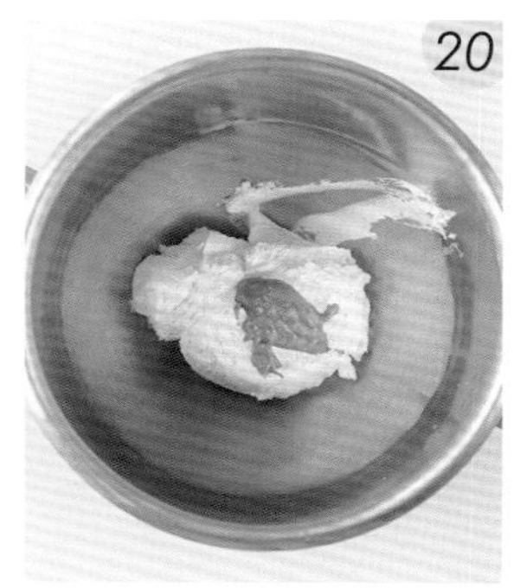

將盆壁的奶油霜刮乾淨後，加入花生帕林內。

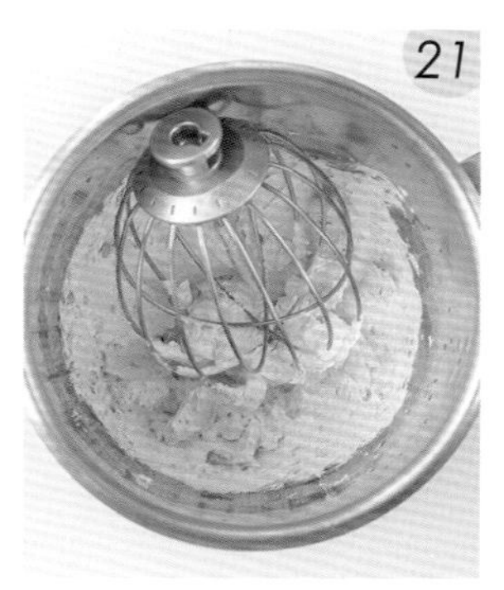

攪拌均勻後，裝入擠花袋備用。

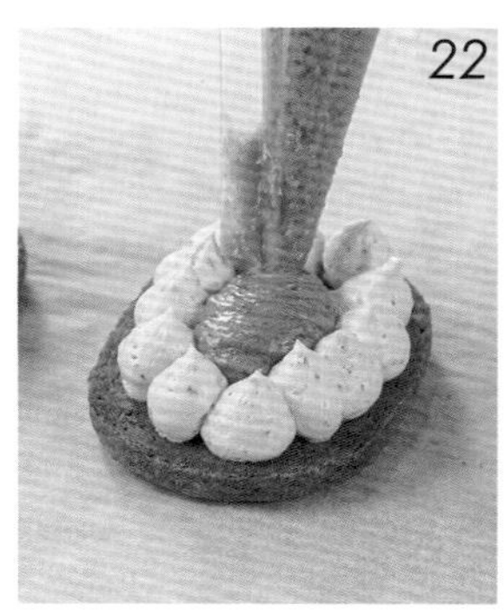

組合

用圓花嘴在餅乾外圍擠一圈花生奶油霜，中間也擠一點奶油霜，再擠入花生帕林內。

在上蓋的餅乾片中間擠薄薄的奶油霜後，覆蓋上去即完成。

濃縮咖啡奶油霜餅乾

難易度 ★★★★

咖啡口味總是讓人難以抗拒。
使用有鹽奶油製作的夾餡，
為濃醇的咖啡香甜增添多一層感受。
將適當的鹹味運用在甜點中，
有時候反而能夠增加獨特風味。

Servings 片數	Tools 特殊工具	Temperature 溫度	Baking Time 烘烤時間
11 片 （分割 15g / 片）	水滴餅乾切模 36X59mm 6 齒花嘴 孔徑 8.5mm	上火 180℃ 下火 150℃	20 分鐘

材料 Ingredients

咖啡餅乾

無鹽奶油	100g
糖粉	60g
杏仁粉	70g
全蛋	50g
低筋麵粉	100g
咖啡粉	5g

咖啡醬

礦泉水	50g
砂糖	25g
咖啡粉	25g

咖啡奶油霜

砂糖	55g
水飴	15g
礦泉水	15g
全蛋	35g
有鹽奶油	175g
咖啡醬	40g

麵團總重 385g

製作步驟
How to make

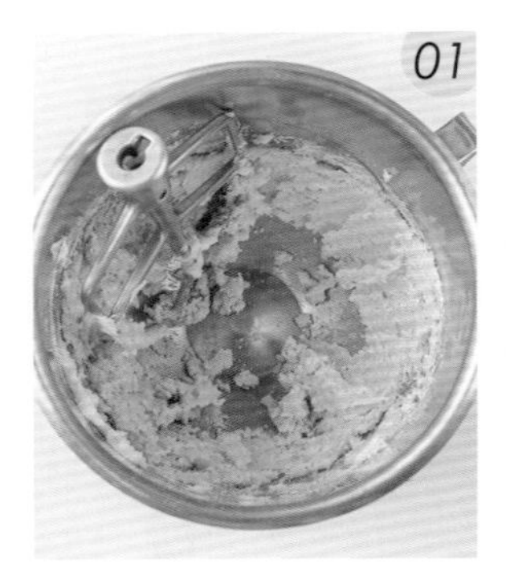

咖啡餅乾
將軟化無鹽奶油與糖粉、杏仁粉，攪拌均勻。

分次加入全蛋，攪拌至油脂和蛋液乳化完全。

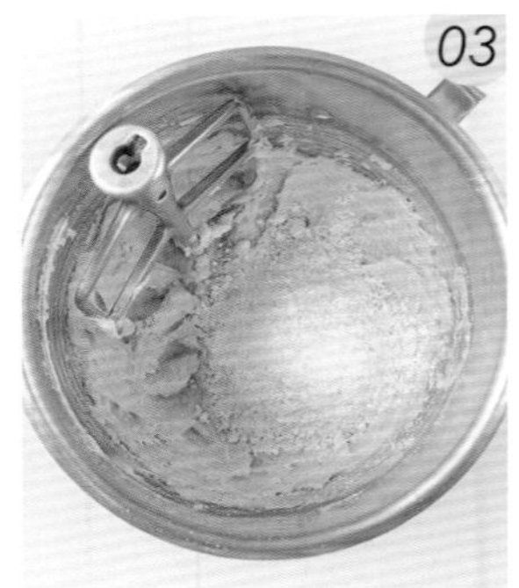

加入過篩的低筋麵粉、咖啡粉。

再次攪打均勻。

將麵團整型並擀成 0.5 公分厚度。

再放置冰箱冷藏 30-60 分鐘，直到變硬後取出。

用水滴形模具切割麵團。

將麵團排入鋪好烘焙紙的烤盤中。

烤箱以上火 180℃、下火 150℃預熱後，將烤盤放入，烘烤時間為 20 分鐘，即可取出、放涼備用。

咖啡醬
將所有材料放入鍋中。

一邊加熱並攪拌，煮沸後熄火，放涼備用。

咖啡奶油霜
將砂糖、水飴與水一起煮至 118℃。

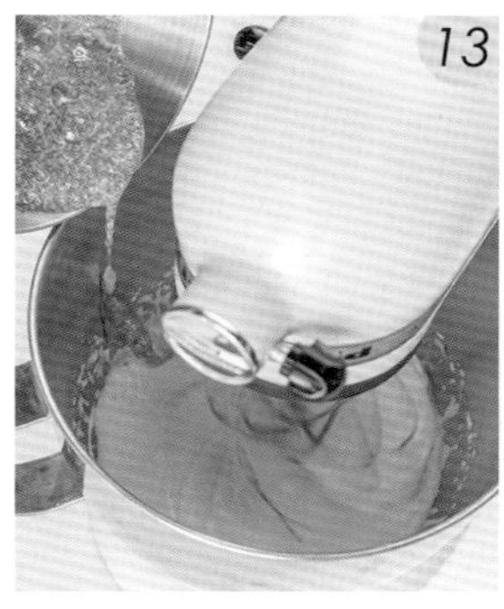

將全蛋打發後，趁熱沖入步驟 12 的糖漿。

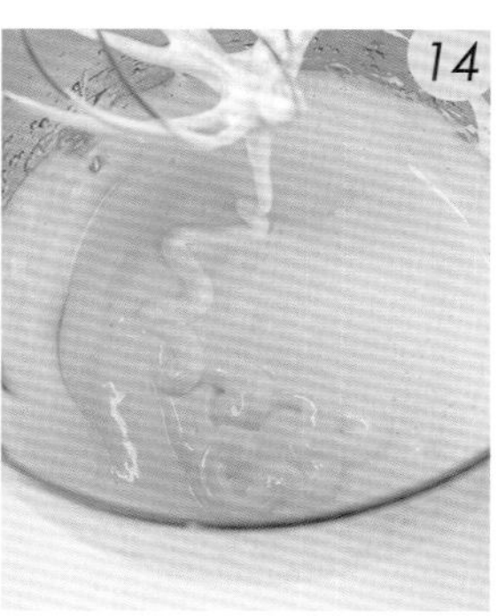

以低速打發至冷卻。

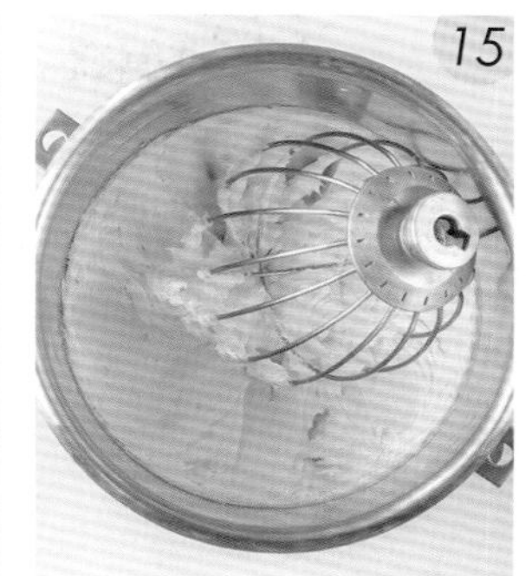

在另一攪拌盆中，將奶油打發。

TIPS
以中速攪打，奶油顏色會由黃色變成接近乳白色。

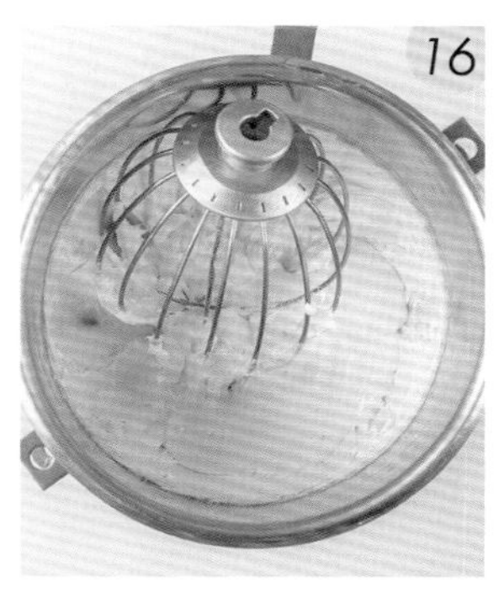

加入步驟 14。

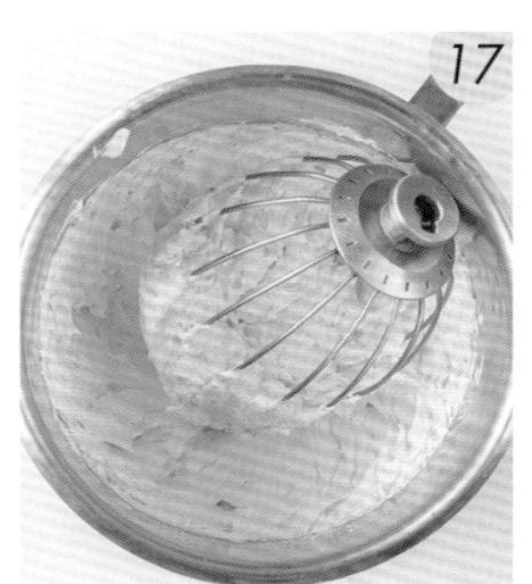

再次攪拌均勻。

將盆壁的奶油霜刮乾淨後，加入咖啡醬。

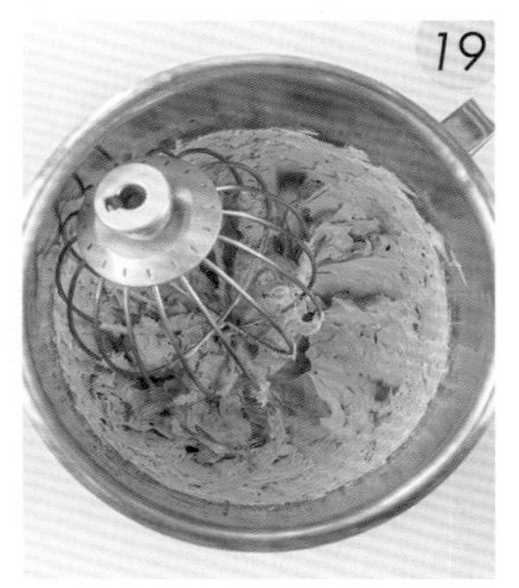

攪拌均勻後，裝入擠花袋備用。

組合
用 6 齒花嘴將咖啡奶油霜均勻地擠在餅乾上。

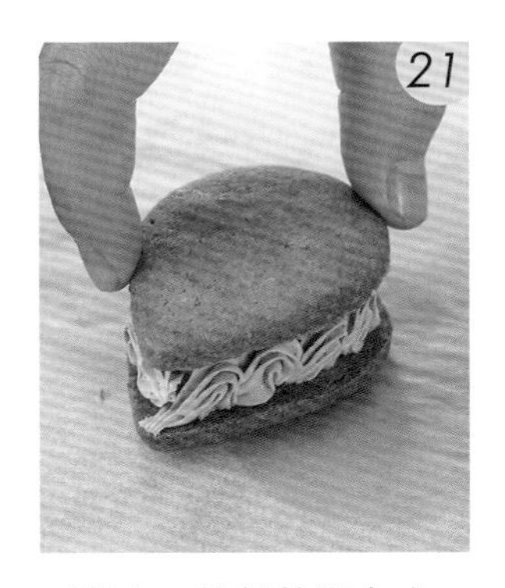

再蓋上一片餅乾即完成。

提拉米蘇乳酪餅乾

難易度 ★★★

這款夾心餅乾使用的是乳酪餡，
將咖啡、酒、乳酪、可可、餅乾，
提拉米蘇的經典元素拆解再集結在一起。
每一口都散發濃濃的微醺咖啡香，
完美重現提拉米蘇的迷人之處。

Servings 片數	Tools 特殊工具	Temperature 溫度	Baking Time 烘烤時間
12 片 （分割 16g / 片）	六邊形餅乾切模 50X50mm 圓花嘴 孔徑 7.5mm	上火 180℃ 下火 150℃	20 分鐘

材料 Ingredients

起司餅乾

無鹽奶油	100g
糖粉	60g
杏仁粉	60g
全蛋	50g
低筋麵粉	70g
法國粉	40g
起司粉	20g

咖啡乳酪餡

奶油乳酪	100g
無鹽奶油	100g
糖粉	60g
卡魯哇咖啡酒	12g

裝飾

純可可粉	50g

麵團總重 400g

製作步驟
How to make

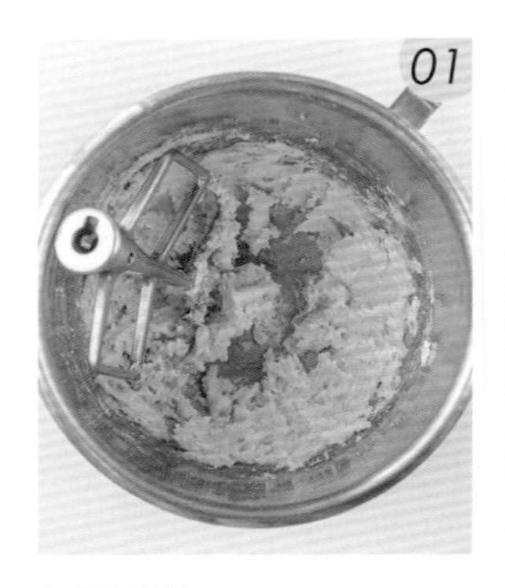

起司餅乾
將軟化無鹽奶油與糖粉、杏仁粉，攪拌均勻。

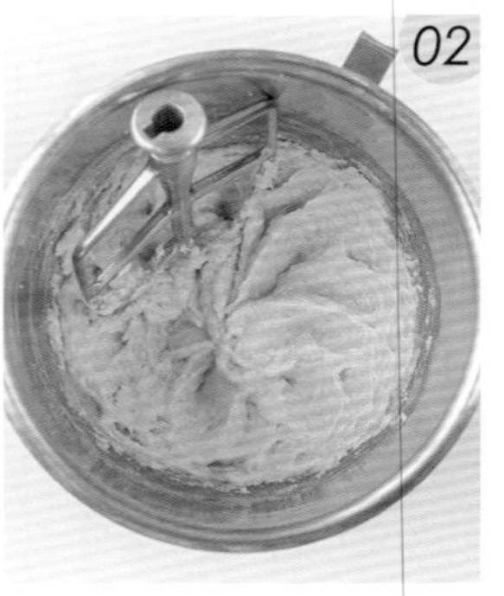

分次加入全蛋，攪拌至油脂和蛋液乳化完全。

加入過篩的低筋麵粉、法國粉與起司粉。

再次攪打均勻。

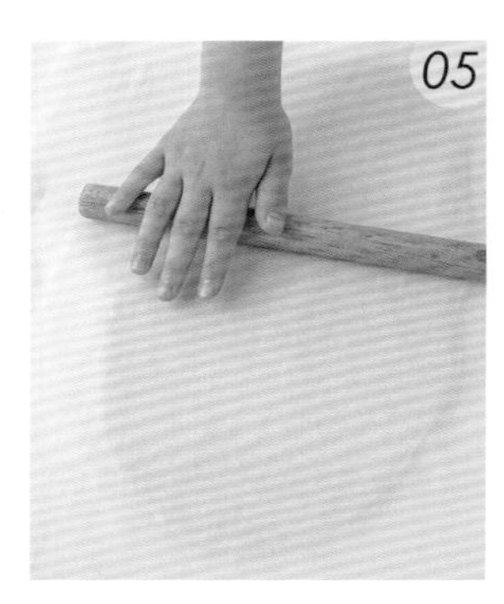

將麵團整型並擀成 0.5 公分厚度。

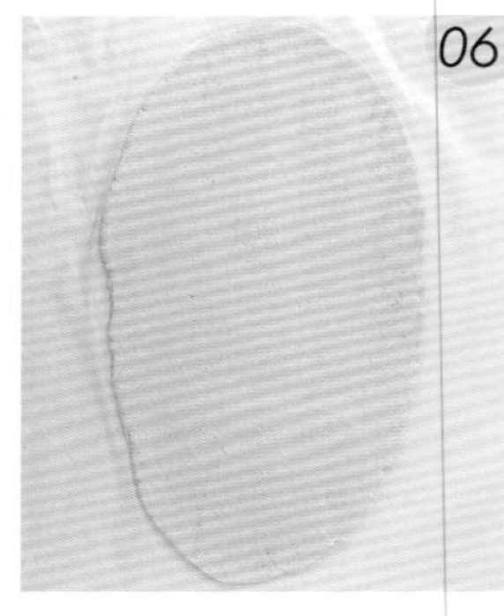

再放置冰箱冷藏 30-60 分鐘，直到變硬後取出。

用六邊形模具切割麵團，並將麵團排入鋪好烘焙紙的烤盤中。

烤箱以上火 180℃、下火 150℃預熱後，將烤盤放入，烘烤 20 分鐘。

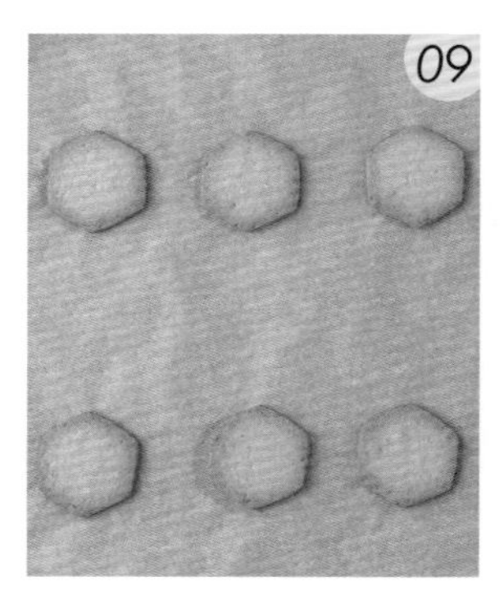

取出、放涼備用。

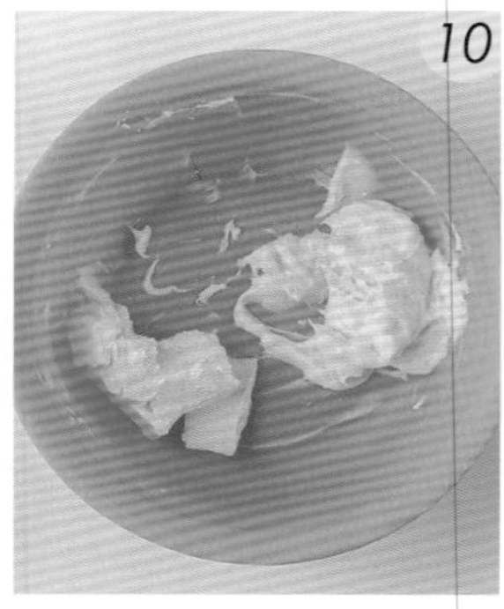

咖啡乳酪餡
將軟化奶油乳酪、糖粉一起攪拌均勻後，再加入奶油拌勻。

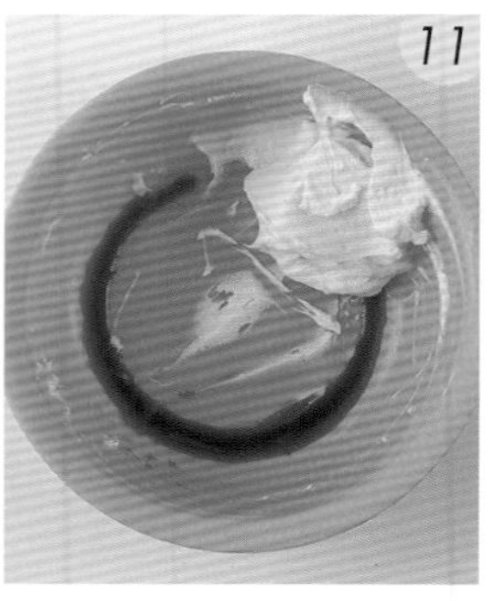

加入卡魯哇咖啡酒。

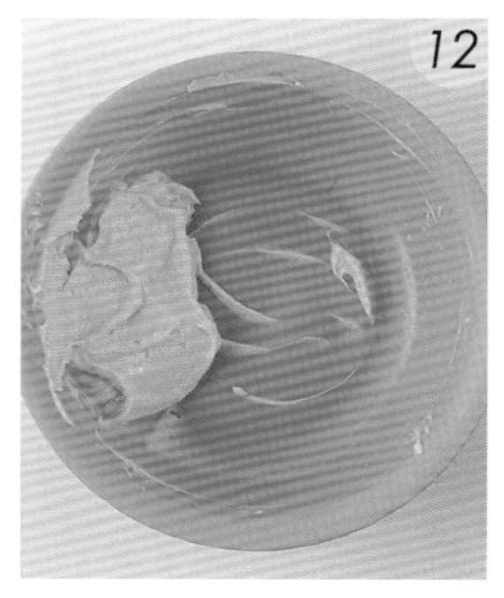

再次攪拌均勻後，裝入擠花袋中。

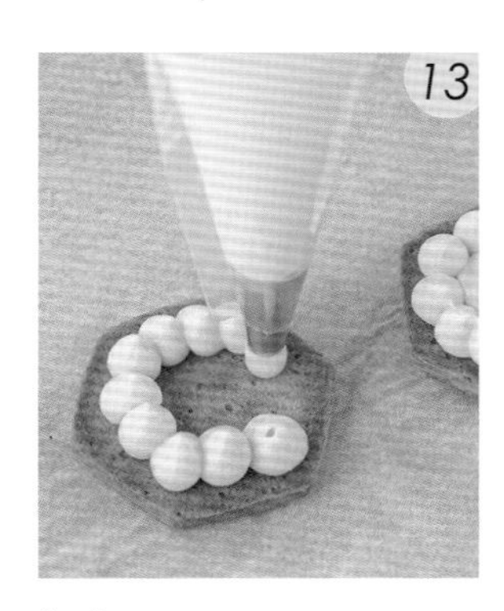

組合
用圓花嘴將咖啡乳酪餡先在餅乾上擠一圈，中間再擠一些。

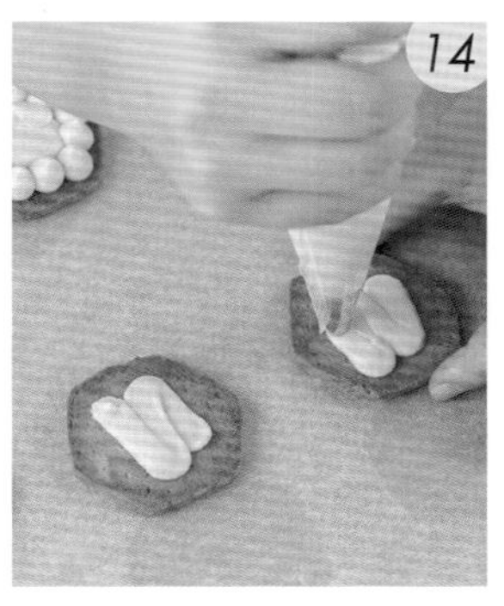

在上蓋的餅乾片中間擠薄薄的咖啡乳酪餡。

上方撒上適量的可可粉。

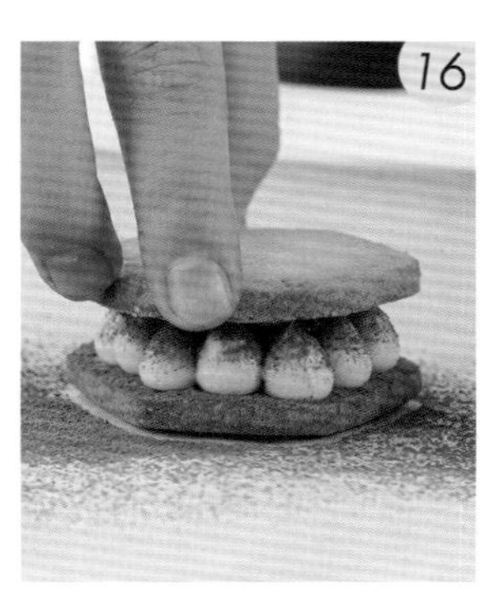

蓋上餅乾片即完成。

chapter 5

驚喜層次的
包餡餅乾

口味的變換除了透過麵團的風味、夾餡，
也可以使用包餡的方式來達成。
巧克力、乳酪、果醬都是很好的選擇，
容易取得，咬下後的爆漿感很有趣，
也能夠增加清爽感，表現不同的餅乾風味。

開心果乳酪包餡餅乾

難易度 ★★★★

相較於講究均勻一致的夾心餅乾，
包餡餅乾的內餡集中在中心點，
一口咬下後呈現爆漿般的驚喜感，
能夠帶來有別於一般餅乾的樂趣。

Servings 片數	Temperature 溫度	Baking Time 烘烤時間
26片 （分割20g / 片）	預熱： 上火180℃ / 下火150℃ 烘烤： 上火180℃ / 不開下火	24分鐘

材料 Ingredients

開心果餅乾

無鹽奶油	115g	低筋麵粉	50g
糖粉	120g	法國粉	150g
鹽	1g	泡打粉	2g
全蛋	55g	開心果醬	30g

開心果巧克力餡

動物性鮮奶油	10g
開心果醬	7g
白巧克力	50g
奶油乳酪	50g

裝飾

開心果	約25顆
蛋白	適量

麵團總重523g

製作步驟
How to make

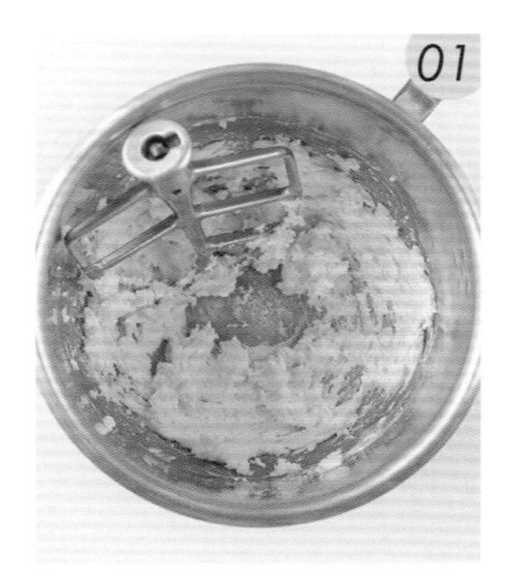

開心果餅乾麵團
將軟化無鹽奶油與糖粉、鹽攪拌均勻。

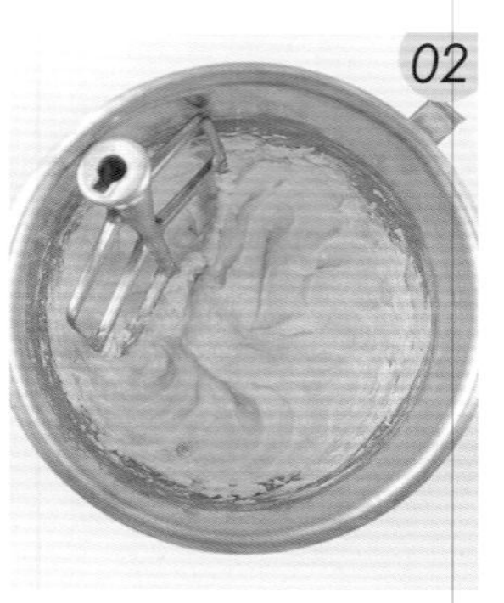

分次加入全蛋，攪拌至油脂和蛋液乳化完全。

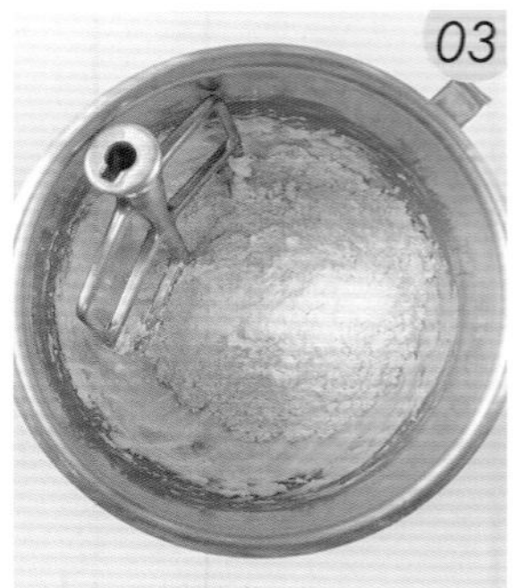

接著，加入過篩的低筋麵粉、法國粉、泡打粉。

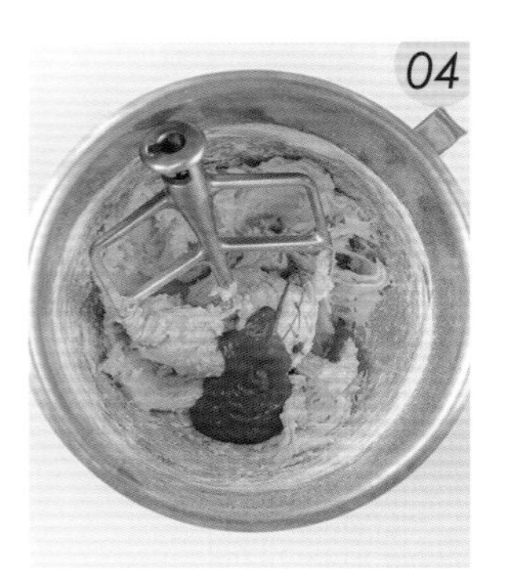

充分攪拌均勻後，加入開心果醬。

再次攪打均勻。

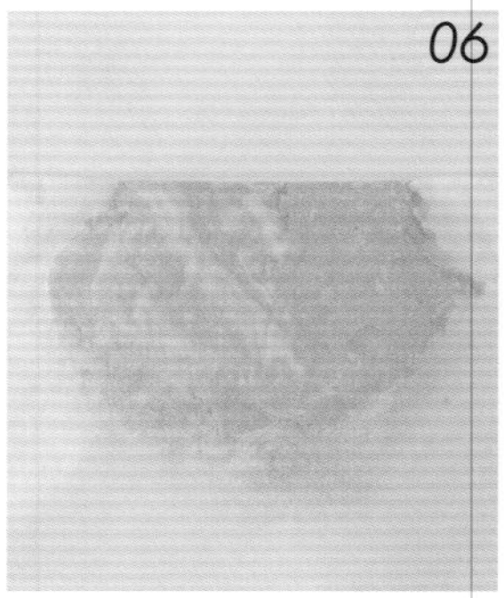

將麵團以烘焙紙包覆，略微整型，放入冰箱冷藏約 1 小時至變硬。

開心果巧克力餡
將動物性鮮奶油、開心果醬放入鍋中煮沸。

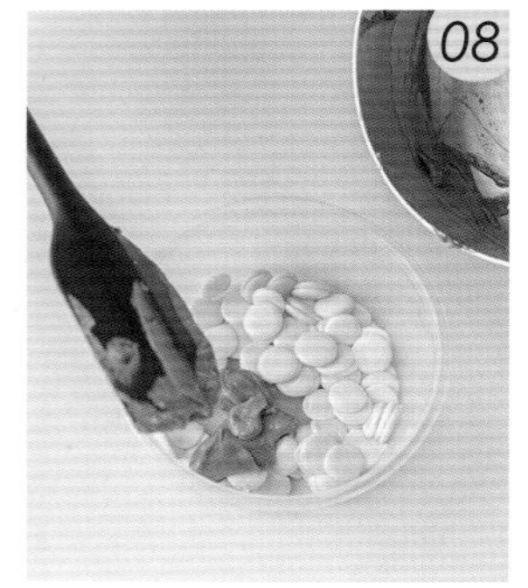

加入白巧克力中拌勻。

攪拌至巧克力融化。

TIPS
若鮮奶油不夠融化巧克力，需隔水加熱攪拌到融化。

再加入奶油乳酪拌勻。

充分攪拌均勻後，裝入擠花袋中。

在烘焙紙上，擠成 5 公克的球狀內餡。

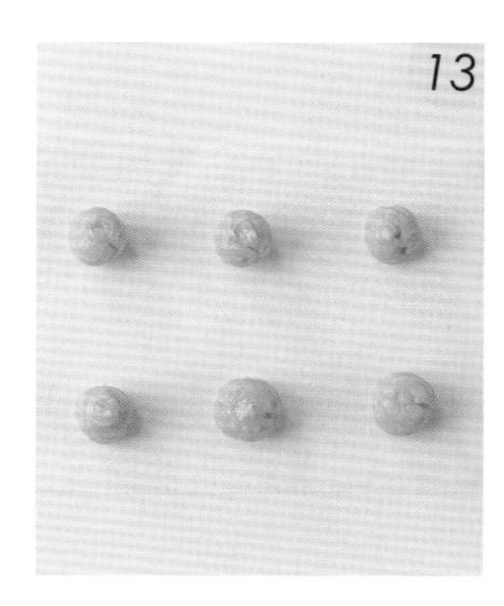

放入冰箱冷凍 1 小時。

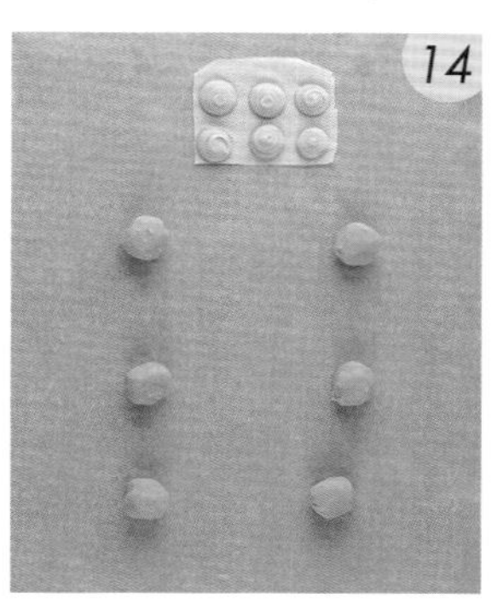

包餡
將冰過的餅乾麵團，分割成 20 公克的小麵團後搓圓。取出冷凍過的內餡。

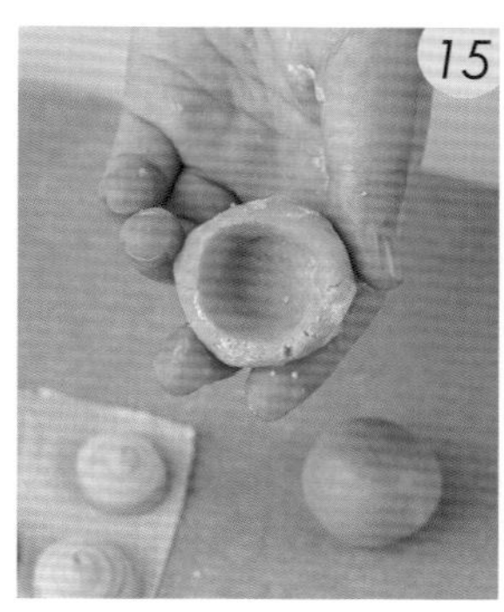

取一個麵團，將中間壓成凹狀。

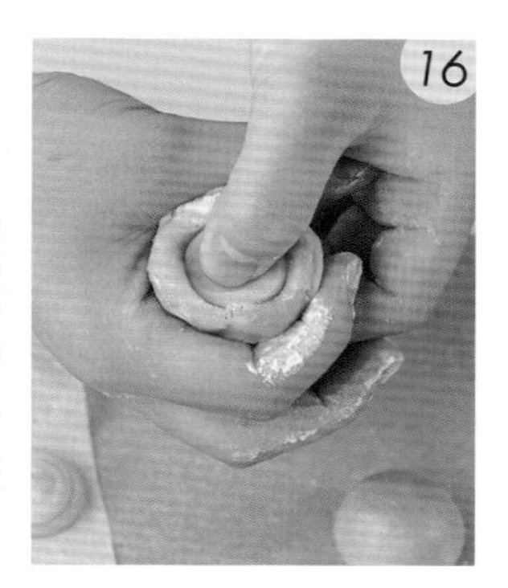

放入一顆內餡，用虎口一手握住麵團，另一手拇指將內餡壓入。

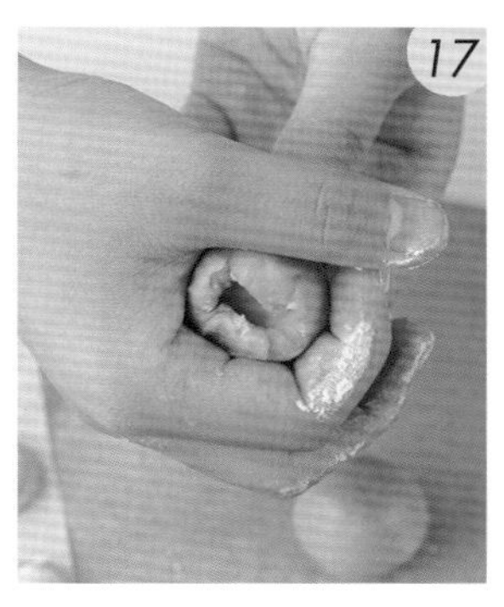

收口並緊密包裹，防止餡料在烤焙過程中溢出。

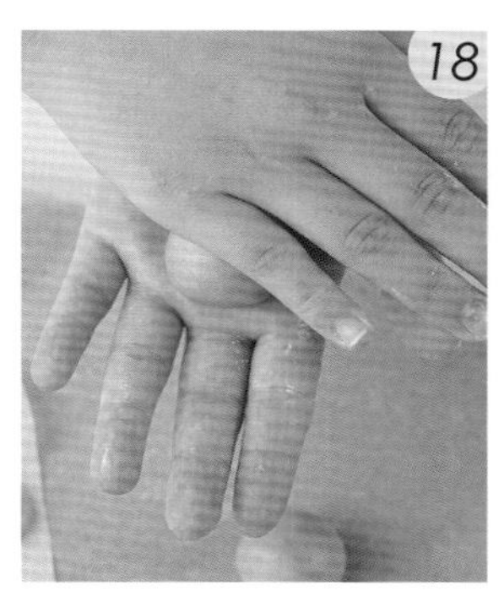

將包入內餡的麵團滾圓。

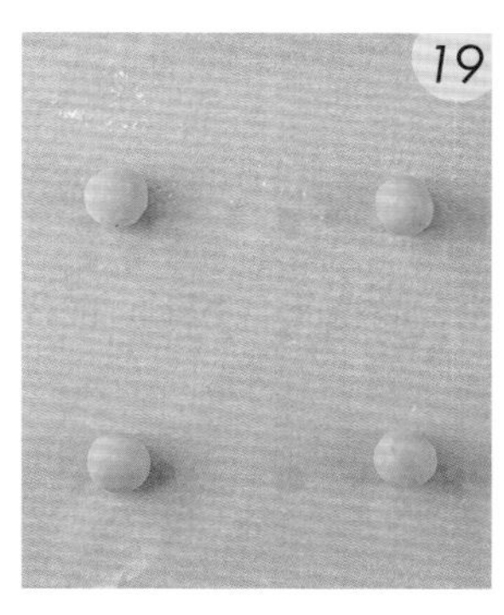

將所有麵團包入內餡後，放入事先鋪好烘焙紙的烤盤中。再放入冰箱，冷凍 20 分鐘。

冷凍後取出，將一顆開心果，沾裹少許的蛋白放在麵團上。

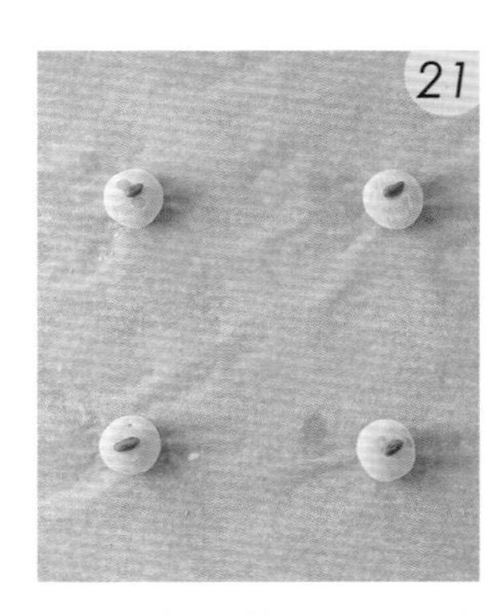

其他的麵團按照相同方式完成。

烤箱以上火 180℃、下火 150℃預熱後，將烤盤放入，再以上火 180℃、不開下火烘烤 24 分鐘。

取出、放涼即完成。

TIPS
包餡餅乾的烤溫會略低一點，避免餡料焦掉。營業用烤箱不用開下火（通常餡料會靠近底部，容易燒焦），家用小烤箱則建議以均溫 150-160℃烘烤即可。

苦甜巧克力包餡餅乾

難易度 ★★★★

將苦甜巧克力混合少許鮮奶油，
做出絲滑柔順的濃厚內餡。
結合巧克力粉、巧克力餅乾、巧克力餡，
三種不同表現型態的巧克力，
每一口都醇厚得讓人難以抗拒。

Servings 片數	Temperature 溫度	Baking Time 烘烤時間
24片 （分割 20g / 片）	預熱： 上火 180℃ / 下火 150℃ 烘烤： 上火 180℃ / 不開下火	24分鐘

材料 Ingredients

可可餅乾

無鹽奶油	125g
糖粉	40g
黑糖粉	50g
鹽	2g
全蛋	60g
低筋麵粉	80g
法國粉	100g
泡打粉	2g
可可粉	25g

苦甜巧克力餡

動物性鮮奶油	30g
苦甜巧克力	100g

裝飾

可可粉	適量

麵團總重 484g

製作步驟
How to make

01 **可可餅乾麵團**
將軟化無鹽奶油與糖粉、黑糖粉、鹽攪拌均勻。

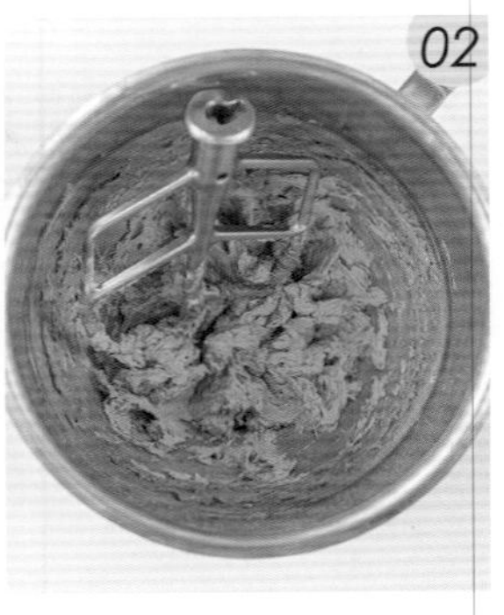

02 分次加入全蛋，攪拌至油脂和蛋液乳化完全。

03 接著，加入過篩的低筋麵粉、法國粉、泡打粉、可可粉。

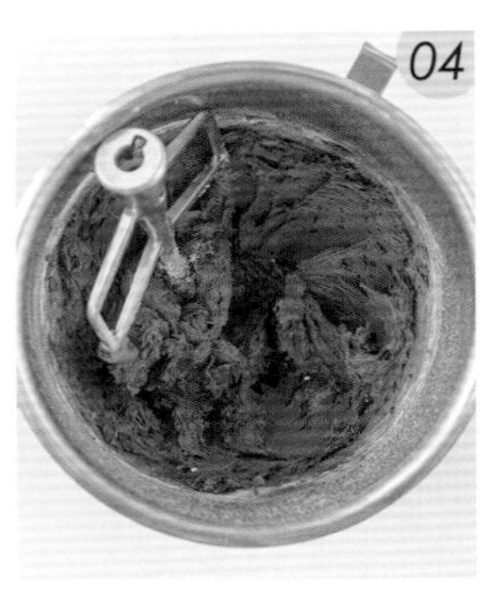

04 將材料再次攪打均勻。

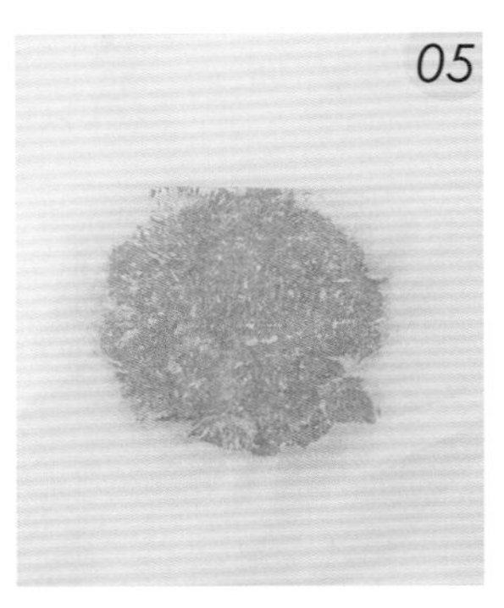

05 將麵團以烘焙紙包覆，略微整型，放入冰箱冷藏約 1 小時至變硬。

06 **苦甜巧克力餡**
將動物性鮮奶油煮沸。

07 加入苦甜巧克力，攪拌均勻，裝入擠花袋中。

TIPS
若鮮奶油不夠融化巧克力，需隔水加熱攪拌到融化。

08 在烘焙紙上，擠成 5 公克的球狀內餡。

09 放入冰箱冷凍 1 小時。

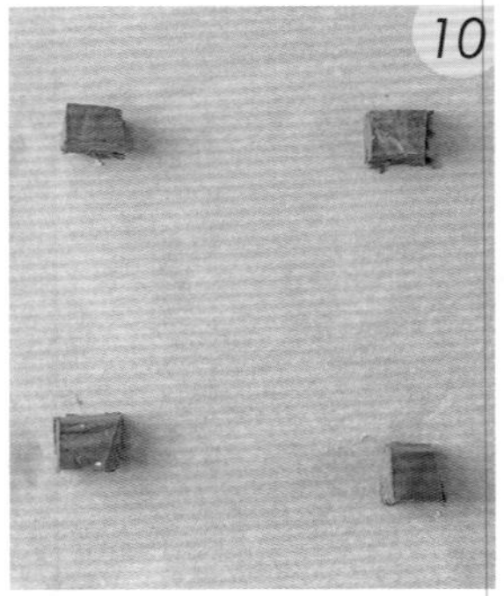

10 **包餡**
將冰過的餅乾麵團，分割成 20 公克的小麵團。

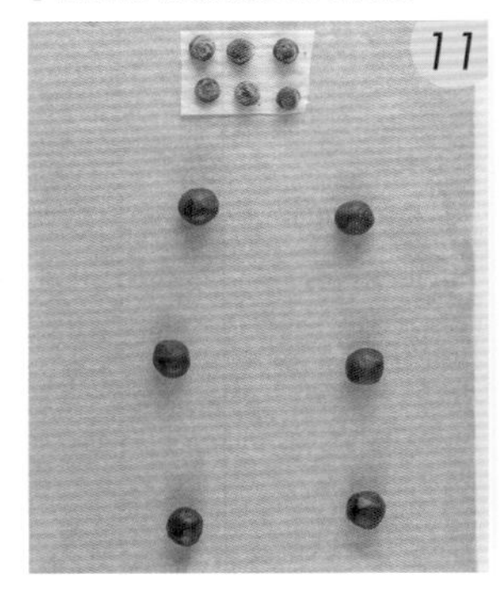

11 將麵團搓圓備用。並取出冷凍過的內餡。

12 取一個麵團，將中間壓成凹狀。

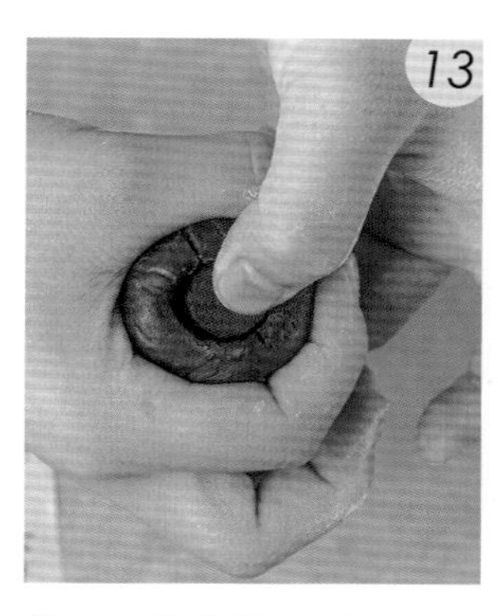

放入一顆內餡，用虎口一手握住麵團，另一手拇指將內餡壓入。

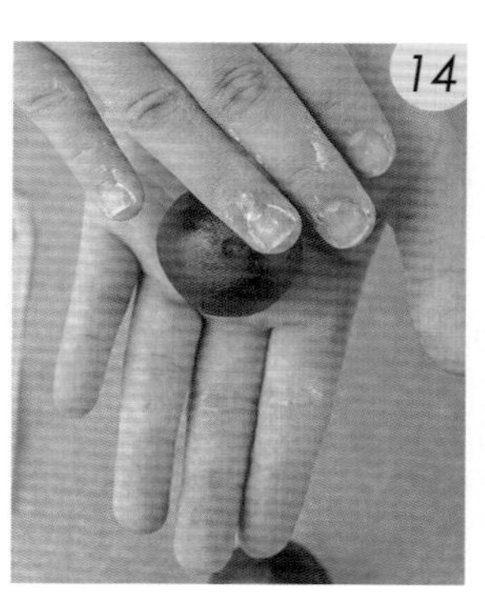

收口並緊密包裹後，將麵團滾圓。

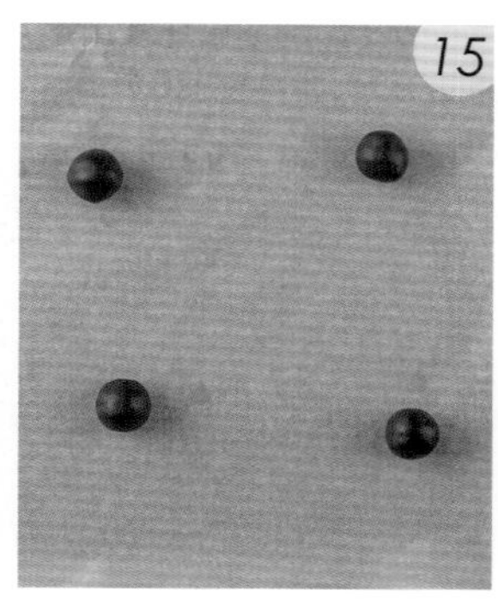

放入事先鋪好烘焙紙的烤盤中，再放入冰箱，冷凍20分鐘。

烤箱以上火180℃、下火150℃預熱後，將烤盤放入，再以上火180℃、不開下火烘烤24分鐘。

待餅乾放涼，均勻篩上可可粉裝飾即完成。

TIPS

包餡餅乾的烤溫會略低一點，避免餡料焦掉。營業用烤箱不用開下火（通常餡料會靠近底部，容易燒焦），家用小烤箱則建議以均溫150-160℃烘烤即可。

抹茶巧克力包餡餅乾

難易度 ★★★★

在香醇的抹茶內餡中，
混合鮮奶油、乳酪、白巧克力，
以不同乳香味增加風味層次，
也讓整體的口感更加濃滑，
吃起來更加細緻溫和、不膩口。

Servings 片數	Temperature 溫度	Baking Time 烘烤時間
23 片 （分割 20g / 片）	預熱： 上火 180℃ / 下火 150℃ 烘烤： 上火 180℃ / 不開下火	24 分鐘

材料 Ingredients

抹茶餅乾

材料	份量
無鹽奶油	120g
糖粉	80g
鹽	1g
全蛋	50g
低筋麵粉	100g
法國粉	100g
泡打粉	2g
抹茶粉	10g

抹茶巧克力餡

材料	份量
動物性鮮奶油	20g
抹茶粉	3g
白巧克力	50g
奶油乳酪	50g

裝飾

材料	份量
抹茶粉	適量

麵團總重 463g

製作步驟
How to make

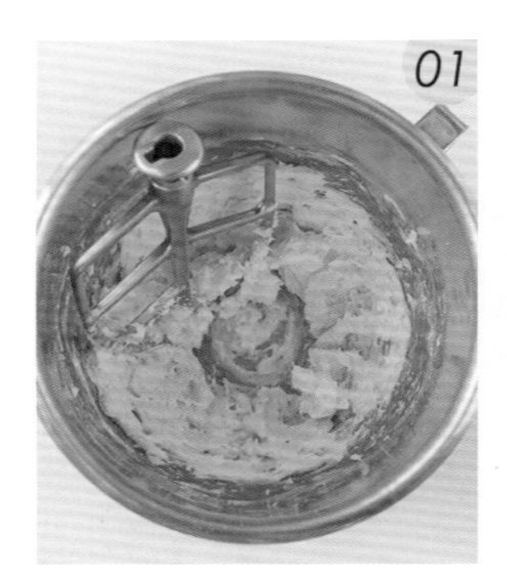

抹茶餅乾麵團
將軟化無鹽奶油與糖粉、鹽攪拌均勻。

分次加入全蛋，攪拌至油脂和蛋液乳化完全。

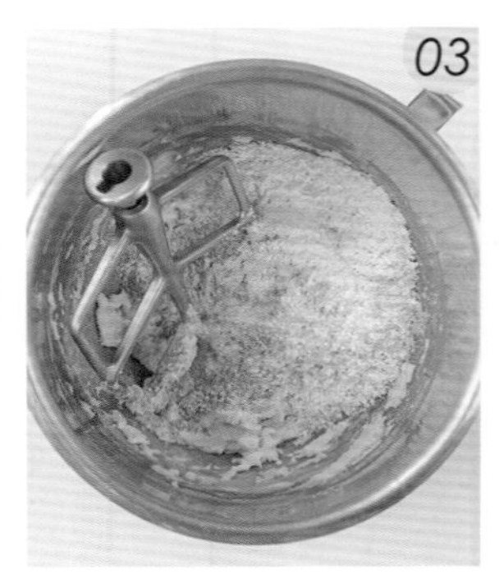

接著，加入過篩的低筋麵粉、法國粉、抹茶粉、泡打粉。

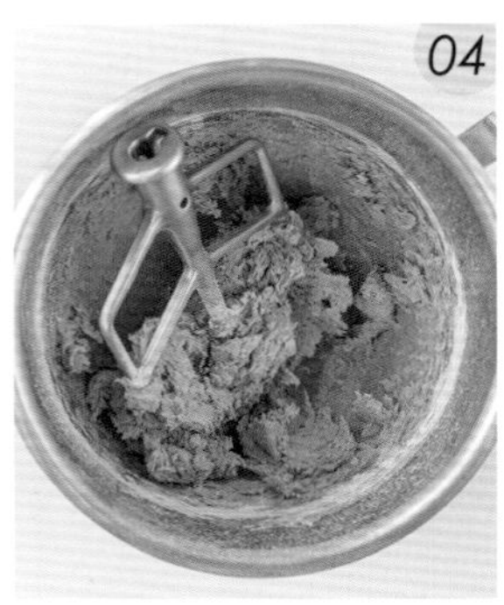

將材料再次攪打均勻。

將麵團以烘焙紙包覆，略微整型，放入冰箱冷藏約 1 小時至變硬。

抹茶巧克力餡
將動物性鮮奶油、抹茶粉放入鍋中煮沸。

煮沸且均勻混合。

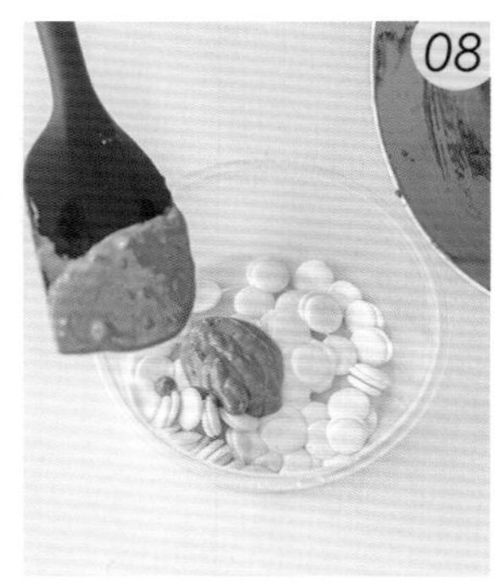

加入白巧克力中拌勻。

攪拌至巧克力融化。

> TIPS
> 若鮮奶油不夠融化巧克力，需隔水加熱攪拌到融化。

再加入奶油乳酪拌勻後，裝入擠花袋中。

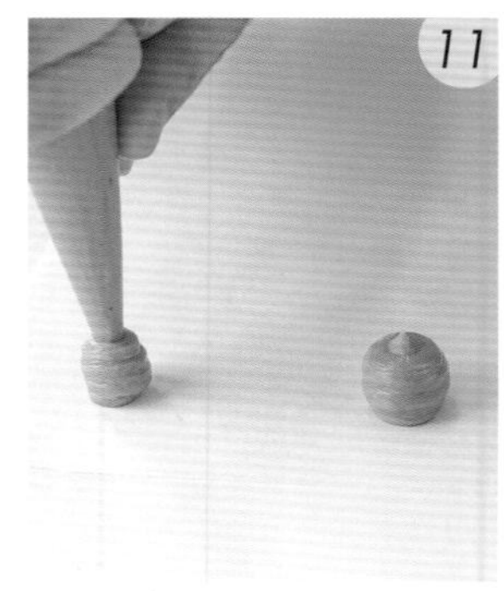

在烘焙紙上，擠成 5 公克的球狀內餡。

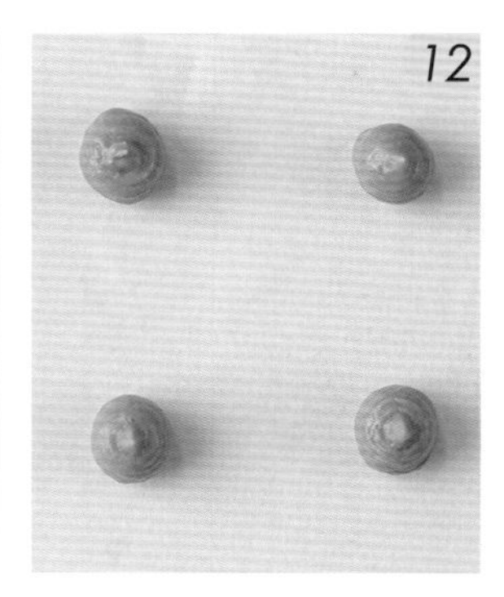

放入冰箱冷凍 1 小時。

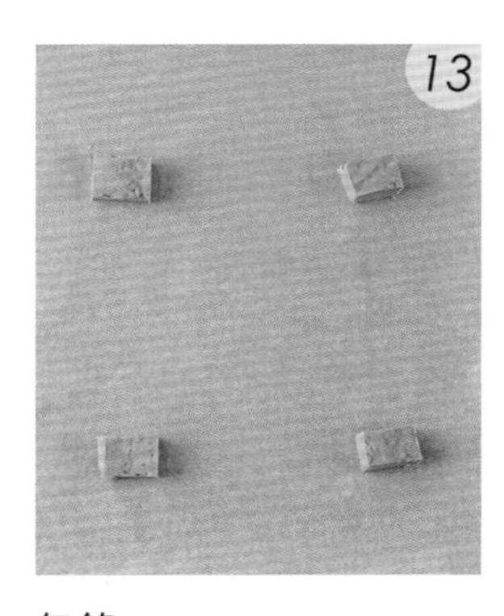

包餡
將冰過的餅乾麵團，分割成 20 公克的小麵團。

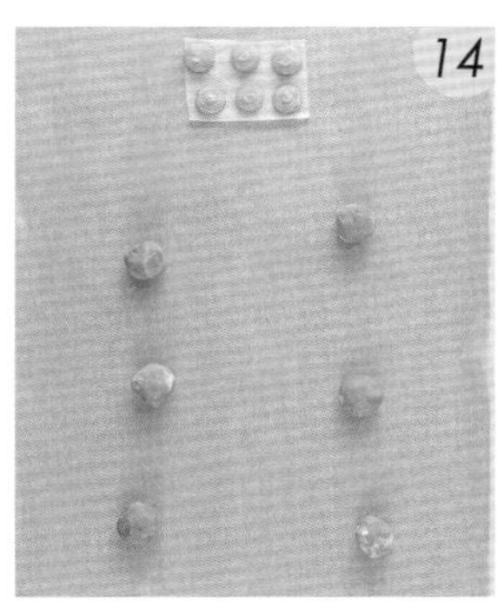

將麵團搓圓備用。並取出冷凍過的內餡。

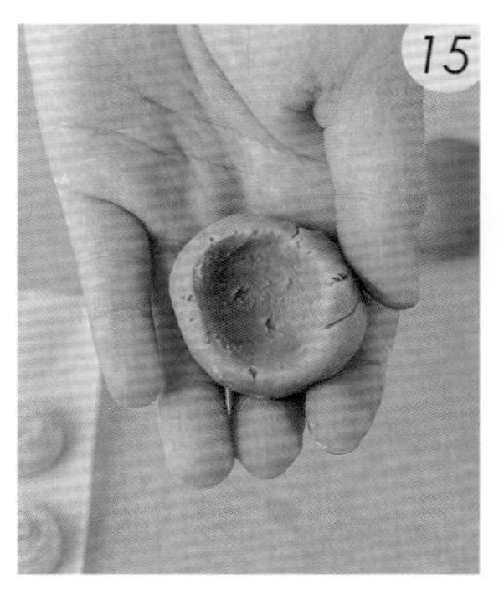

取一個麵團，將中間壓成凹狀。

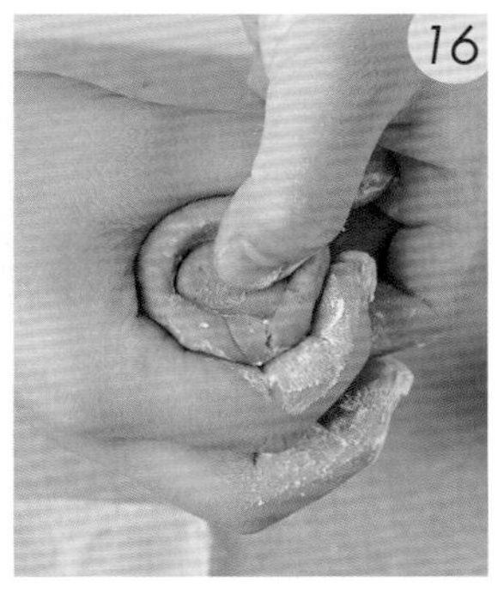

放入一顆內餡，用虎口一手握住麵團，另一手拇指將內餡壓入。

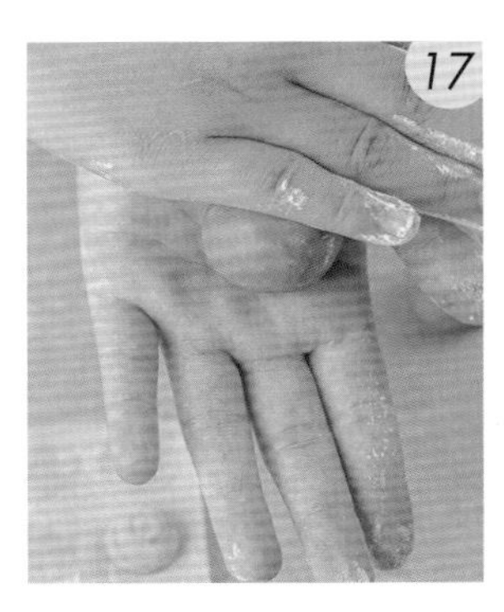

收口並緊密包裹後，將麵團滾圓。

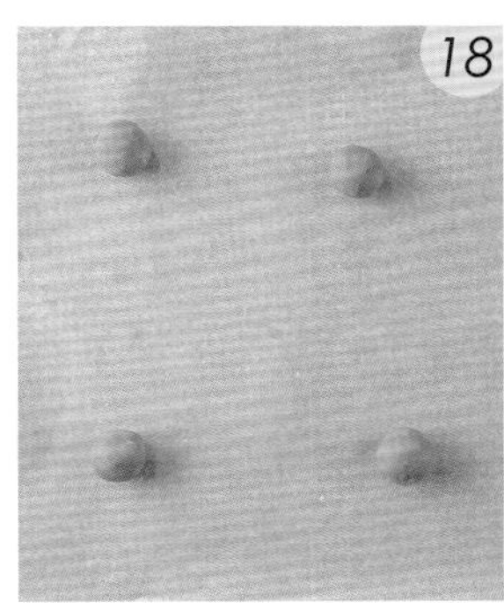

放入事先鋪好烘焙紙的烤盤中，再放入冰箱，冷凍 20 分鐘。

烤箱以上火 180℃、下火 150℃預熱後，將烤盤放入，再以上火 180℃、不開下火烘烤 24 分鐘。

待餅乾放涼，均勻篩上抹茶粉即完成。

TIPS
包餡餅乾的烤溫會略低一點，避免餡料焦掉。營業用烤箱不用開下火（通常餡料會靠近底部，容易燒焦），家用小烤箱則建議以均溫 150-160℃烘烤即可。

榛果巧克力包餡餅乾

難易度 ★★★★

夾藏在餅乾中間的滿滿榛果巧克力，
擁有讓大人小孩都雀躍的超人氣！
餅乾中的榛果醬含量不用太高，
才能夠和內餡做出更明顯的對比，
感受到兩種不同的風味變化！

Servings 片數	Temperature 溫度	Baking Time 烘烤時間
25 片 （分割 20g / 片）	預熱： 上火 180℃ / 下火 150℃ 烘烤： 上火 180℃ / 不開下火	24 分鐘

材料 Ingredients

榛果餅乾

材料	份量	材料	份量
無鹽奶油	110g	低筋麵粉	100g
糖粉	110g	法國粉	100g
鹽	1g	泡打粉	2g
全蛋	55g	無糖榛果醬	25g

榛果牛奶巧克力餡

材料	份量
動物性鮮奶油	25g
牛奶巧克力	35g
黑巧克力	35g
無糖榛果醬	10g

裝飾

材料	份量
榛果	約 25 顆
蛋白	適量

麵團總重 503g

製作步驟
How to make

榛果餅乾麵團
將軟化無鹽奶油與糖粉、鹽攪拌均勻。

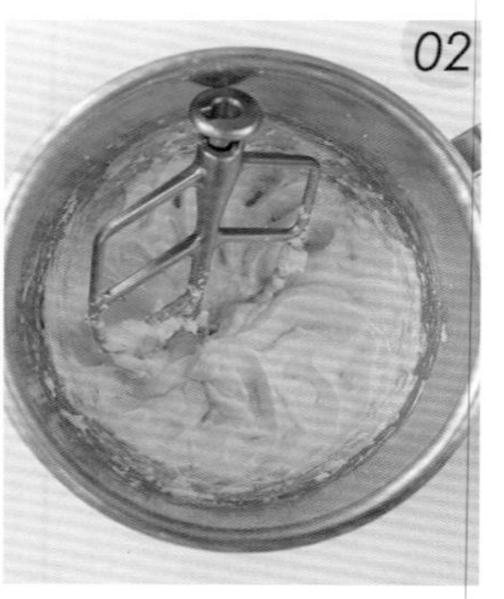

分次加入全蛋，攪拌至油脂和蛋液乳化完全。

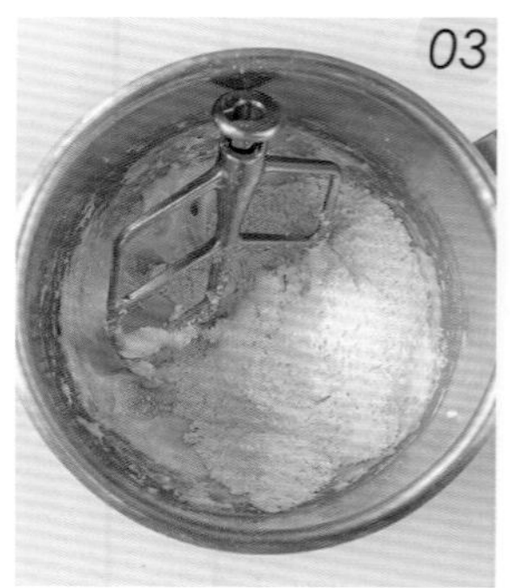

接著，加入過篩的低筋麵粉、法國粉、泡打粉。

充分攪拌均勻後，再加入榛果醬。

再次攪打均勻。

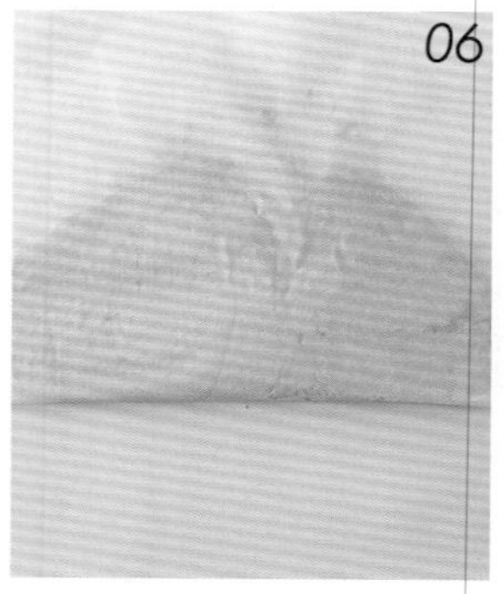

將麵團以烘焙紙包覆，略微整型，放入冰箱冷藏約 1 小時至變硬。

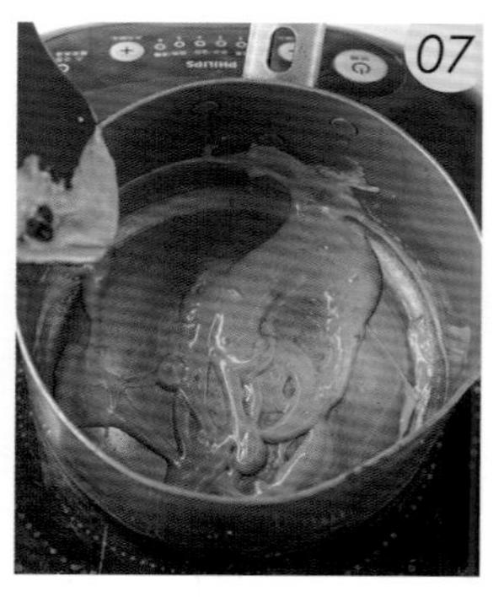

榛果牛奶巧克力餡
將動物性鮮奶油、榛果醬放入鍋中煮沸且拌勻。

倒入牛奶巧克力、黑巧克力中攪拌至融化。

TIPS
若鮮奶油不夠融化巧克力，需隔水加熱攪拌到融化。

將步驟 8 裝入擠花袋中，在烘焙紙上擠成 5 公克的球狀內餡。

放入冰箱冷凍 1 小時。

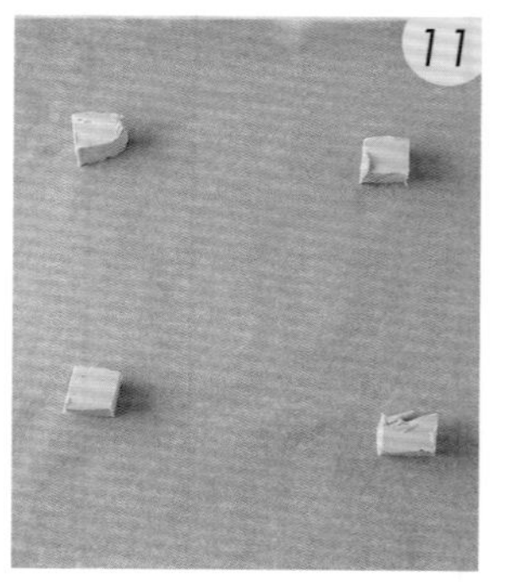

包餡
將冰過的餅乾麵團，分割成 20 公克的小麵團。

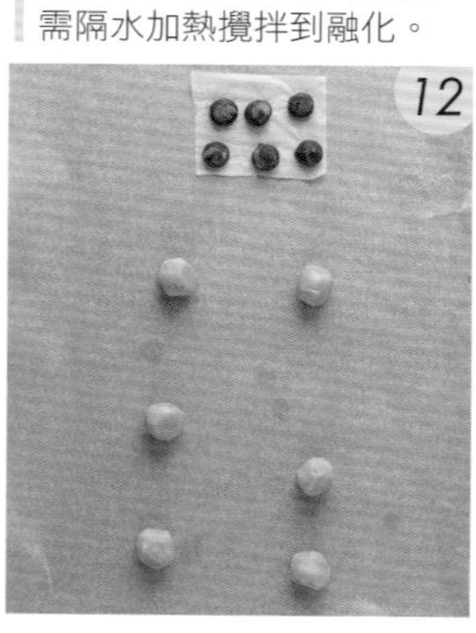

將麵團搓圓備用。並取出冷凍過的內餡。

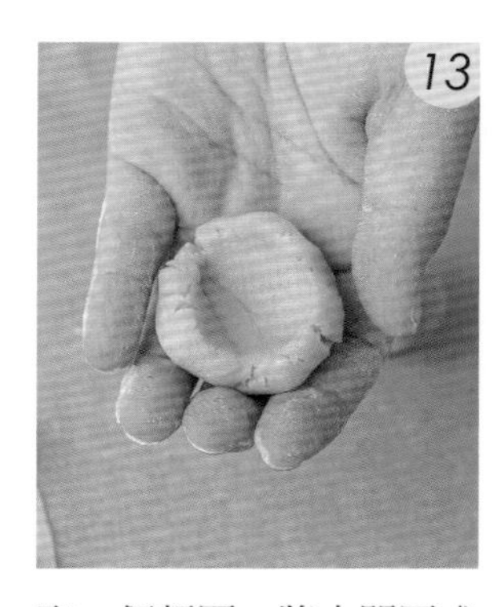

取一個麵團，將中間壓成凹狀。

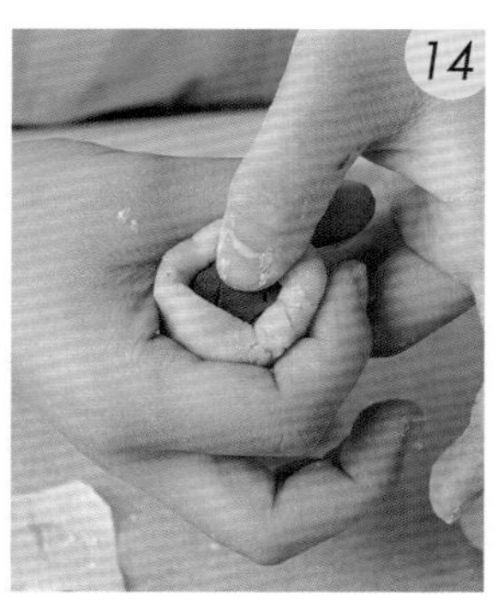

放入一顆內餡，用虎口一手握住麵團，另一手拇指將內餡壓入。

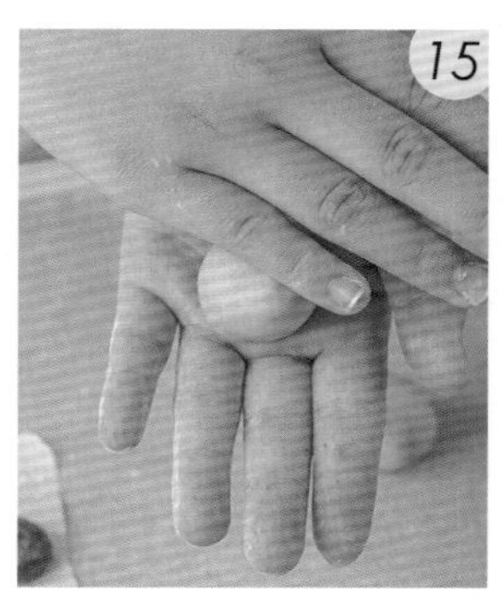

收口並緊密包裹後，將麵團滾圓。

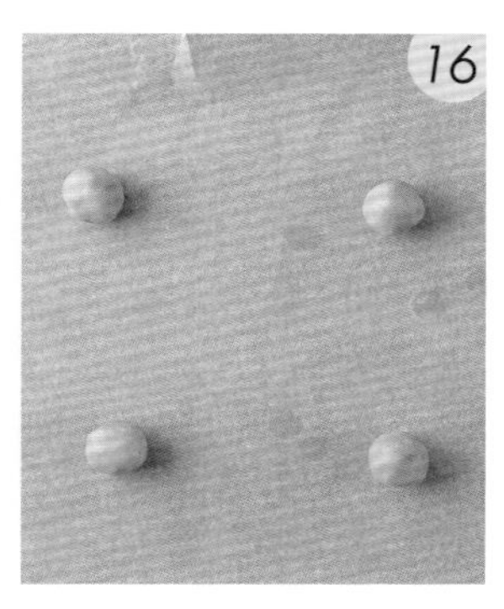

將所有麵團包入內餡後，放入事先鋪好烘焙紙的烤盤中。再放入冰箱，冷凍 20 分鐘。

冷凍後取出，將一顆榛果沾裹少許蛋白，放在麵團上方。

烤箱以上火 180℃、下火 150℃預熱後，將烤盤放入，再以上火 180℃、不開下火烘烤 24 分鐘。

取出、放涼即完成。

TIPS

包餡餅乾的烤溫會略低一點，避免餡料焦掉。營業用烤箱不用開下火（通常餡料會靠近底部，容易燒焦），家用小烤箱則建議以均溫 150-160℃烘烤即可。

香草乳酪包餡餅乾

難易度 ★★★★

這款香草乳酪餅乾的奶香濃郁，
吃起來卻輕盈沒有負擔。
白巧克力混合鮮奶油的質地滑順，
能夠帶來明顯的口感差異，
是不會失敗的經典口味。

Servings 片數	Temperature 溫度	Baking Time 烘烤時間
27 片 （分割 20g / 片）	預熱： 上火 180℃ / 下火 150℃ 烘烤： 上火 180℃ / 不開下火	24 分鐘

材料 Ingredients

香草餅乾

無鹽奶油	120g	全蛋	55g
糖粉	100g	低筋麵粉	50g
香草糖漿	15g	法國粉	200g
鹽	1g	泡打粉	2g

香草乳酪餡

動物性鮮奶油	18g
香草莢醬	2g
白巧克力	50g
奶油乳酪	50g

裝飾

糖粉	適量

麵團總重 543g

製作步驟
How to make

香草餅乾麵團
將軟化無鹽奶油與糖粉、香草糖漿、鹽攪拌均勻。

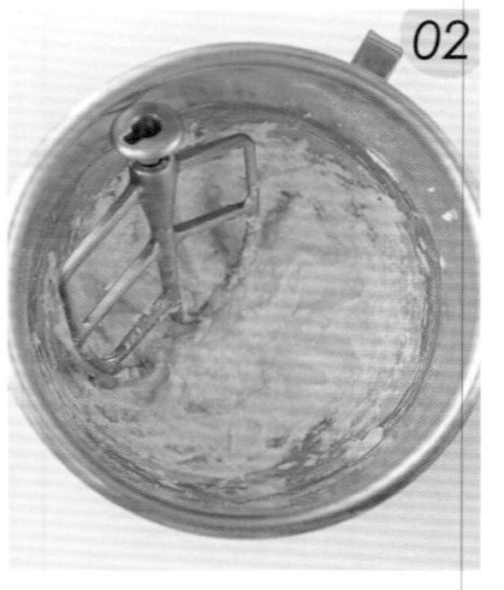

分次加入全蛋，攪拌至油脂和蛋液乳化完全。

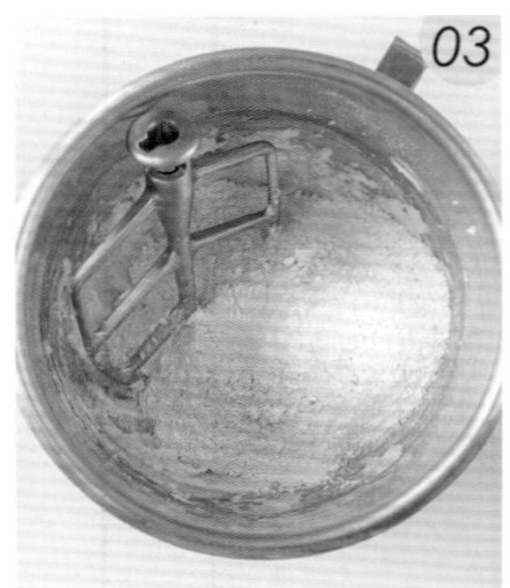

接著，加入過篩的低筋麵粉、法國粉、泡打粉。

將材料再次攪打均勻。

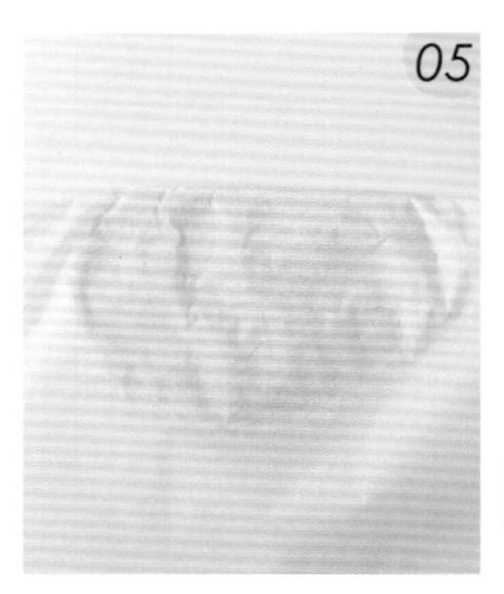

將麵團以烘焙紙包覆，略微整型，放入冰箱冷藏約1小時至變硬。

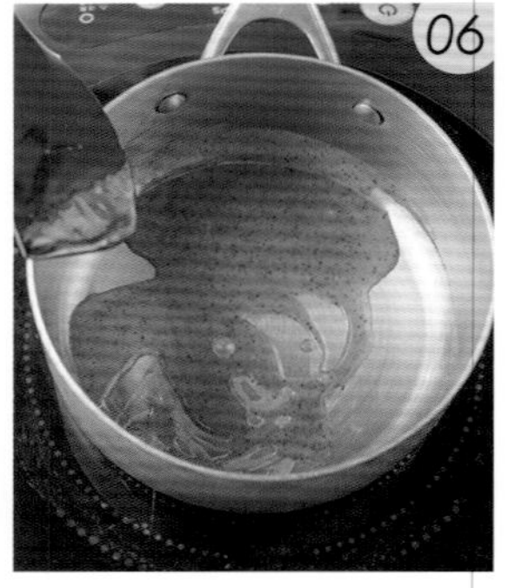

香草乳酪餡
將動物性鮮奶油、香草莢醬放入鍋中煮沸且拌勻。

倒入白巧克力中，攪拌至巧克力融化。

TIPS
若鮮奶油不夠融化巧克力，需隔水加熱攪拌到融化。

再加入奶油乳酪攪拌均勻後，裝入擠花袋中。

在烘焙紙上，擠成5公克的球狀內餡。

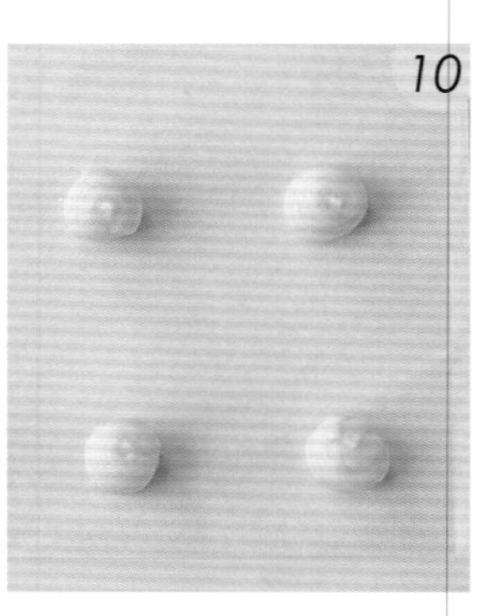

放入冰箱冷凍1小時。

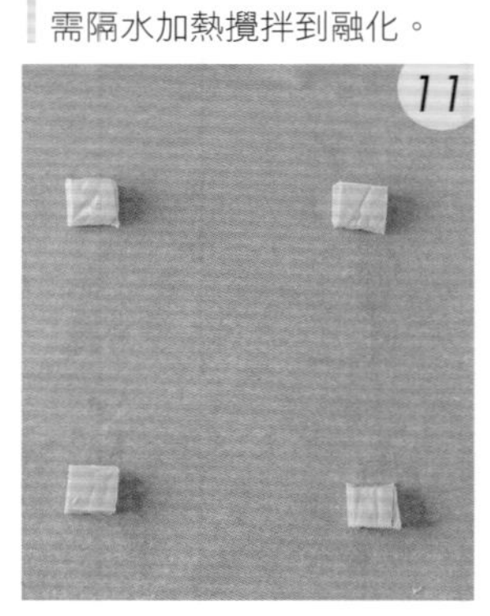

包餡
將冰過的餅乾麵團，分割成20公克的小麵團。

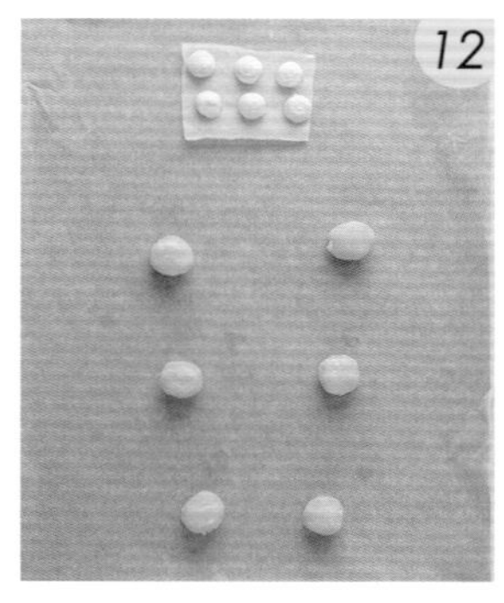

將麵團搓圓備用。並取出冷凍過的內餡。

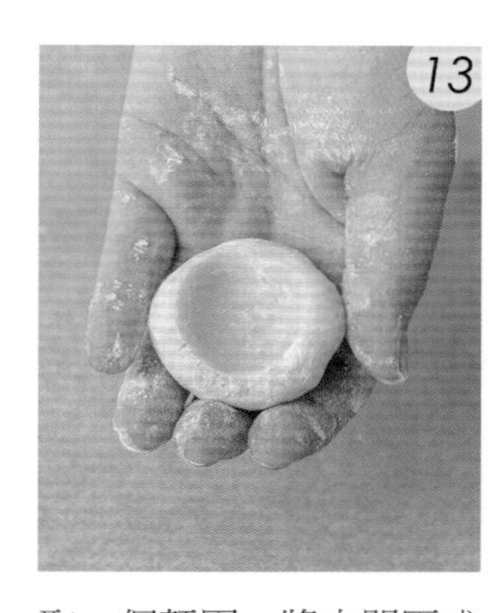

取一個麵團，將中間壓成凹狀。

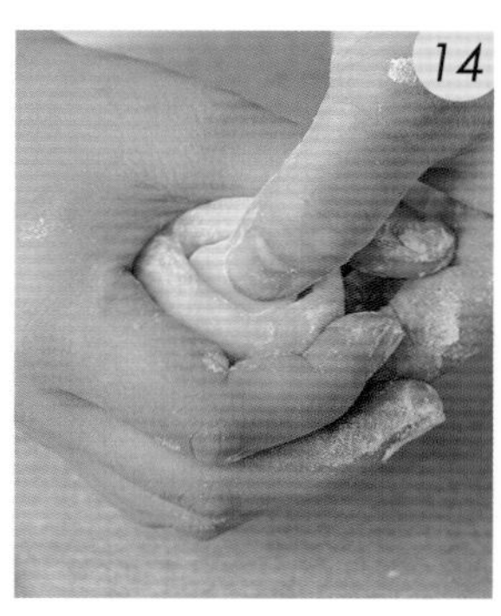

放入一顆內餡，用虎口一手握住麵團，另一手拇指將內餡壓入。

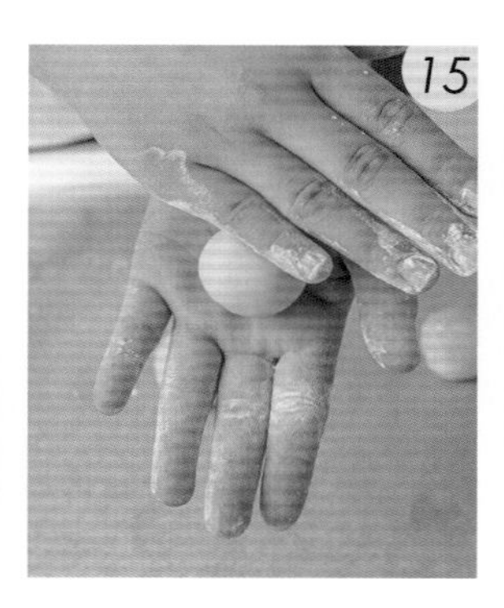

收口並緊密包裹後，將麵團滾圓。

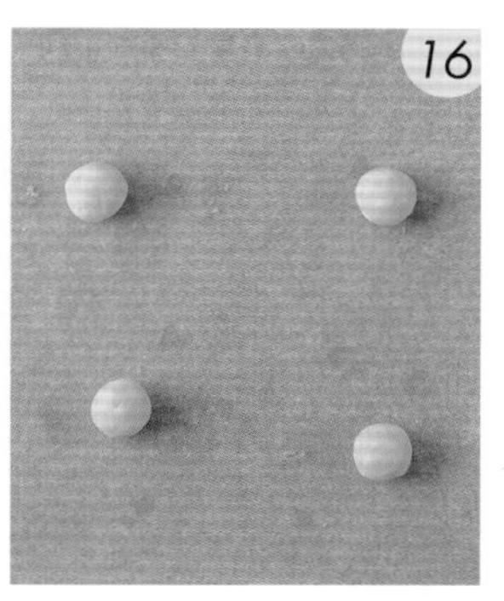

將所有麵團包入內餡後，放入事先鋪好烘焙紙的烤盤中。再放入冰箱，冷凍 20 分鐘。

烤箱以上火 180℃、下火 150℃預熱後，將烤盤放入，再以上火 180℃、不開下火烘烤 24 分鐘。

待餅乾放涼，均勻篩上糖粉即完成。

TIPS

包餡餅乾的烤溫會略低一點，避免餡料焦掉。營業用烤箱不用開下火（通常餡料會靠近底部，容易燒焦），家用小烤箱則建議以均溫 150-160℃烘烤即可。

雙重乳酪包餡餅乾

難易度 ★★★★

在加入起司粉的餅乾中包裹奶油乳酪餡，
融合兩種起司的風味豐富不單調。
包餡餅乾的技巧學起來後很好運用，
能夠做出有別一般印象的多口味餅乾，
無論商用或家庭烘焙都很適合。

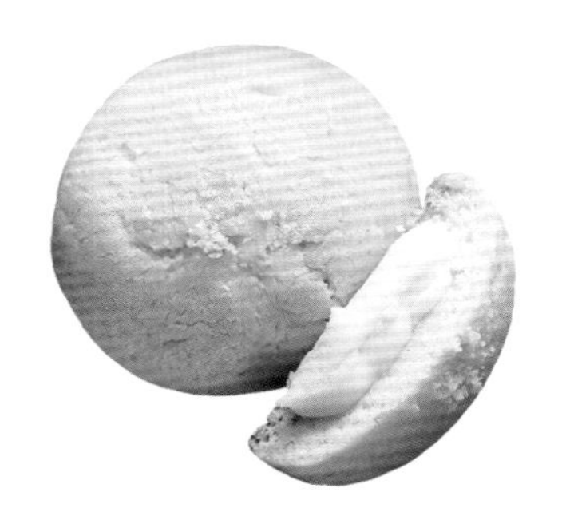

Servings 片數	Temperature 溫度	Baking Time 烘烤時間
25片 （分割 20g / 片）	預熱： 上火 180℃ / 下火 150℃ 烘烤： 上火 180℃ / 不開下火	24 分鐘

材料 Ingredients

起司餅乾

無鹽奶油	120g
糖粉	110g
鹽	1g
全蛋	55g
低筋麵粉	100g
法國粉	100g
泡打粉	2g
起司粉	25g

奶油乳酪餡

動物性鮮奶油	10g
白巧克力	100g
奶油乳酪	50g

麵團總重 513g

製作步驟
How to make

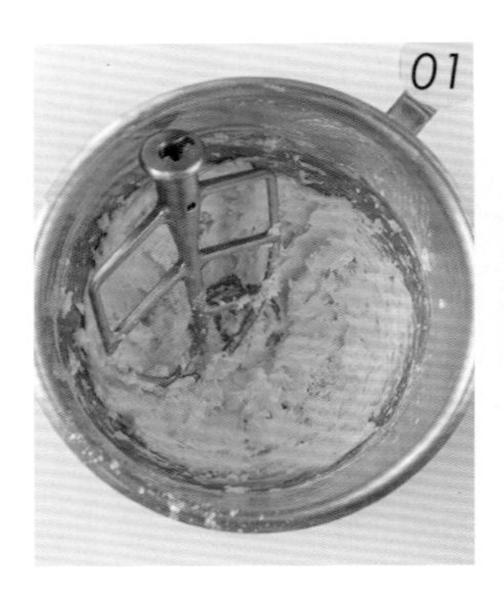

起司餅乾麵團
01 將軟化無鹽奶油與糖粉、鹽攪拌均勻。

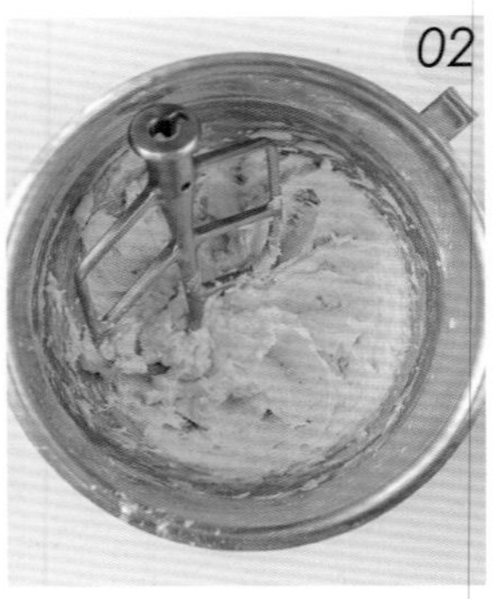

02 分次加入全蛋，攪拌至油脂和蛋液乳化完全。

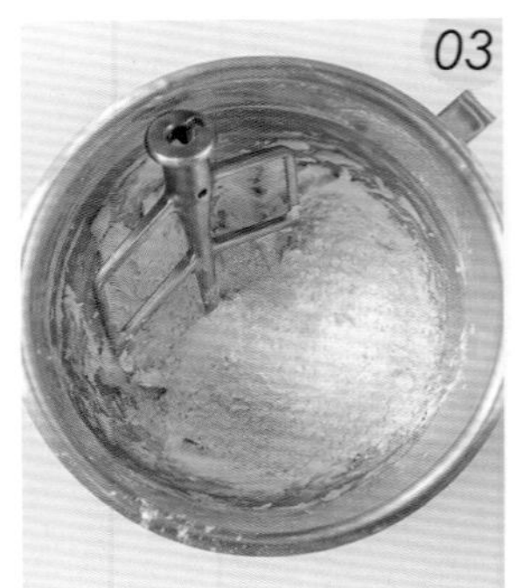

03 接著，加入過篩的低筋麵粉、法國粉、起司粉、泡打粉。

04 將材料再次攪打均勻。

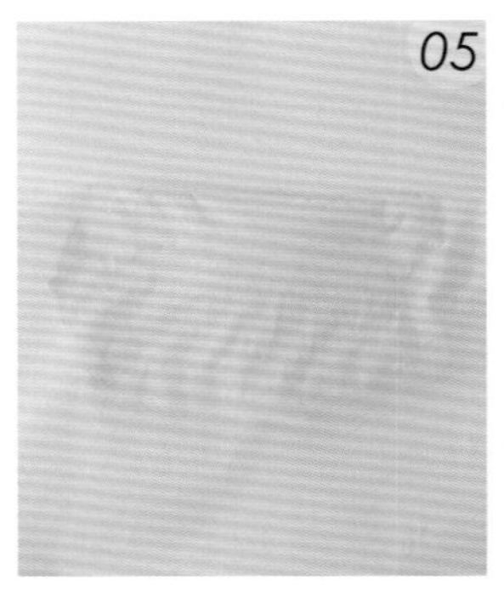

05 將麵團以烘焙紙包覆，略微整型，放入冰箱冷藏約 1 小時至變硬。

奶油乳酪餡
06 將動物性鮮奶油放入鍋中煮沸。

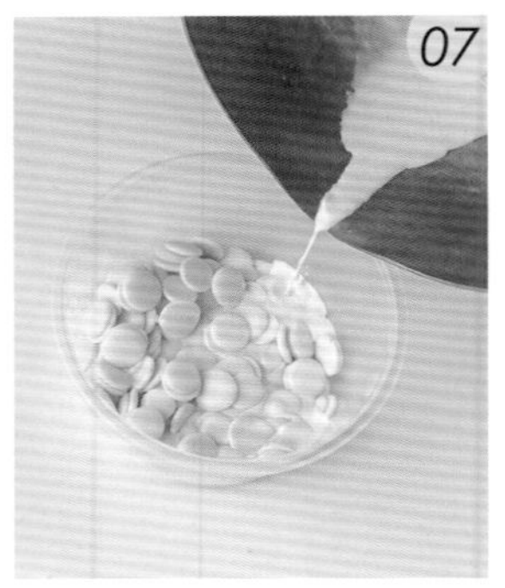

07 接著趁熱倒入白巧克力中拌勻。

08 攪拌至巧克力融化。

TIPS
若鮮奶油不夠融化巧克力，需隔水加熱攪拌到融化。

09 再加入奶油乳酪攪拌均勻後，裝入擠花袋中。

10 在烘焙紙上，擠成 5 公克的球狀內餡。

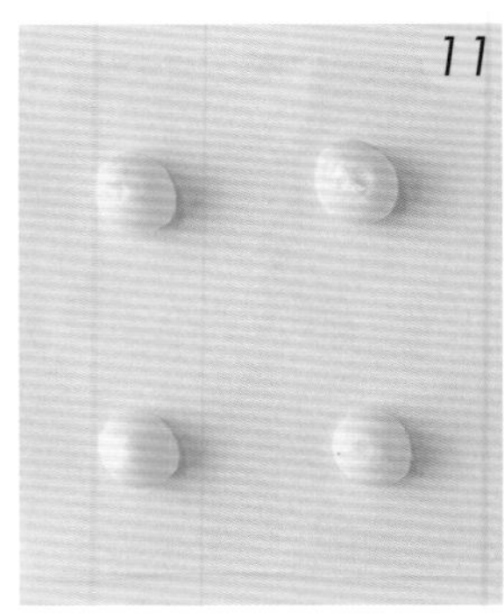

11 放入冰箱冷凍 1 小時。

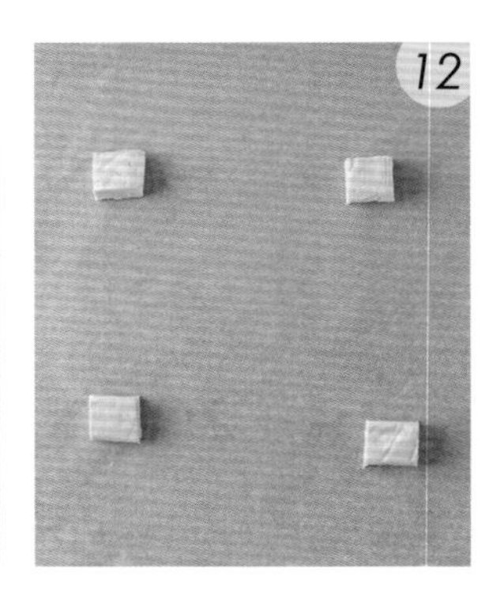

包餡
12 將冰過的餅乾麵團，分割成 20 公克的小麵團。

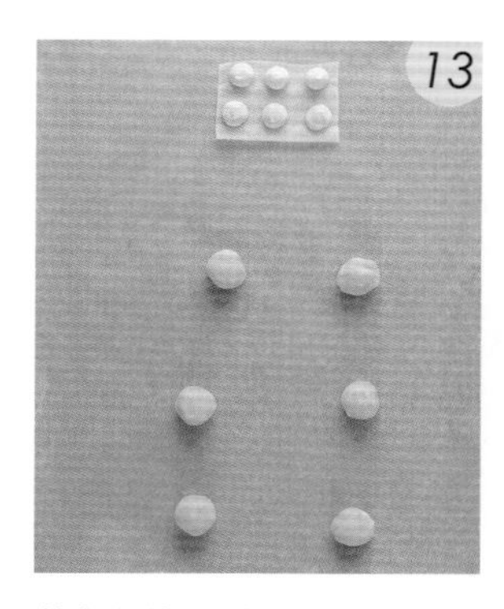

將麵團搓圓備用。並取出冷凍過的內餡。

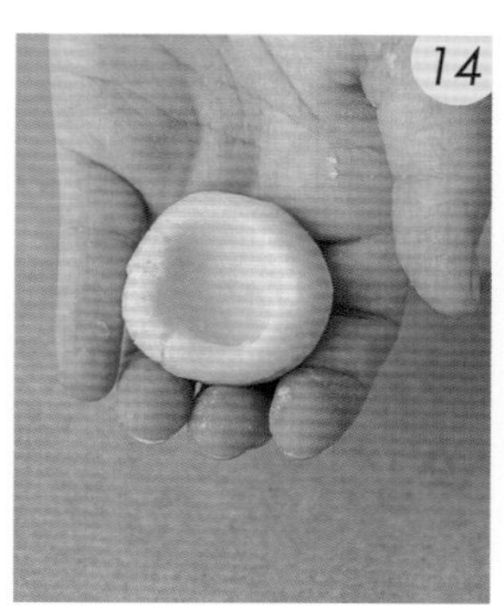

取一個麵團，將中間壓成凹狀。

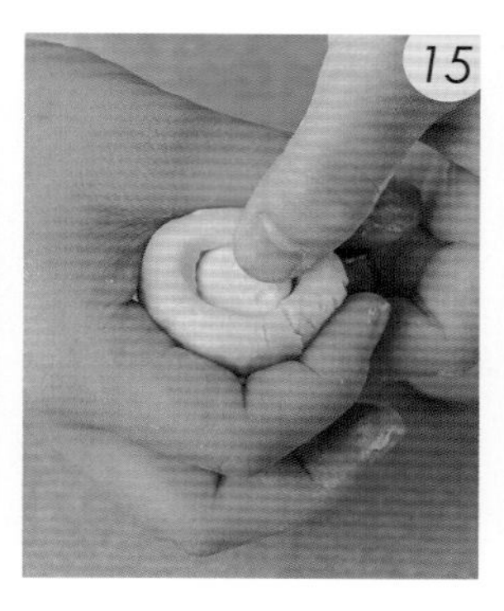

放入一顆內餡，用虎口一手握住麵團，另一手拇指將內餡壓入。

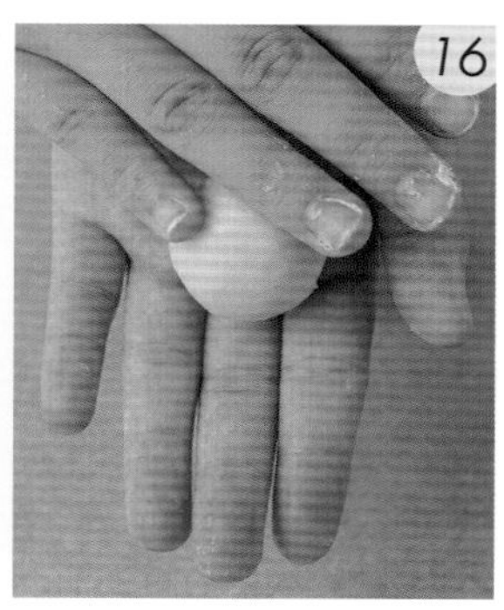

收口並緊密包裹後，將麵團滾圓。

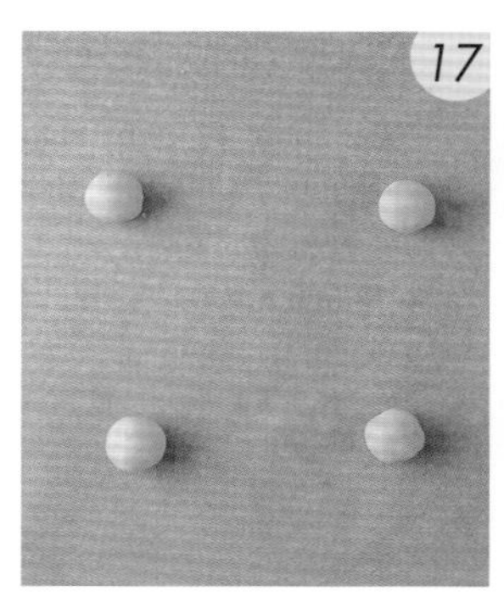

將所有麵團包入內餡後，放入事先鋪好烘焙紙的烤盤中。再放入冰箱，冷凍20分鐘。

烤箱以上火180℃、下火150℃預熱後，將烤盤放入，再以上火180℃、不開下火烘烤24分鐘。

取出、放涼即完成。

TIPS

包餡餅乾的烤溫會略低一點，避免餡料焦掉。營業用烤箱不用開下火（通常餡料會靠近底部，容易燒焦），家用小烤箱則建議以均溫150-160℃烘烤即可。

咖啡巧克力包餡餅乾

難易度 ★★★★

這款咖啡巧克力的餅乾中，
加入許多白巧克力和奶油乳酪，
是小朋友也愛的咖啡牛奶巧克力。
如果喜歡巧克力味再重一點，
最後也可以在表面撒可可粉裝飾。

Servings 片數	Temperature 溫度	Baking Time 烘烤時間
27 片 （分割 20g / 片）	預熱： 上火 180℃ / 下火 150℃ 烘烤： 上火 180℃ / 不開下火	24 分鐘

材料 Ingredients

咖啡餅乾

無鹽奶油	120g
糖粉	100g
咖啡粉	10g
鹽	1g
全蛋	55g
低筋麵粉	50g
法國粉	200g
泡打粉	2g

義式咖啡巧克力餡

動物性鮮奶油	20g
咖啡粉	2g
白巧克力	50g
奶油乳酪	50g

麵團總重 538g

製作步驟
How to make

咖啡餅乾麵團
將軟化無鹽奶油與糖粉、鹽、咖啡粉攪拌均勻。

分次加入全蛋，攪拌至油脂和蛋液乳化完全。

接著，加入過篩的低筋麵粉、法國粉、泡打粉。

將材料再次攪打均勻。

將麵團以烘焙紙包覆，略微整型，放入冰箱冷藏約 1 小時至變硬。

義式咖啡巧克力餡
將動物性鮮奶油、咖啡粉放入鍋中煮沸並拌勻。

倒入白巧克力中拌勻。

攪拌至巧克力融化。

TIPS
若鮮奶油不夠融化巧克力，需隔水加熱攪拌到融化。

再加入奶油乳酪拌勻後，裝入擠花袋中。

在烘焙紙上，擠成 5 公克的球狀內餡。

放入冰箱冷凍 1 小時。

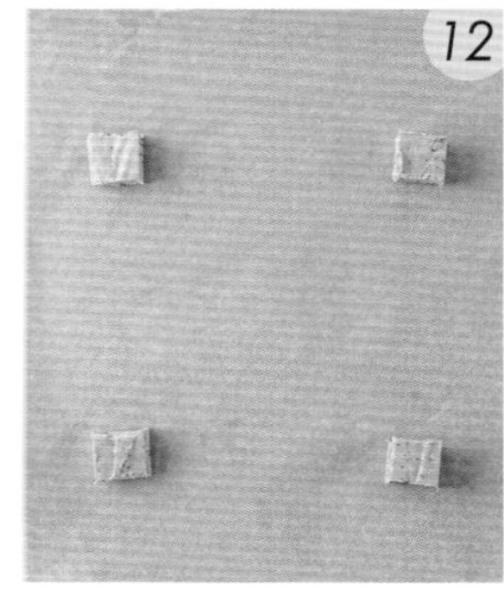

包餡
將冰過的餅乾麵團，分割成 20 公克的小麵團。

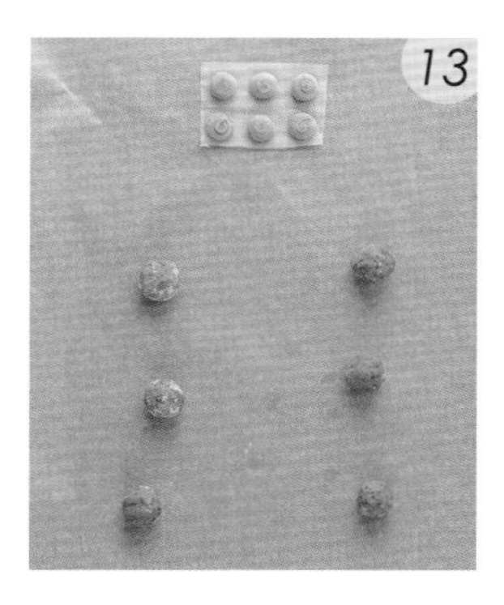

將麵團搓圓備用，並取出冷凍過的內餡。

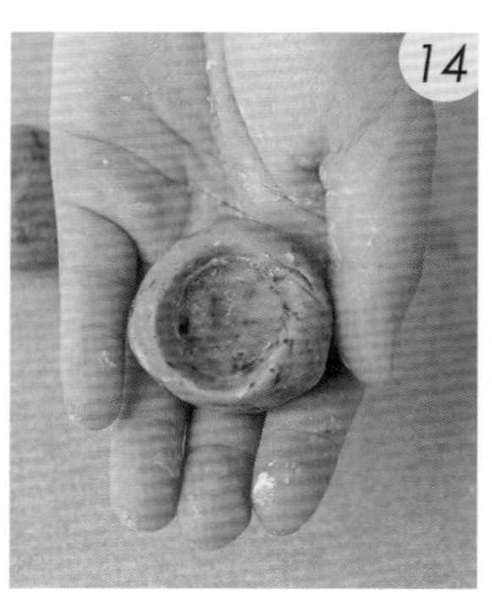

取一個麵團，將中間壓成凹狀。

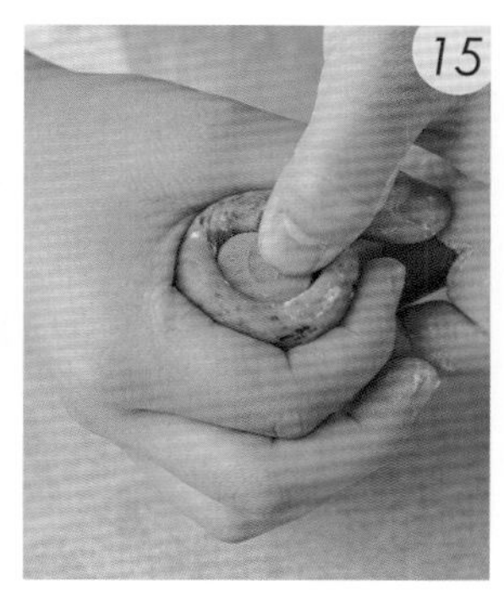

放入一顆內餡，用虎口一手握住麵團，另一手拇指將內餡壓入。

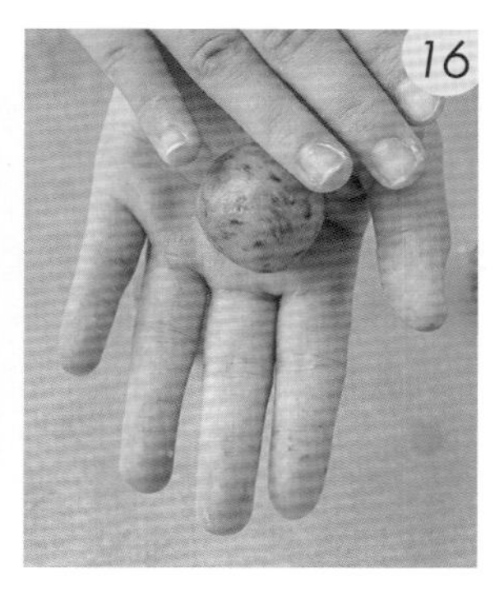

收口並緊密包裹後，將麵團滾圓。

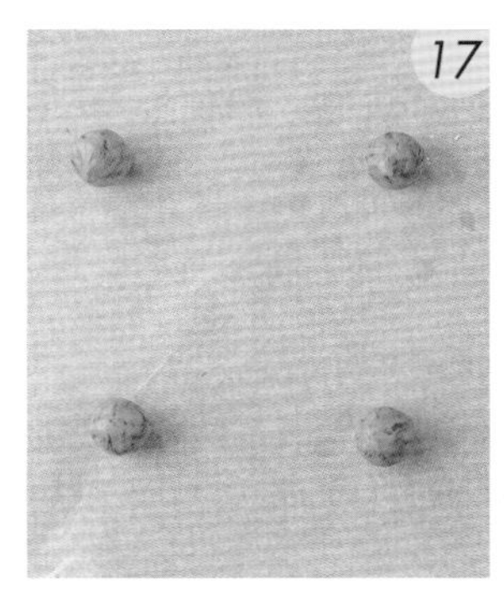

將所有麵團包入內餡後，放入事先鋪好烘焙紙的烤盤中。再放入冰箱，冷凍20分鐘。

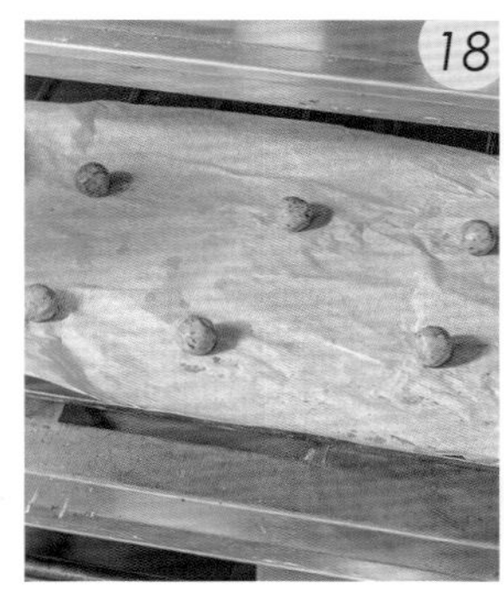

烤箱以上火180℃、下火150℃預熱後，將烤盤放入，再以上火180℃、不開下火烘烤24分鐘。

取出、放涼即完成。

TIPS

包餡餅乾的烤溫會略低一點，避免餡料焦掉。營業用烤箱不用開下火（通常餡料會靠近底部，容易燒焦），家用小烤箱則建議以均溫150-160℃烘烤即可。

黑糖牛奶包餡餅乾

難易度 ★★★★

將黑糖餅乾夾入奶香內餡，
剛入口時可以品嘗到各自的特色，
隨著咀嚼再融合成濃郁的黑糖牛奶。
包餡餅乾就像是可愛的驚喜包，
每一口都能感受到有趣的風味變化。

Servings 片數	Temperature 溫度	Baking Time 烘烤時間
27 片 （分割 20g / 片）	預熱： 上火 180℃ / 下火 150℃ 烘烤： 上火 180℃ / 不開下火	24 分鐘

材料 Ingredients

黑糖餅乾

無鹽奶油	120g
糖粉	50g
黑糖粉	60g
鹽	1g
全蛋	55g
低筋麵粉	50g
法國粉	200g
泡打粉	2g

牛奶白巧克力餡

動物性鮮奶油	20g
鹽	1g
砂糖	10g
白巧克力	50g
奶油乳酪	50g

裝飾

粗海鹽	少許

麵團總重 538g

製作步驟
How to make

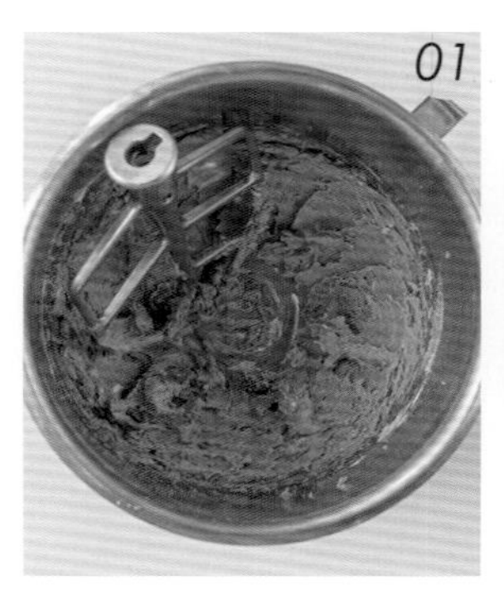

黑糖餅乾麵團
將軟化無鹽奶油與糖粉、黑糖粉、鹽攪拌均勻。

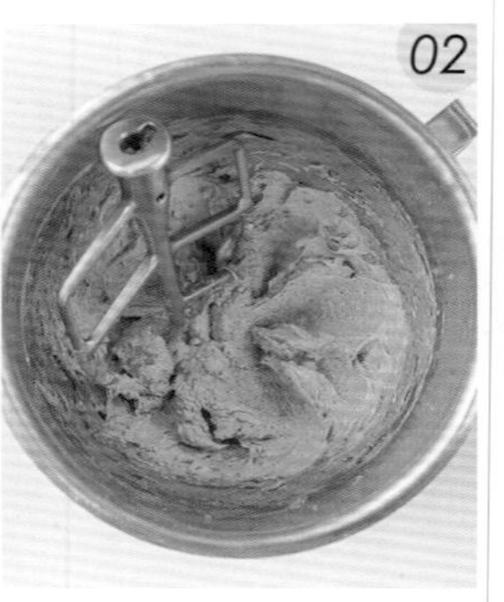

分次加入全蛋，攪拌至油脂和蛋液乳化完全。

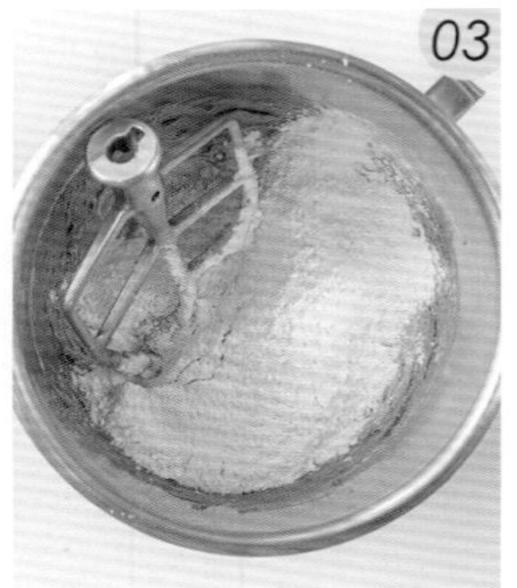

接著，加入過篩的低筋麵粉、法國粉、泡打粉。

將材料再次攪打均勻。

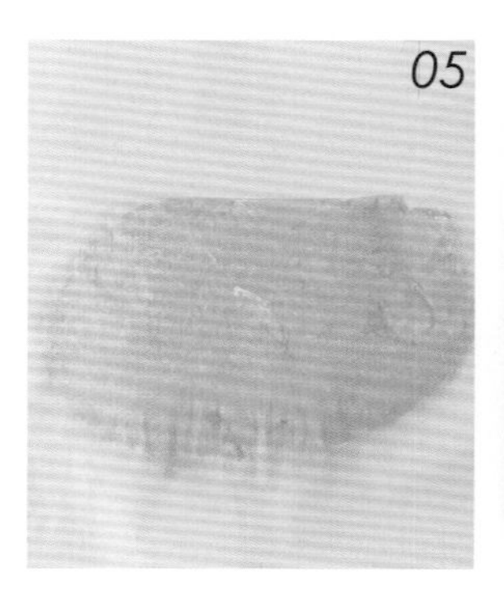

將麵團以烘焙紙包覆，略微整型，放入冰箱冷藏約 1 小時至變硬。

牛奶白巧克力餡
將動物性鮮奶油、砂糖、鹽放入鍋中煮沸並拌勻。

加入白巧克力中拌勻。

攪拌至巧克力融化。

TIPS
若鮮奶油不夠融化巧克力，需隔水加熱攪拌到融化。

再加入奶油乳酪拌勻後，裝入擠花袋中。

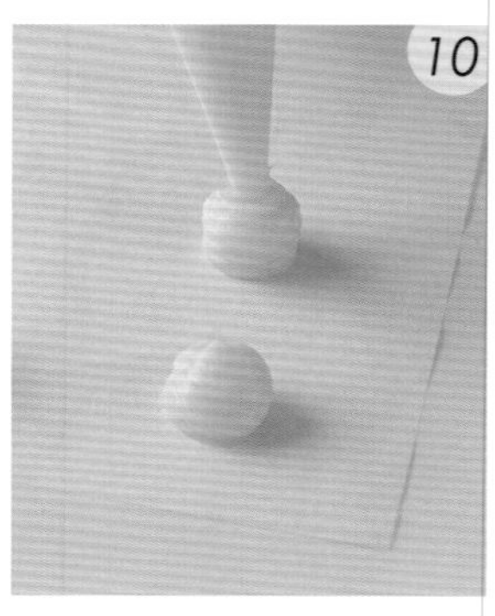

在烘焙紙上，擠成 5 公克的球狀內餡。

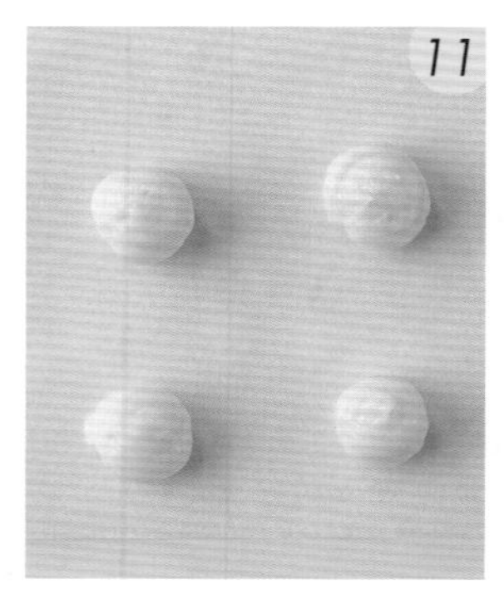

放入冰箱冷凍 1 小時。

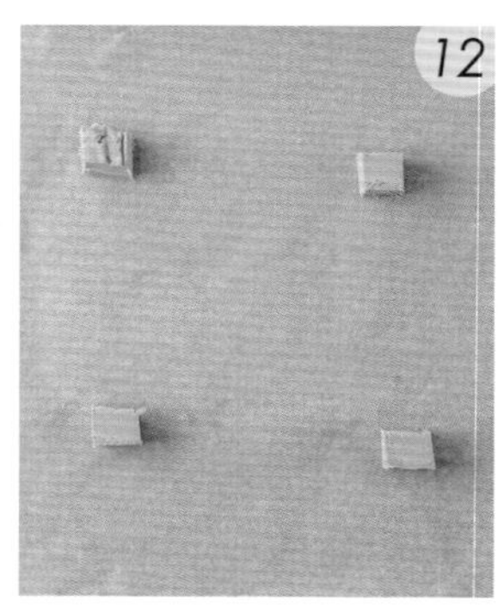

包餡
將冰過的餅乾麵團，分割成 20 公克的小麵團。

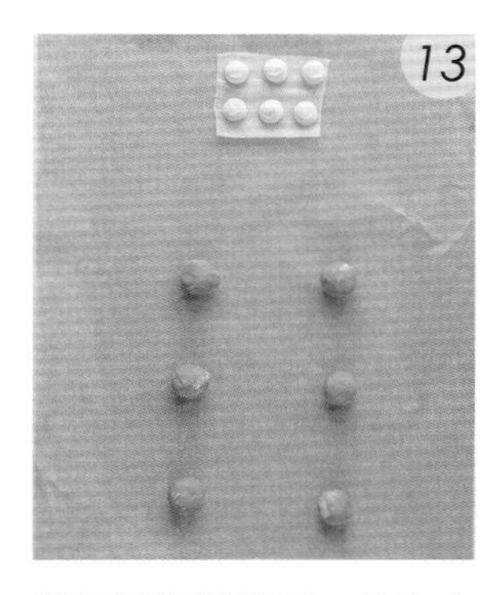

將麵團搓圓備用。並取出冷凍過的內餡。

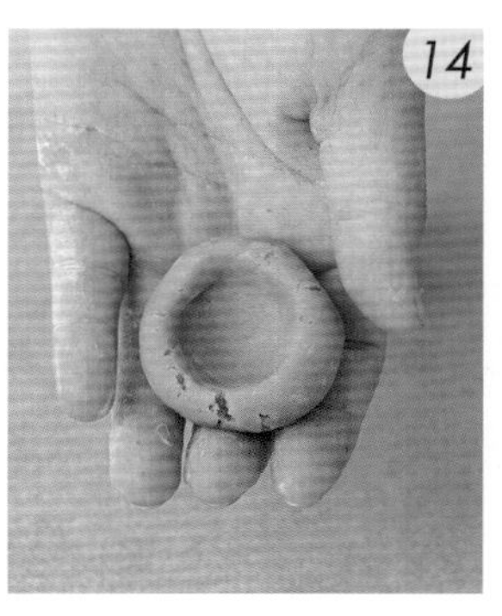

取一個麵團，將中間壓成凹狀。

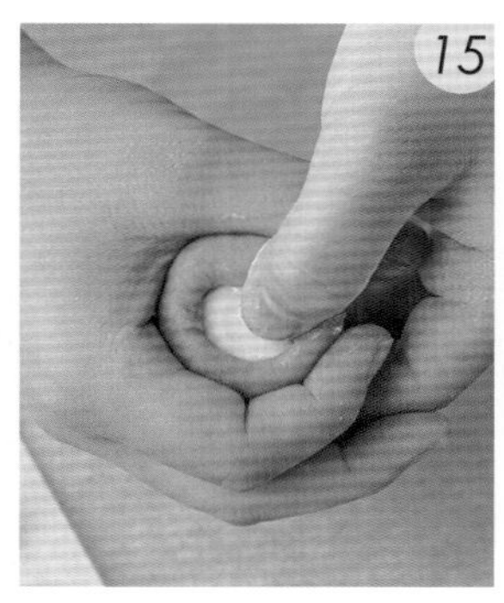

放入一顆內餡，用虎口一手握住麵團，另一手拇指將內餡壓入。

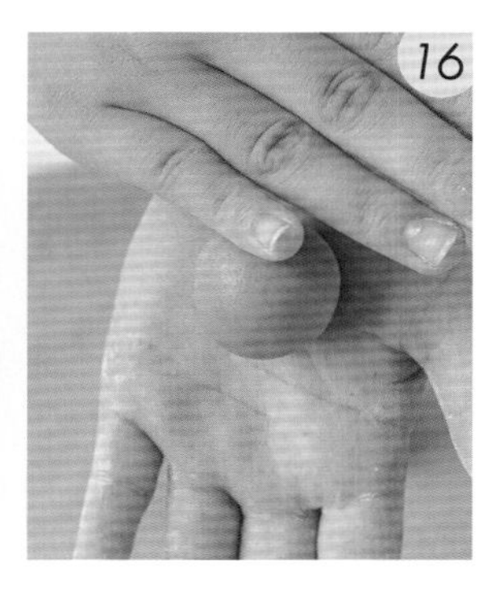

收口並緊密包裹後，將麵團滾圓。

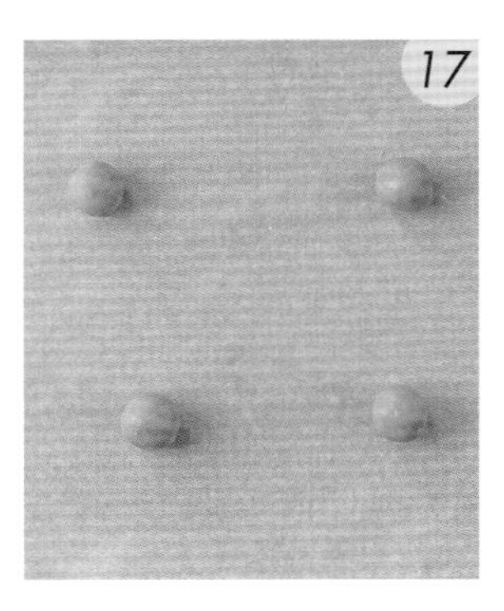

將所有麵團包入內餡後，放入事先鋪好烘焙紙的烤盤中。再放入冰箱，冷凍20分鐘。

取出後，在表面撒上少許粗海鹽。

烤箱以上火180℃、下火150℃預熱後，將烤盤放入，再以上火180℃、不開下火烘烤24分鐘。

取出、放涼即完成。

TIPS

包餡餅乾的烤溫會略低一點，避免餡料焦掉。營業用烤箱不用開下火（通常餡料會靠近底部，容易燒焦），家用小烤箱則建議以均溫150-160℃烘烤即可。

LOEWE

伯爵紅茶包餡餅乾

難易度 ★★★★

茶和巧克力的組合時常用在各甜點中，
無論是操作性還是味道都沒得挑剔。
其中伯爵紅茶更是歷久彌新的口味代表，
咬下後飽滿的爆餡茶香衝擊而來，
簡單的餅乾也能有驚豔的豐富表現。

Servings 片數	Temperature 溫度	Baking Time 烘烤時間
24 片 （分割 20g / 片）	預熱： 上火 180℃ / 下火 150℃ 烘烤： 上火 180℃ / 不開下火	24 分鐘

材料 Ingredients

伯爵餅乾

無鹽奶油	120g	全蛋	55g
糖粉	100g	低筋麵粉	100g
伯爵茶粉	10g	法國粉	100g
鹽	1g	泡打粉	2g

伯爵巧克力餡

動物性鮮奶油	35g
伯爵茶粉	2g
牛奶巧克力	100g

裝飾

伯爵茶粉	適量

麵團總重 488g

製作步驟
How to make

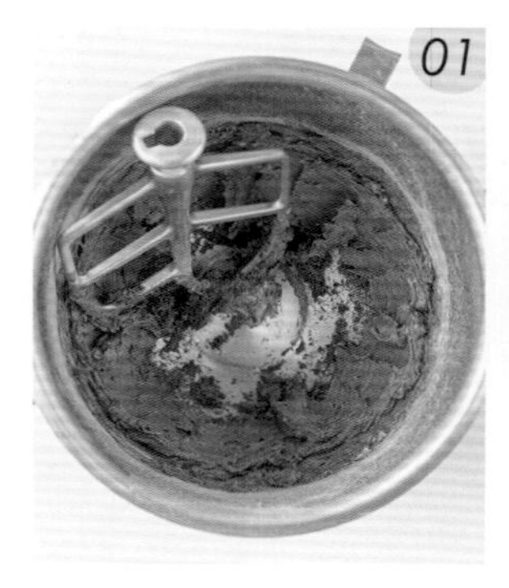

伯爵餅乾麵團
將軟化無鹽奶油與糖粉、伯爵茶粉、鹽攪拌均勻。

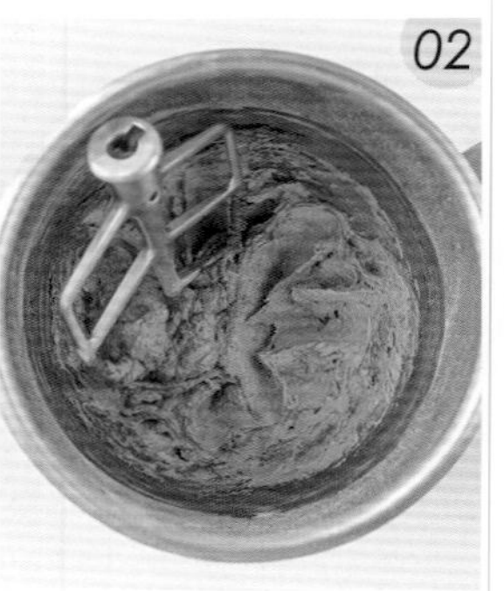

分次加入全蛋，攪拌至油脂和蛋液乳化完全。

接著，加入過篩的低筋麵粉、法國粉、泡打粉。

將材料再次攪打均勻。

將麵團以烘焙紙包覆，略微整型，放入冰箱冷藏約 1 小時至變硬。

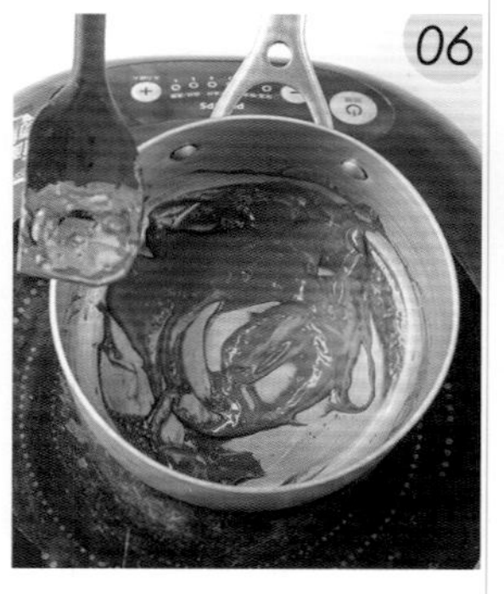

伯爵巧克力餡
將動物性鮮奶油、伯爵茶粉放入鍋中煮沸並拌勻。

加入牛奶巧克力中拌勻。

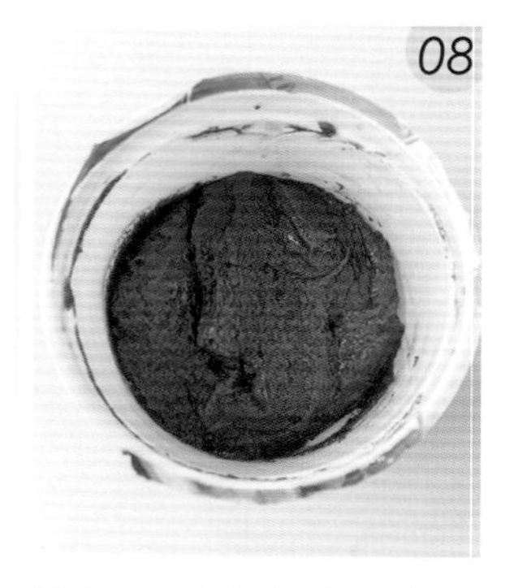

攪拌至巧克力均勻融化後，裝入擠花袋中。

TIPS
若鮮奶油不夠融化巧克力，需隔水加熱攪拌到融化。

在烘焙紙上，擠成 5 公克的球狀內餡。

放入冰箱冷凍 1 小時。

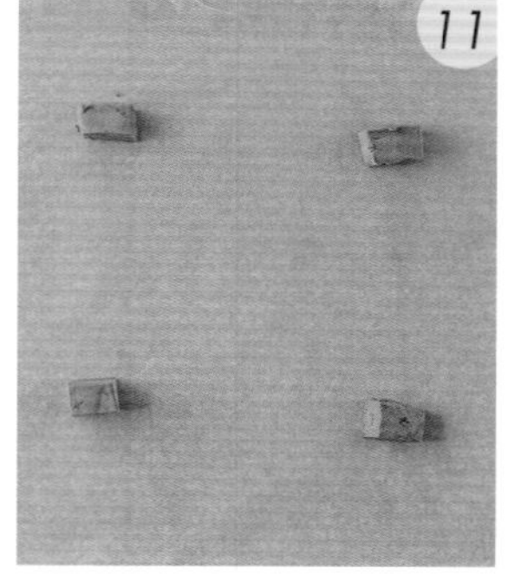

包餡
將冰過的餅乾麵團，分割成 20 公克的小麵團。

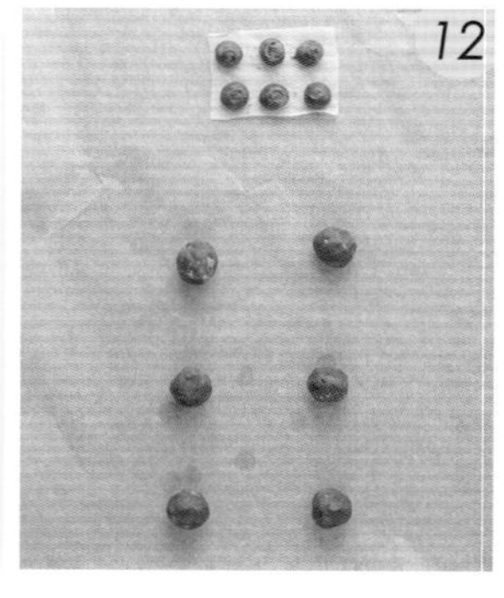

將麵團搓圓備用。並取出冷凍過的內餡。

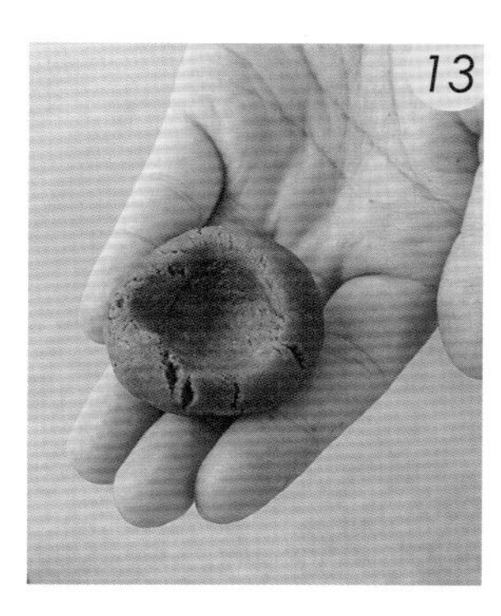

取一個麵團，將中間壓成凹狀。

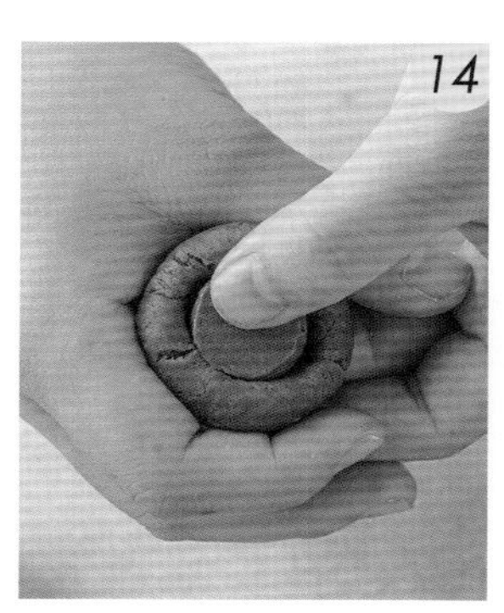

放入一顆內餡，用虎口一手握住麵團，另一手拇指將內餡壓入。

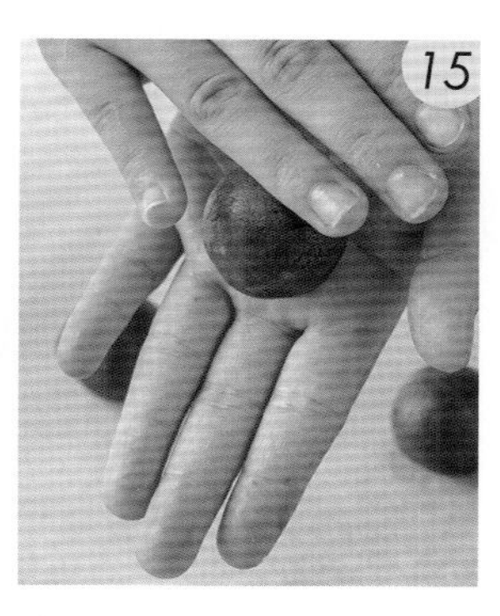

收口並緊密包裹後，將麵團滾圓。

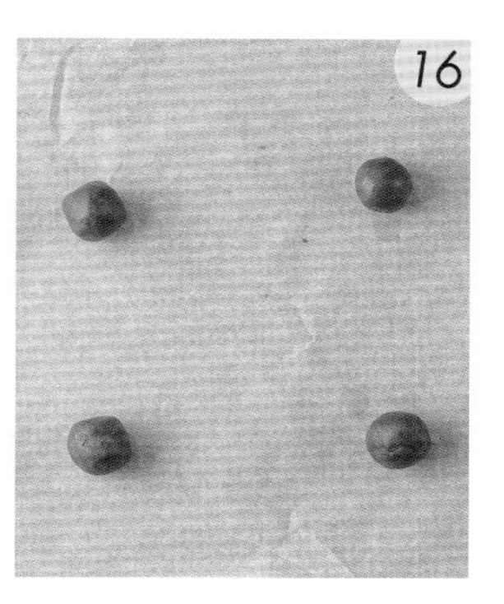

將所有麵團包入內餡後，放入事先鋪好烘焙紙的烤盤中。再放入冰箱，冷凍20分鐘。

烤箱以上火180℃、下火150℃預熱後，將烤盤放入，再以上火180℃、不開下火烘烤24分鐘。

待餅乾放涼，均勻篩上伯爵茶粉即完成。

TIPS

包餡餅乾的烤溫會略低一點，避免餡料焦掉。營業用烤箱不用開下火（通常餡料會靠近底部，容易燒焦），家用小烤箱則建議以均溫150-160℃烘烤即可。

GEOLOGY
10
WARNE

奶香檸檬包餡餅乾

難易度 ★★★★

在乳酪和白巧克力的濃郁奶香中，
加入檸檬大幅提升清爽感，
不膩口，又能感受到柑橘香氣，
是一款細緻高級的包餡餅乾，
即使多吃幾塊也不會感到負擔。

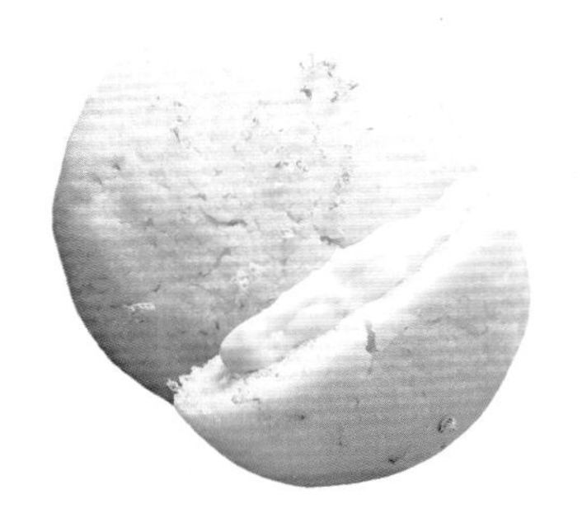

Servings 片數	Temperature 溫度	Baking Time 烘烤時間
25 片 （分割 20g / 片）	預熱： 上火 180℃ / 下火 150℃ 烘烤： 上火 180℃ / 不開下火	24 分鐘

材料 Ingredients

白巧克力餅乾

無鹽奶油	110g
糖粉	100g
鹽	1g
全蛋	55g
低筋麵粉	100g
法國粉	100g
泡打粉	2g
白巧克力（融化）	30g

檸檬白巧克力餡

動物性鮮奶油	25g
檸檬汁	13g
檸檬皮	2g
白巧克力	50g
奶油乳酪	50g

裝飾

檸檬皮	少許

麵團總重 498g

製作步驟
How to make

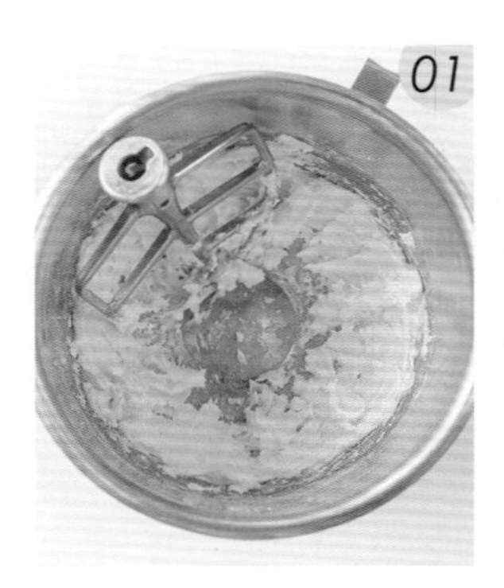

白巧克力餅乾麵團
將軟化無鹽奶油與糖粉、鹽攪拌均勻。

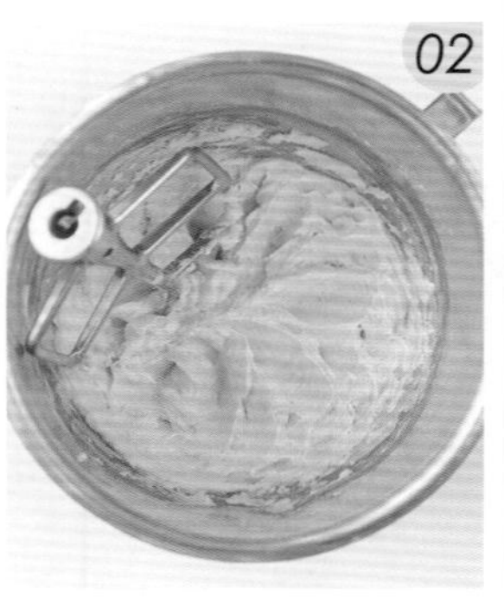

分次加入全蛋，攪拌至油脂和蛋液乳化完全。

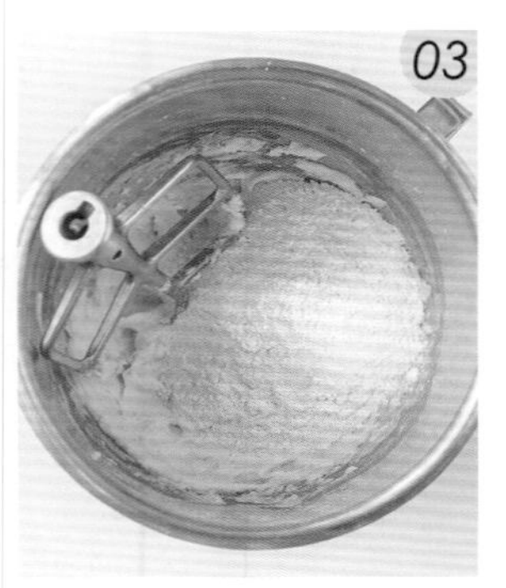

接著，加入過篩的低筋麵粉、法國粉、泡打粉。

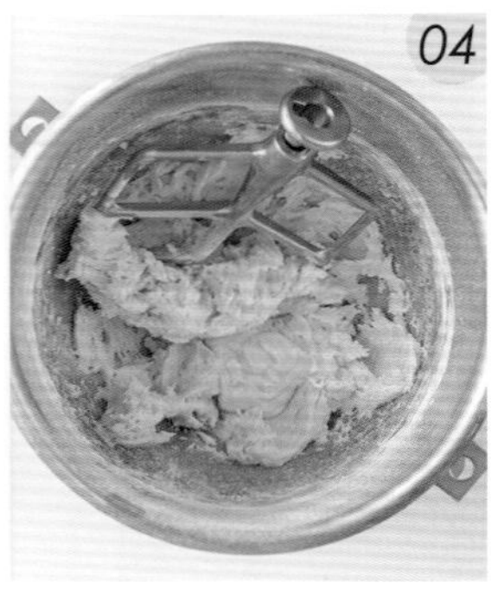

攪拌均勻後，加入隔水加熱融化的白巧克力。

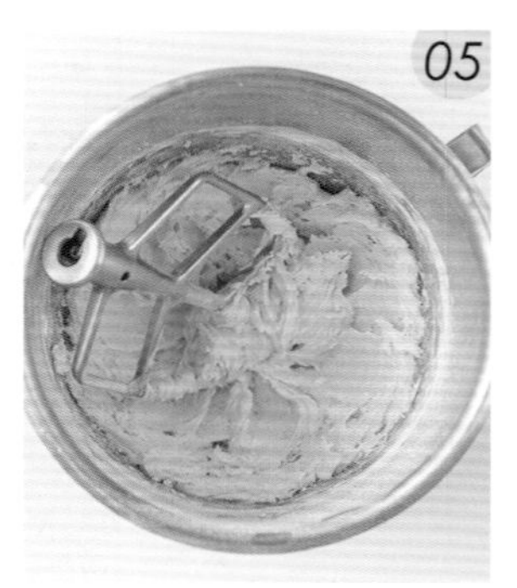

再次攪打均勻。

將麵團以烘焙紙包覆，略微整型，放入冰箱冷藏約 1 小時至變硬。

檸檬白巧克力餡
將動物性鮮奶油、檸檬汁放入鍋中煮沸並拌勻。

接著倒入白巧克力以及檸檬皮中。

攪拌至巧克力融化。

TIPS
若鮮奶油不夠融化巧克力，需隔水加熱攪拌到融化。

再加入奶油乳酪拌勻後，裝入擠花袋中。

在烘焙紙上，擠成 5 公克的球狀內餡。

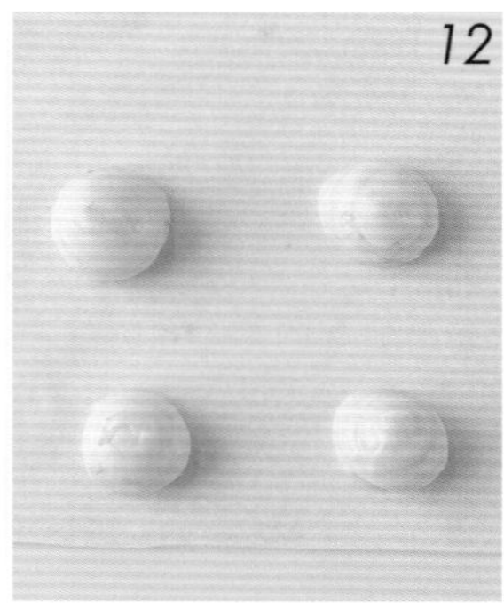

放入冰箱冷凍 1 小時。

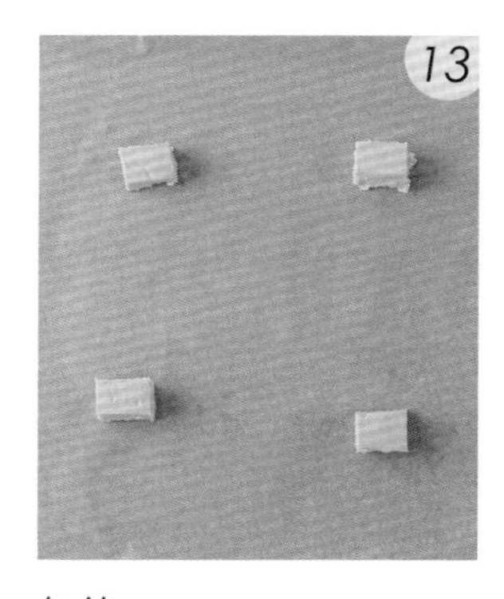

包餡
將冰過的餅乾麵團，分割成 20 公克的小麵團。

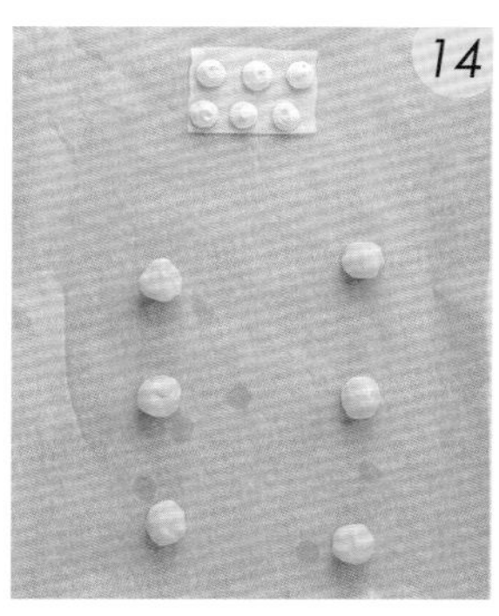

將麵團搓圓備用。並取出冷凍過的內餡。

取一個麵團，將中間壓成凹狀。

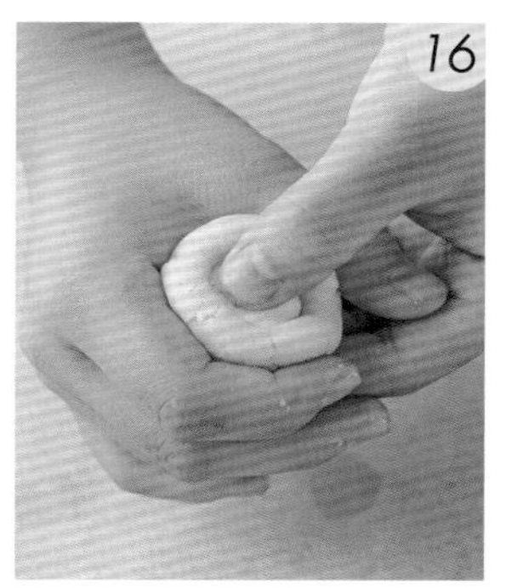

放入一顆內餡，用虎口一手握住麵團，另一手拇指將內餡壓入。

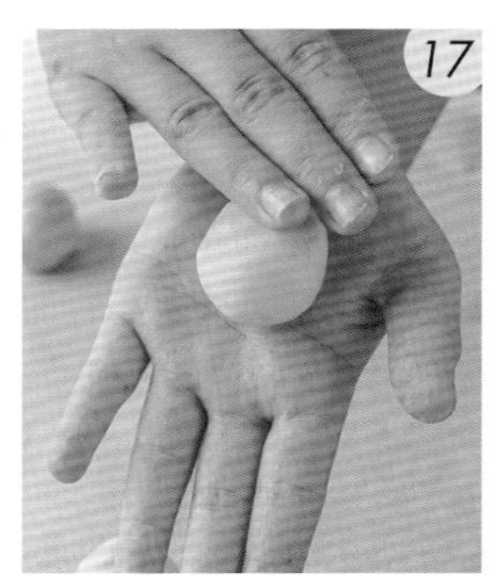

收口並緊密包裹後，將麵團滾圓。

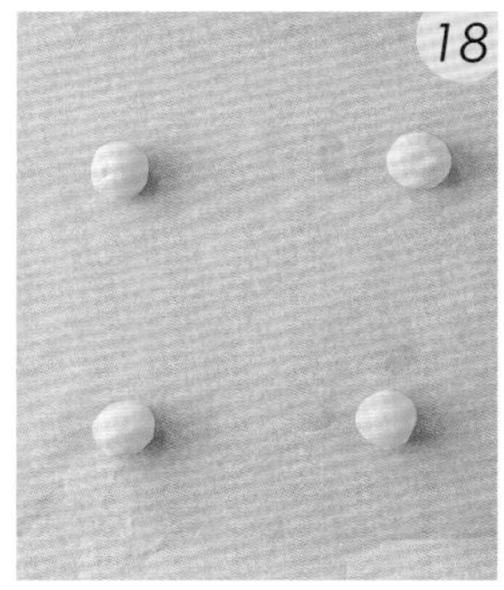

將所有麵團包入內餡後，放入事先鋪好烘焙紙的烤盤中。再放入冰箱，冷凍 20 分鐘。

烤箱以上火 180℃、下火 150℃預熱後，將烤盤放入，再以上火 180℃、不開下火烘烤 24 分鐘。

待餅乾放涼，在表面均勻撒上檸檬皮即完成。

TIPS
包餡餅乾的烤溫會略低一點，避免餡料焦掉。營業用烤箱不用開下火（通常餡料會靠近底部，容易燒焦），家用小烤箱則建議以均溫 150-160℃烘烤即可。

International 08
Mauris News
PENATI BUSET
MAIGNIS SAIRT
URIENT OITES
MAIGNIS SAIRT

草莓果醬餅乾

難易度 ★★★★

除了巧克力和奶油乳酪之外，
果醬也很適合用來烤包餡餅乾，
很推薦大家自己做配方中的快速果醬。
將果醬裝入擠花袋中再擠入麵團，
操作起來更順手也不容易失敗。

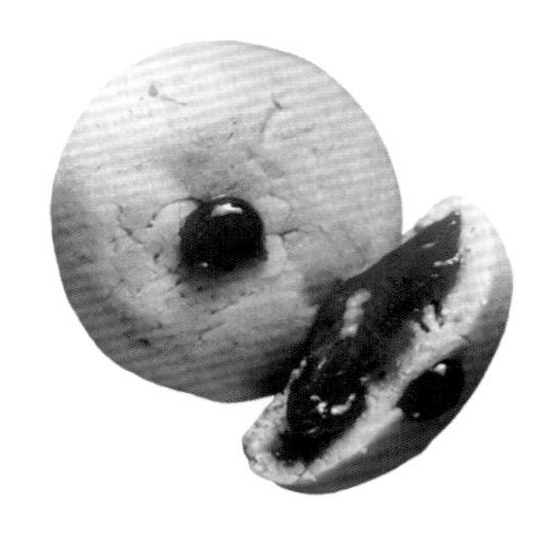

Servings 片數	Temperature 溫度	Baking Time 烘烤時間
28片 （分割20g / 片）	預熱： 上火180℃ / 下火150℃ 烘烤： 上火180℃ / 不開下火	24分鐘

材料 Ingredients

草莓餅乾

材料	份量
無鹽奶油	120g
糖粉	110g
鹽	1g
全蛋	55g
低筋麵粉	50g
法國粉	200g
泡打粉	2g
草莓果醬	30g

草莓果醬

材料	份量
新鮮草莓丁	100g
草莓果泥	100g
砂糖	120g
礦泉水	30g
玉米粉	5g

麵團總重 568g

製作步驟
How to make

草莓果醬
將新鮮草莓丁、草莓果泥、砂糖煮滾，加入混勻的玉米粉和水。

以中火熬煮至 118℃，即可熄火、冷卻。

TIPS
煮製果醬過程中要定期攪拌，以防黏底或燒焦。

草莓餅乾麵團
將軟化無鹽奶油與糖粉、鹽攪拌均勻。

分次加入全蛋，攪拌至油脂和蛋液乳化完全。

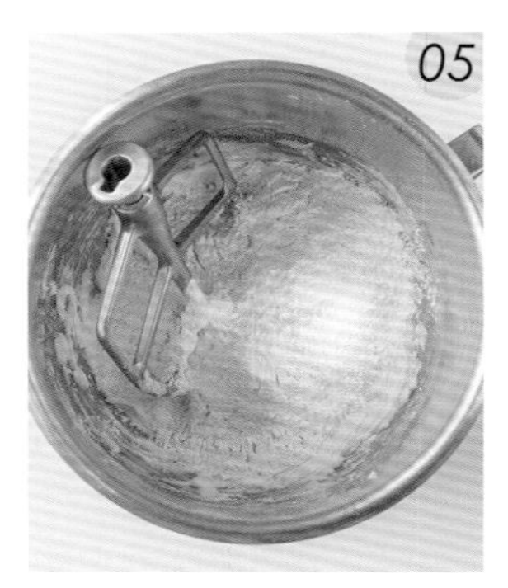

接著，加入過篩的低筋麵粉、法國粉、泡打粉。

充分攪拌均勻後，加入草莓果醬。

將材料再次攪打均勻。

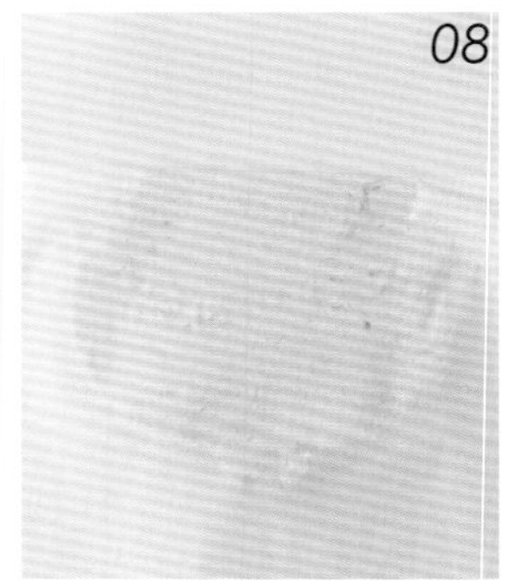

將麵團以烘焙紙包覆，略微整型，放入冰箱冷藏約 1 小時至變硬。

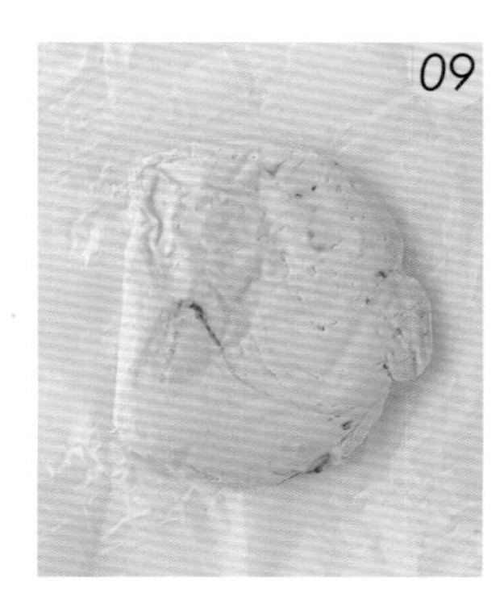

將冰過的麵團取出。

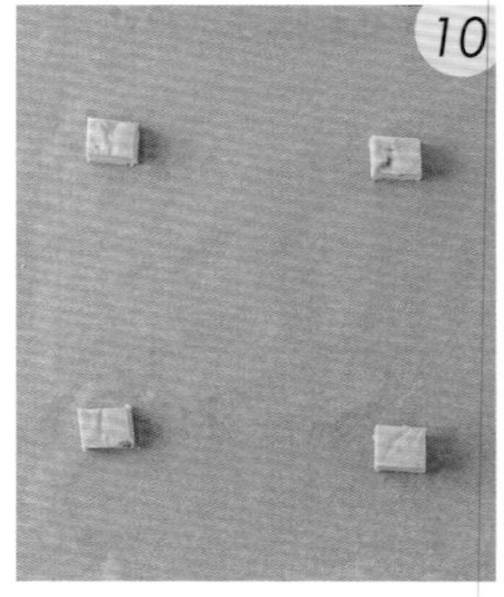

分割成 20 公克的小麵團後，搓圓備用。

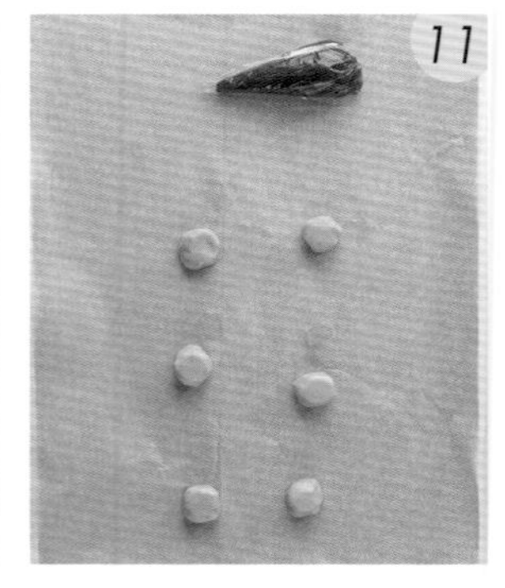

包餡
將草莓果醬裝入擠花袋中，並準備好餅乾麵團。

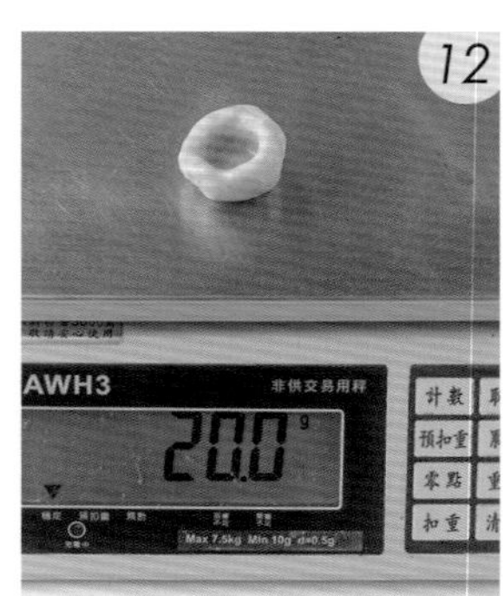

取一個麵團，將中間壓成凹狀，放在磅秤上。

擠入 5 公克的草莓果醬。

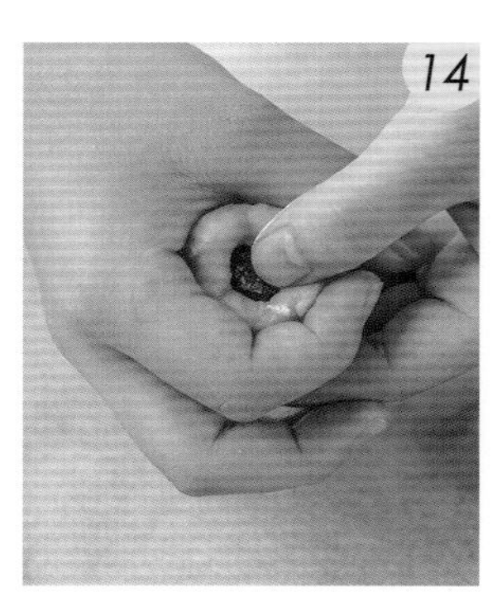

用虎口一手握住麵團，另一手拇指將收口收緊。

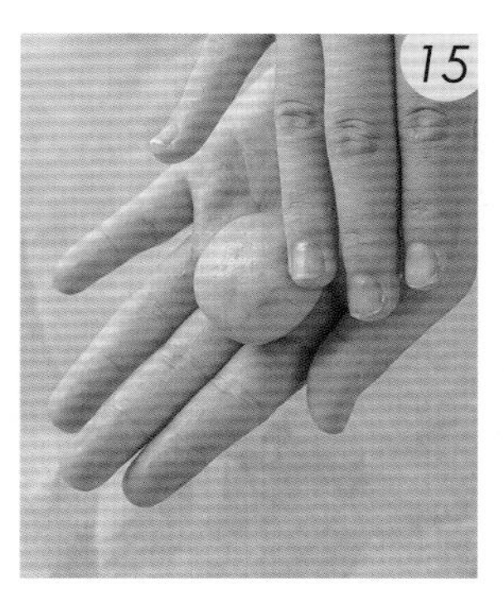

收口並緊密包裹後，將麵團滾圓。

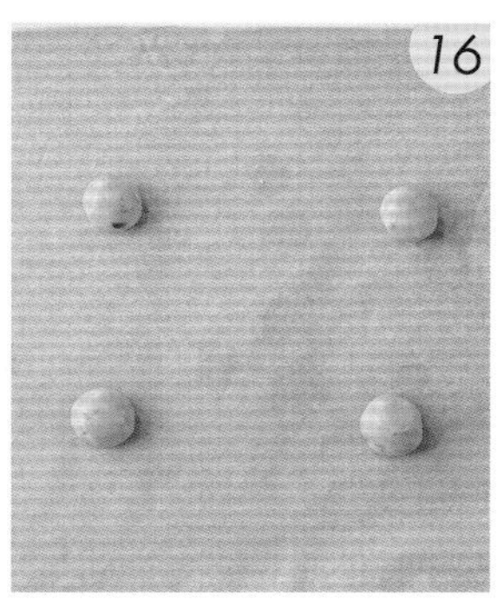

將所有麵團填入果醬後，放入事先鋪好烘焙紙的烤盤中。再放入冰箱，冷凍 20 分鐘。

烤箱以上火 180℃、下火 150℃預熱後，將烤盤放入，再以上火 180℃、不開下火烘烤 24 分鐘。

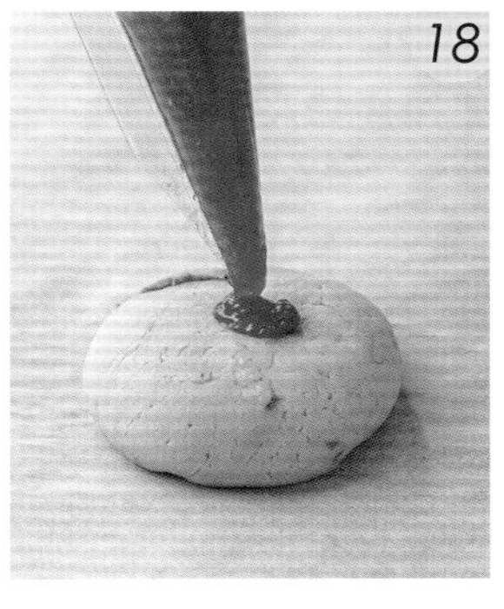

待餅乾放涼，上方擠上適量的草莓果醬即完成。

TIPS

包餡餅乾的烤溫會略低一點，避免餡料焦掉。營業用烤箱不用開下火（通常餡料會靠近底部，容易燒焦），家用小烤箱則建議以均溫 150-160℃烘烤即可。

覆盆子果醬餅乾

難易度 ★★★★

想要使用非產季或不是當地的水果，
例如保鮮期短、台灣較少見的覆盆子時，
冷凍產品也是另一個方便的選擇。
加入果泥一起製作的果醬，
會比單用水果更能表現出水果的風味。

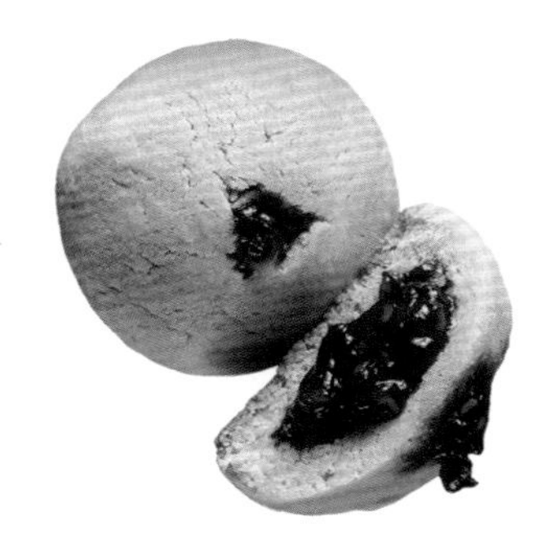

Servings 片數	Temperature 溫度	Baking Time 烘烤時間
28 片 （分割 20g / 片）	預熱： 上火 180℃ / 下火 150℃ 烘烤： 上火 180℃ / 不開下火	24 分鐘

材料 Ingredients

覆盆子餅乾

材料	份量
無鹽奶油	120g
糖粉	110g
鹽	1g
全蛋	55g
低筋麵粉	50g
法國粉	200g
泡打粉	2g
覆盆子果醬	30g

覆盆子果醬

材料	份量
冷凍覆盆子	100g
覆盆子果泥	100g
砂糖	120g
礦泉水	30g
玉米粉	5g

麵團總重 568g

製作步驟
How to make

01 **覆盆子果醬**
將冷凍覆盆子、覆盆子果泥、砂糖煮沸，加入混勻的玉米粉和水。

02 以中火熬煮至 118℃，即可熄火、冷卻。

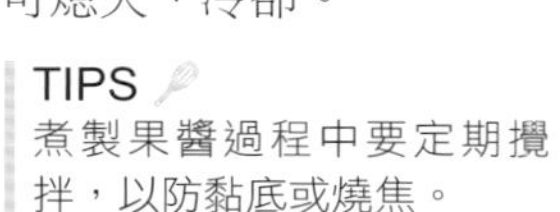

TIPS
煮製果醬過程中要定期攪拌，以防黏底或燒焦。

03 **覆盆子餅乾麵團**
將軟化無鹽奶油與糖粉、鹽攪拌均勻。

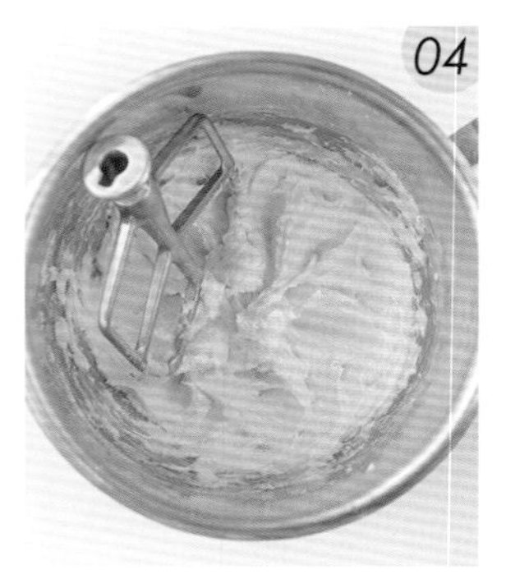

04 分次加入全蛋，攪拌至油脂和蛋液乳化完全。

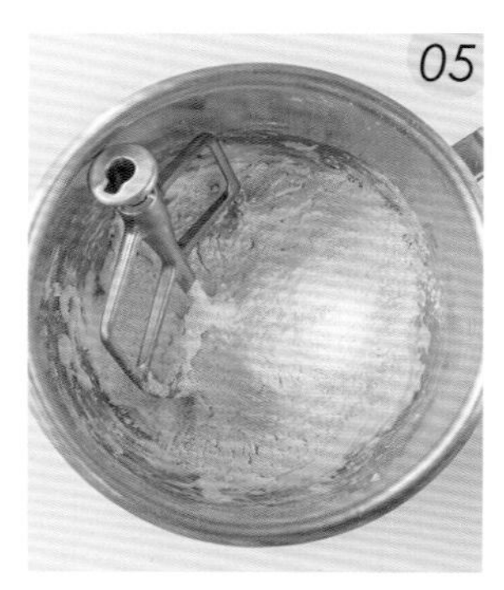

05 接著，加入過篩的低筋麵粉、法國粉、泡打粉。

06 攪拌均勻後，加入覆盆子果醬。

07 將材料再次攪打均勻。

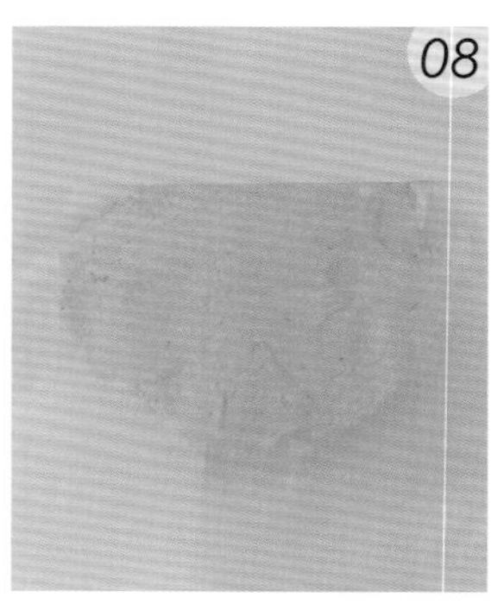

08 將麵團以烘焙紙包覆，略微整型，放入冰箱冷藏約 1 小時至變硬。

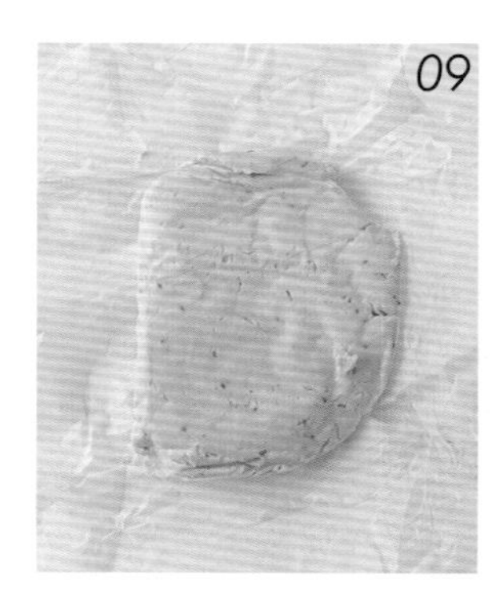

09 將冰過的麵團取出。

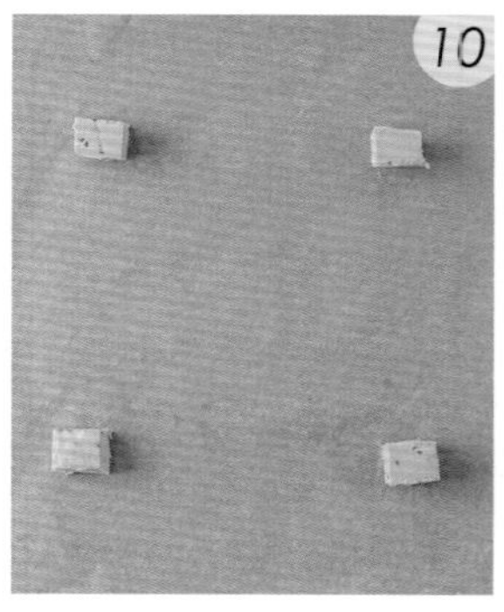

10 分割成 20 公克的小麵團後，搓圓備用。

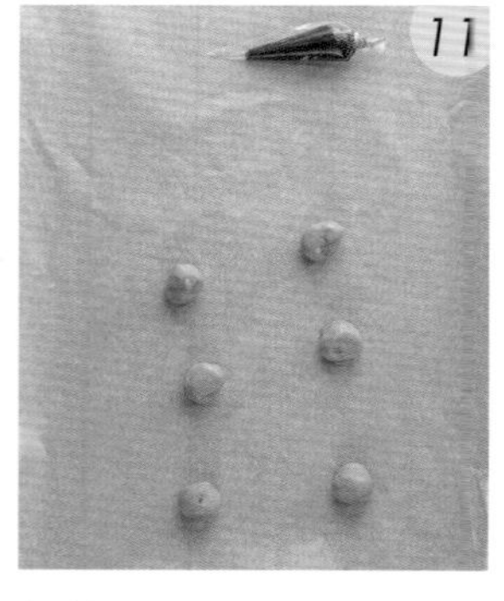

11 **包餡**
將覆盆子果醬裝入擠花袋中，並準備好餅乾麵團。

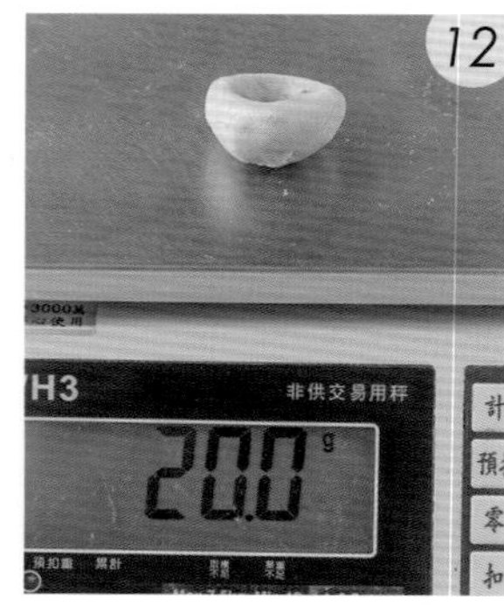

12 取一個麵團，將中間壓成凹狀，放在磅秤上。

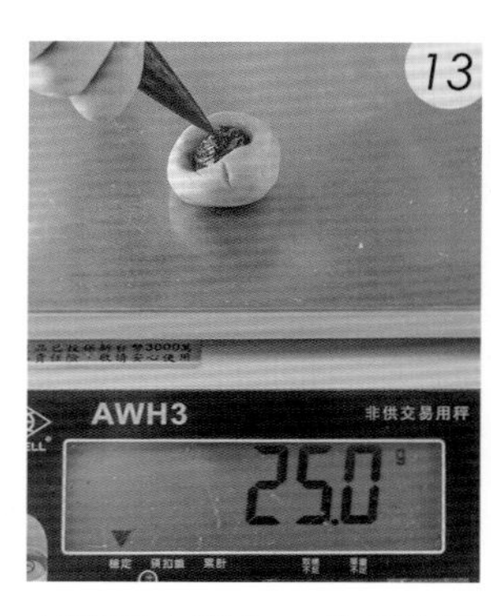

在凹洞中擠入 5 公克的覆盆子果醬。

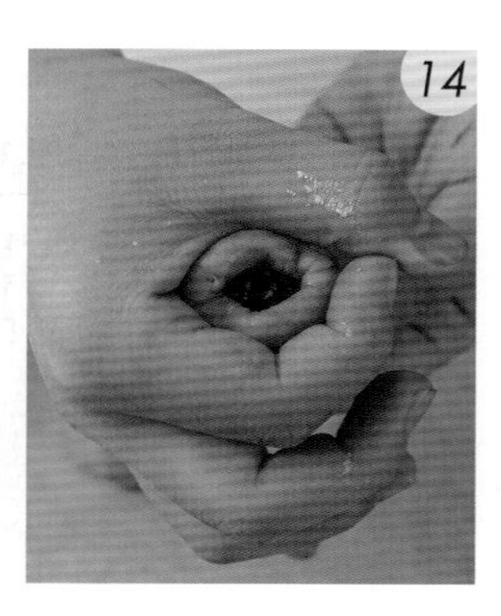

用虎口一手握住麵團，另一手拇指將收口收緊。

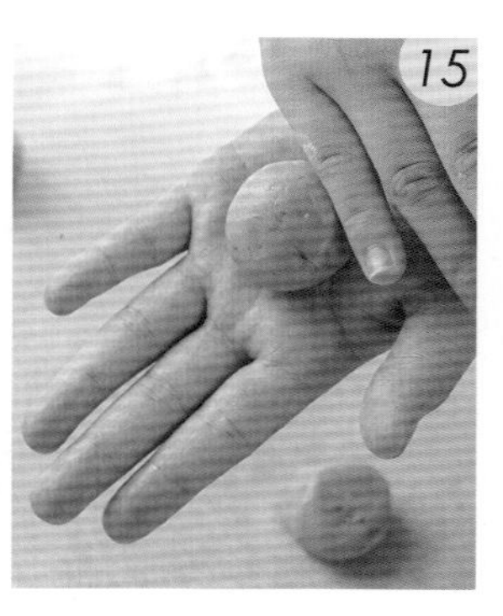

收口並緊密包裹後，將麵團滾圓。

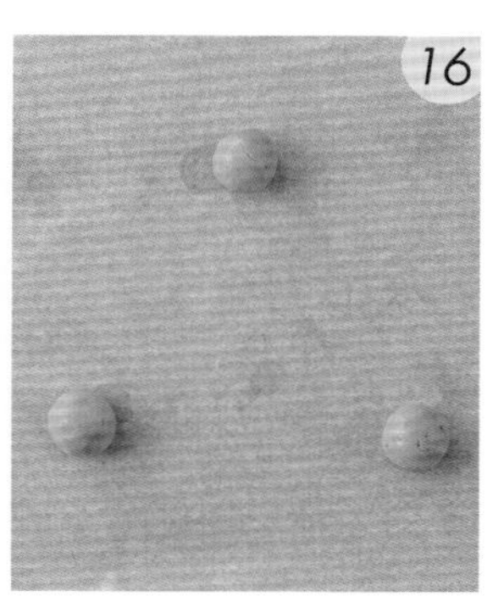

將所有麵團填入果醬後，放入事先鋪好烘焙紙的烤盤中。再放入冰箱，冷凍 20 分鐘。

烤箱以上火 180℃、下火 150℃預熱後，將烤盤放入，再以上火 180℃、不開下火烘烤 24 分鐘。

待餅乾放涼後，上方擠上適量覆盆子果醬即完成。

TIPS

包餡餅乾的烤溫會略低一點，避免餡料焦掉。營業用烤箱不用開下火（通常餡料會靠近底部，容易燒焦），家用小烤箱則建議以均溫 150-160℃烘烤即可。

芒果果醬餅乾

難易度 ★★★★

包餡餅乾的一大迷人之處，
就是口感上可以有更多的變化性。
例如這款餅乾中刻意保留的芒果丁，
能夠在餅乾的酥脆、果醬的濃稠之外，
另外增加芒果獨有的細緻纖維感。

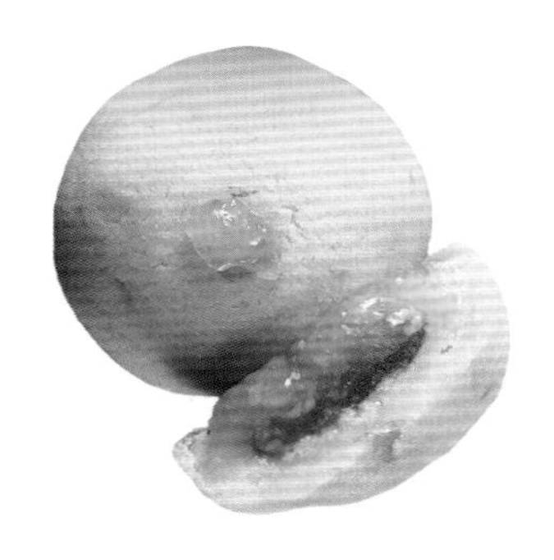

Servings 片數	Temperature 溫度	Baking Time 烘烤時間
28 片 （分割 20g / 片）	預熱： 上火 180℃ / 下火 150℃ 烘烤： 上火 180℃ / 不開下火	24 分鐘

材料 Ingredients

芒果餅乾

材料	份量
無鹽奶油	120g
糖粉	110g
鹽	1g
全蛋	55g
低筋麵粉	50g
法國粉	200g
泡打粉	2g
芒果果醬	30g

芒果果醬

材料	份量
冷凍芒果丁	100g
芒果果泥	100g
砂糖	120g
礦泉水	30g
玉米粉	5g

麵團總重 568g

製作步驟
How to make

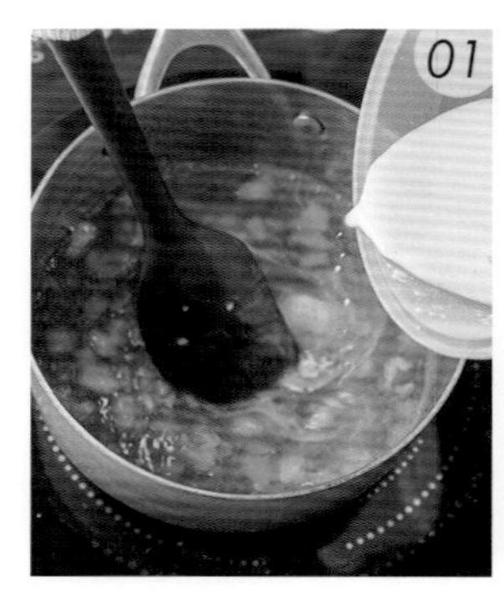

芒果果醬
將冷凍芒果丁、芒果果泥、砂糖煮滾，加入混勻的玉米粉和水。

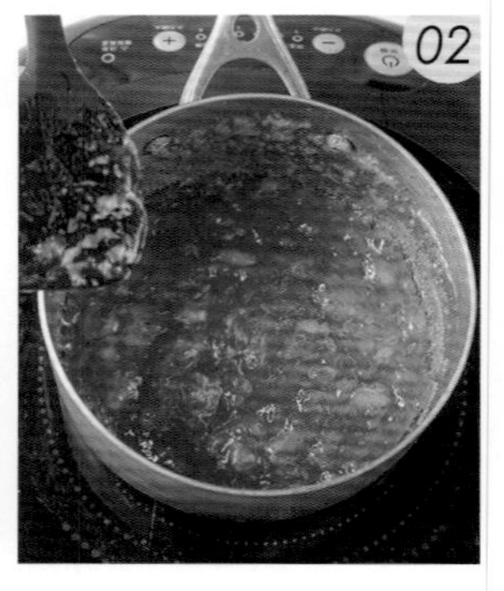

以中火熬煮至 118℃，即可熄火、冷卻。

TIPS
煮製果醬過程中要定期攪拌，以防黏底或燒焦。

芒果餅乾麵團
將軟化無鹽奶油與糖粉、鹽攪拌均勻。

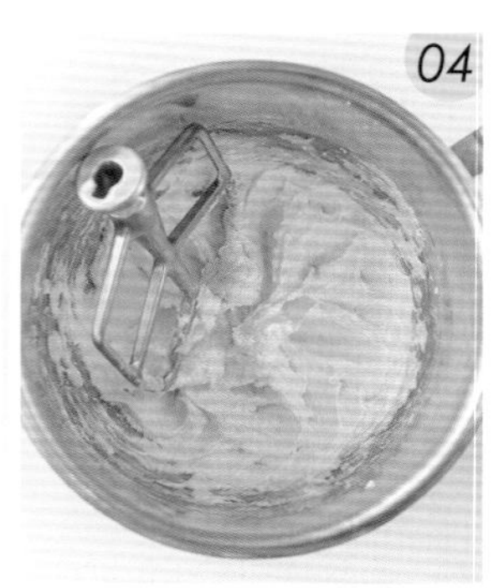

分次加入全蛋，攪拌至油脂和蛋液乳化完全。

接著，加入過篩的低筋麵粉、法國粉、泡打粉。

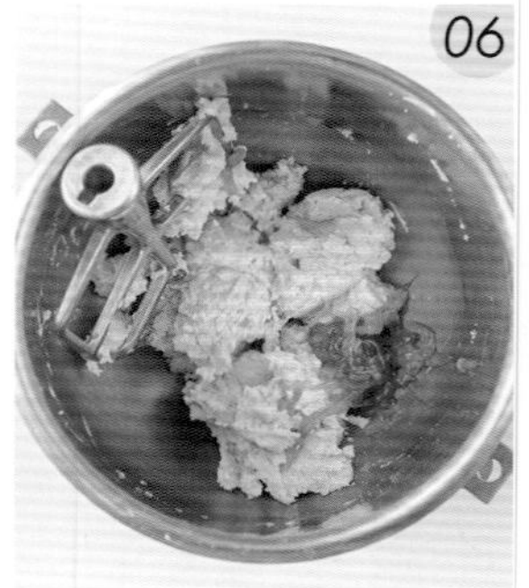

充分攪拌均勻後，加入芒果果醬。

將材料再次攪打均勻。

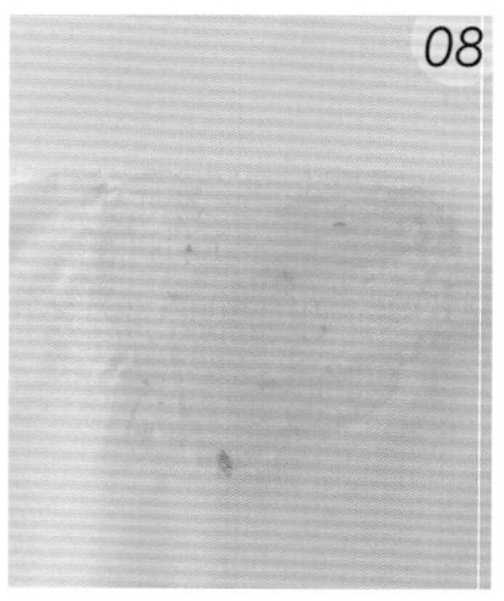

將麵團以烘焙紙包覆，略微整型，放入冰箱冷藏約 1 小時至變硬。

將冰過的麵團取出。

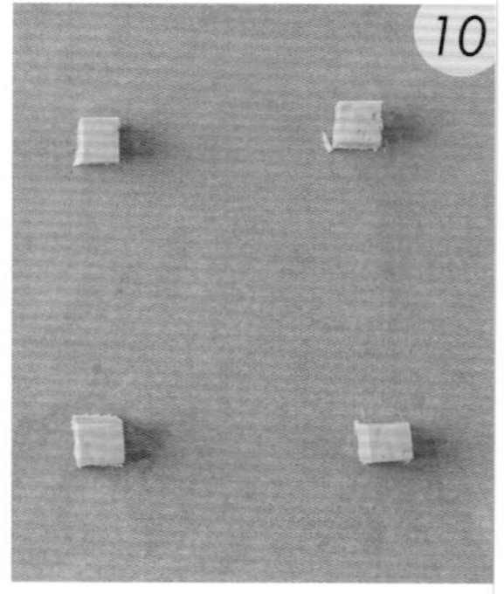

分割成 20 公克的小麵團後，搓圓備用。

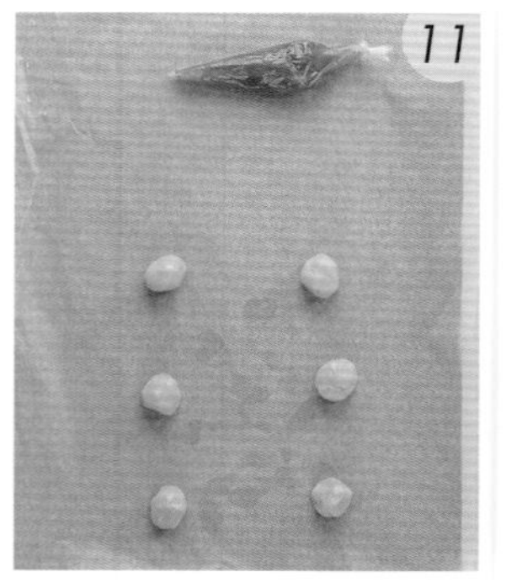

包餡
將芒果果醬裝入擠花袋中，並準備好餅乾麵團。

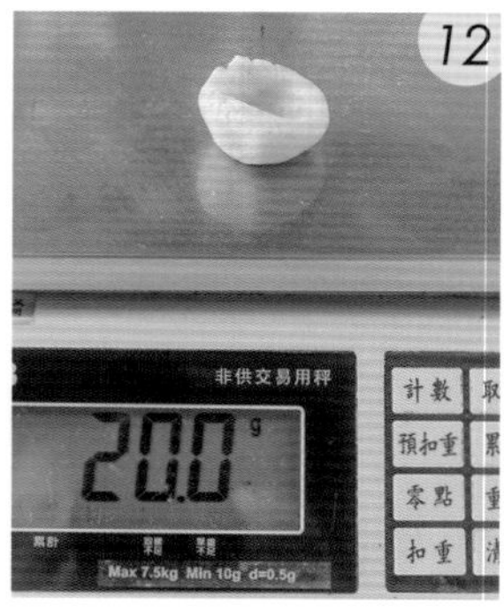

取一個麵團，將中間壓成凹狀，放在磅秤上。

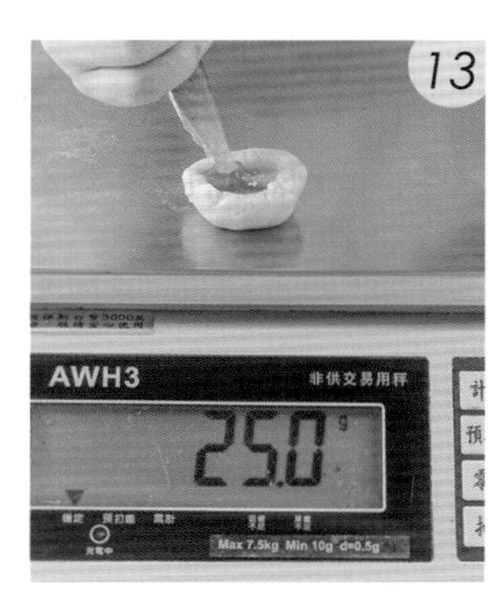

在凹洞中擠入 5 公克的芒果果醬。

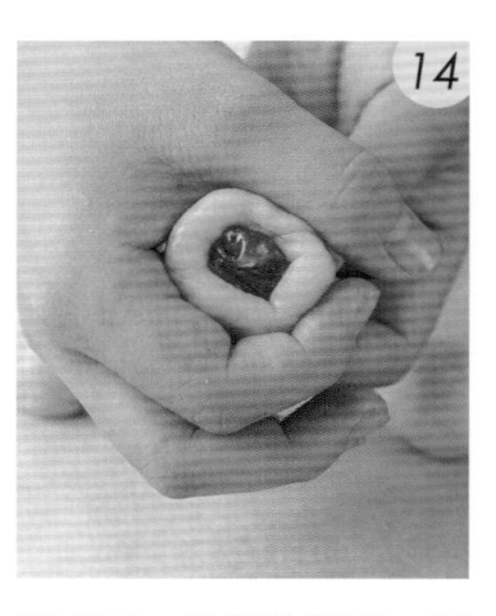

用虎口一手握住麵團，另一手拇指將收口收緊。

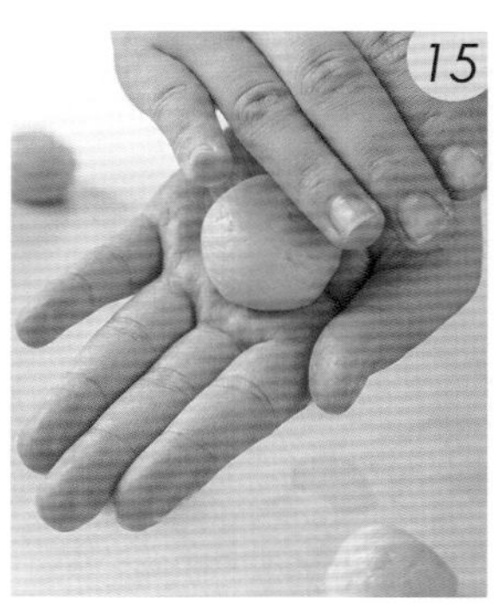

收口並緊密包裹後，將麵團滾圓。

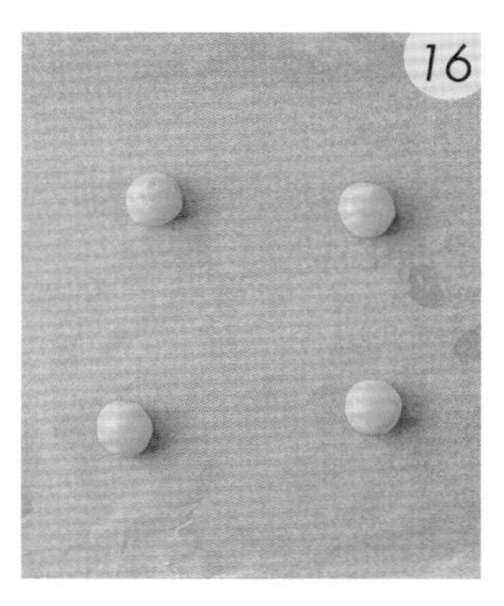

將所有麵團填入果醬後，放入事先鋪好烘焙紙的烤盤中。再放入冰箱，冷凍 20 分鐘。

烤箱以上火 180℃、下火 150℃預熱後，將烤盤放入，再以上火 180℃、不開下火烘烤 24 分鐘。

待餅乾放涼，上方擠上適量的芒果果醬即完成。

TIPS

包餡餅乾的烤溫會略低一點，避免餡料焦掉。營業用烤箱不用開下火（通常餡料會靠近底部，容易燒焦），家用小烤箱則建議以均溫 150-160℃烘烤即可。

香橙果醬餅乾

難易度 ★★★★

柑橘和莓果的酸甜完全不同，
但同樣都適合做成果醬。
以不同水果的果醬製作包餡餅乾，
能夠簡單又快速變化多樣風味，
無論自家吃或販售都能常保新意！

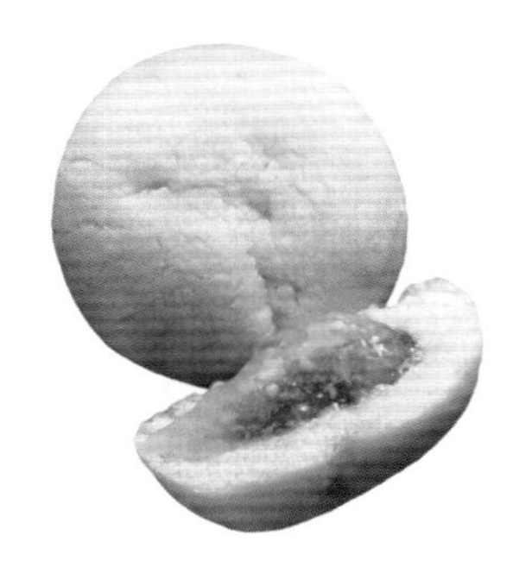

Servings 片數	Temperature 溫度	Baking Time 烘烤時間
28 片 （分割 20g / 片）	預熱： 上火 180℃ / 下火 150℃ 烘烤： 上火 180℃ / 不開下火	24 分鐘

材料 Ingredients

香橙餅乾

無鹽奶油	120g
糖粉	110g
鹽	1g
全蛋	55g
低筋麵粉	50g
法國粉	200g
泡打粉	2g
香橙果醬	30g

香橙果醬

香吉士果肉	120g
冷凍柳橙果泥	100g
砂糖	120g
礦泉水	30g
玉米粉	7g

麵團總重 568g

製作步驟
How to make

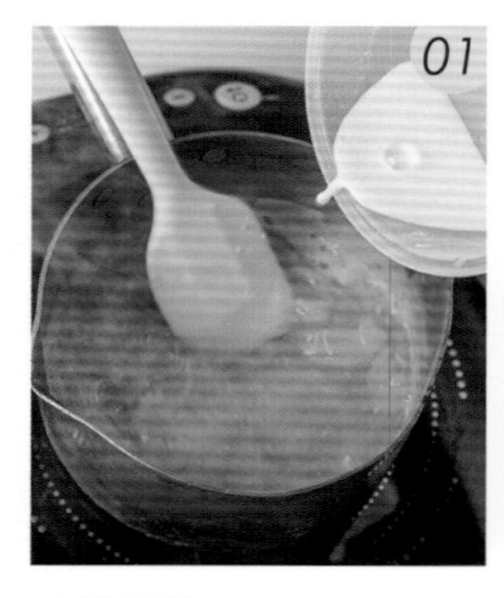

香橙果醬
將香吉士果肉、冷凍柳橙果泥、砂糖煮滾，加入混勻的玉米粉和水。

以中火熬煮至 118℃，即可熄火、冷卻。

TIPS 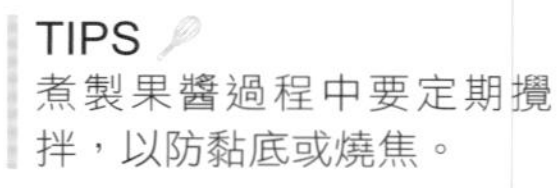
煮製果醬過程中要定期攪拌，以防黏底或燒焦。

香橙餅乾麵團
將軟化無鹽奶油與糖粉、鹽攪拌均勻。

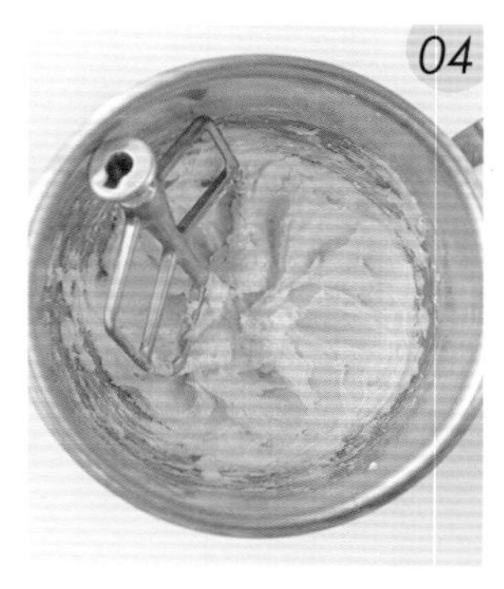

分次加入全蛋，攪拌至油脂和蛋液乳化完全。

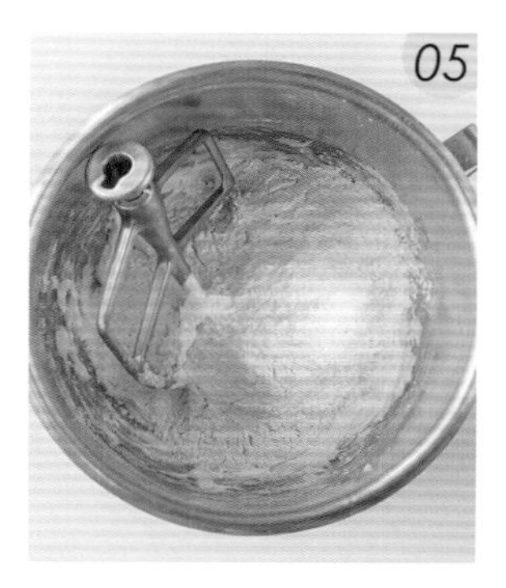

接著，加入過篩的低筋麵粉、法國粉、泡打粉。

充分攪打均勻後，加入香橙果醬。

將材料再次攪打均勻。

將麵團以烘焙紙包覆，略微整型，放入冰箱冷藏約 1 小時至變硬。

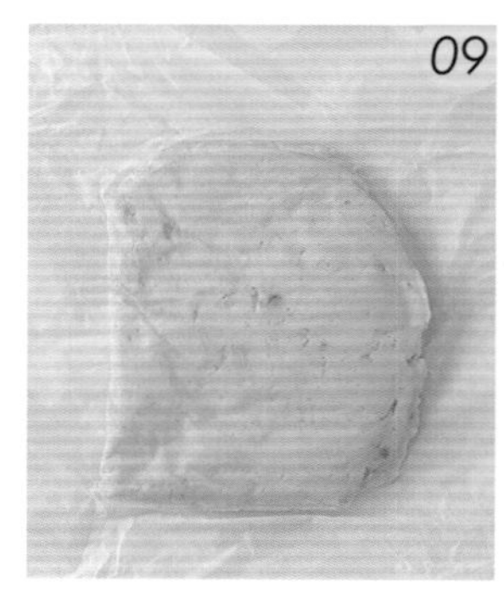

將冰過的麵團取出。

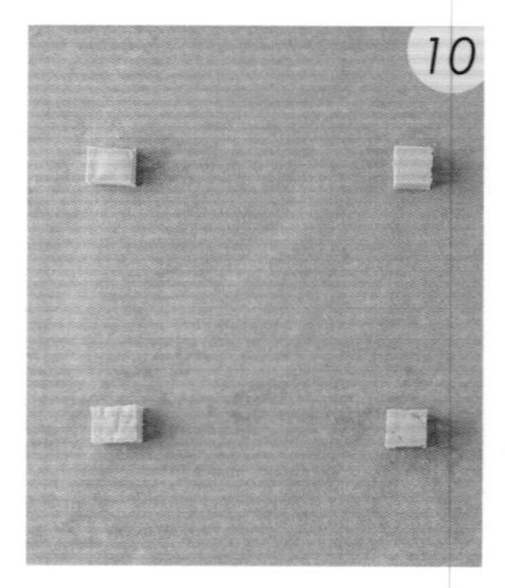

分割成 20 公克的小麵團後，搓圓備用。

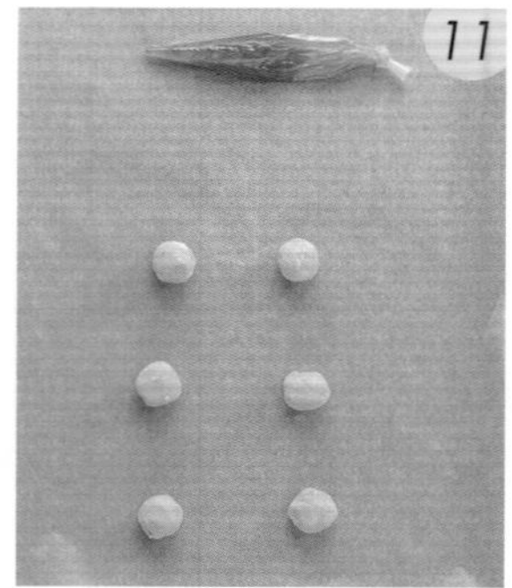

包餡
將香橙果醬裝入擠花袋中，並準備好餅乾麵團。

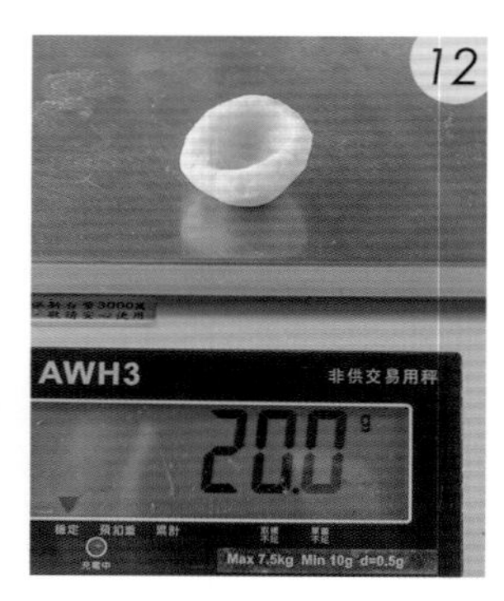

取一個麵團，將中間壓成凹狀，放在磅秤上。

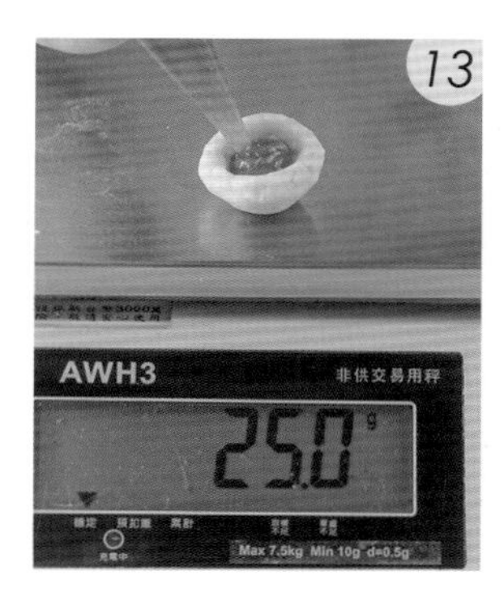

在凹洞中擠入 5 公克的香橙果醬。

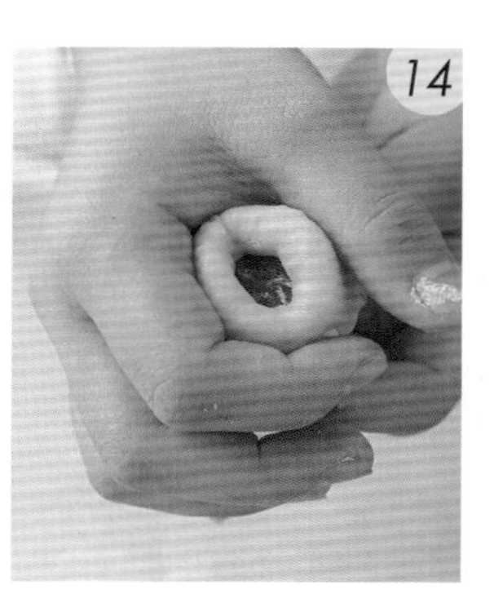

用虎口一手握住麵團，另一手拇指將收口收緊。

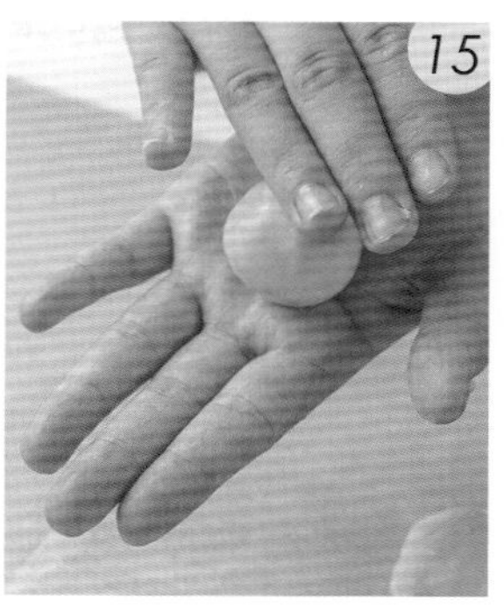

收口並緊密包裹後，將麵團滾圓。

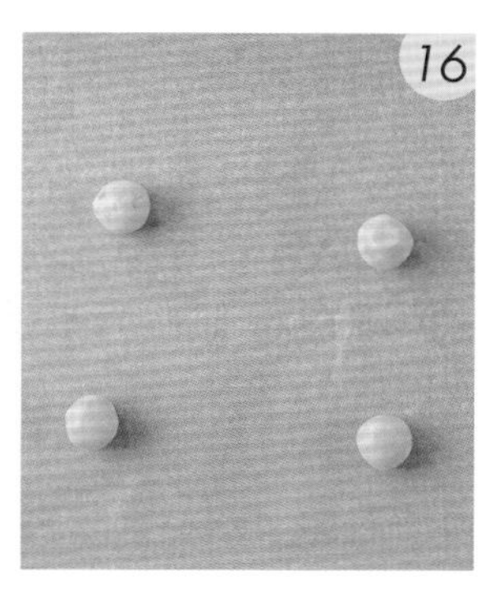

將所有麵團填入果醬後，放入事先鋪好烘焙紙的烤盤中。再放入冰箱，冷凍 20 分鐘。

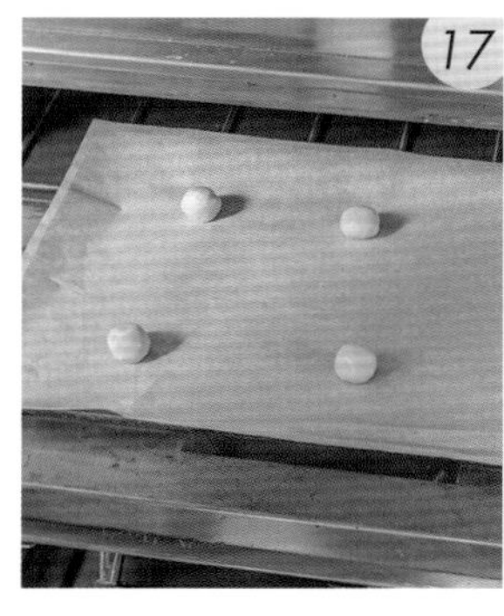

烤箱以上火 180℃、下火 150℃預熱後，將烤盤放入，再以上火 180℃、不開下火烘烤 24 分鐘。

取出、放涼即完成。

TIPS

包餡餅乾的烤溫會略低一點，避免餡料焦掉。營業用烤箱不用開下火（通常餡料會靠近底部，容易燒焦），家用小烤箱則建議以均溫 150-160℃烘烤即可。

Quatre fois sept =
COOLUS

藍莓果醬餅乾

難易度 ★★★★

藍莓不僅具有獨特的風味，
能夠帶來天然食材少見的色彩，
和其他食材的搭配性也很高。
做成餅乾後的顏色會變淡很多，
呈現漂亮夢幻的淺紫色。

Servings 片數	Temperature 溫度	Baking Time 烘烤時間
28 片 （分割 20g / 片）	預熱： 上火 180℃ / 下火 150℃ 烘烤： 上火 180℃ / 不開下火	24 分鐘

材料 Ingredients

藍莓餅乾

無鹽奶油	120g
糖粉	110g
鹽	1g
全蛋	55g
低筋麵粉	50g
法國粉	200g
泡打粉	2g
藍莓果醬	30g

藍莓果醬

冷凍藍莓粒	100g
藍莓果泥	100g
砂糖	120g
礦泉水	30g
玉米粉	5g

麵團總重 568g

製作步驟
How to make

藍莓果醬
將冷凍藍莓粒、藍莓果泥、砂糖煮滾，加入混勻的玉米粉和水。

以中火熬煮至 118℃，即可熄火、冷卻。

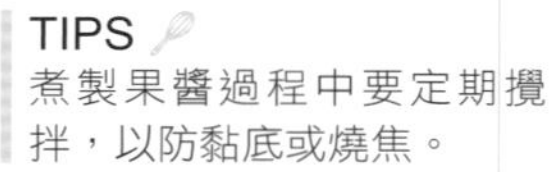

TIPS
煮製果醬過程中要定期攪拌，以防黏底或燒焦。

藍莓餅乾麵團
將軟化無鹽奶油與糖粉、鹽攪拌均勻。

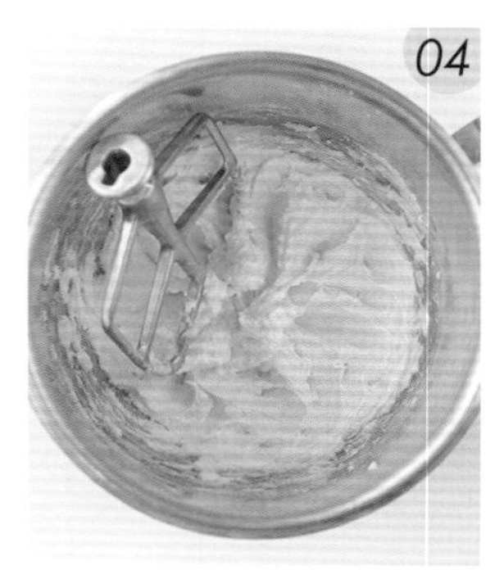

分次加入全蛋，攪拌至油脂和蛋液乳化完全。

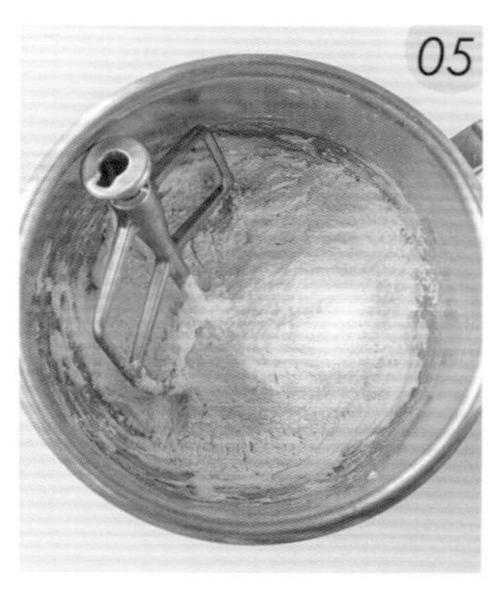

接著，加入過篩的低筋麵粉、法國粉、泡打粉。

充分攪打均勻後，加入藍莓果醬。

將材料再次攪打均勻。

將麵團以烘焙紙包覆，略微整型，放入冰箱冷藏約 1 小時至變硬。

將冰過的麵團取出。

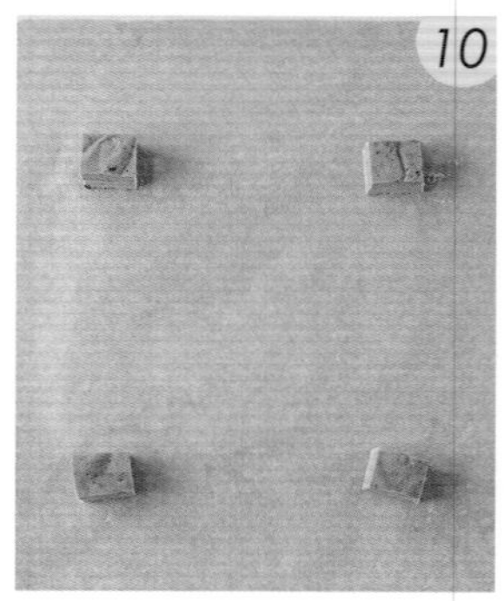

分割成 20 公克的小麵團後，搓圓備用。

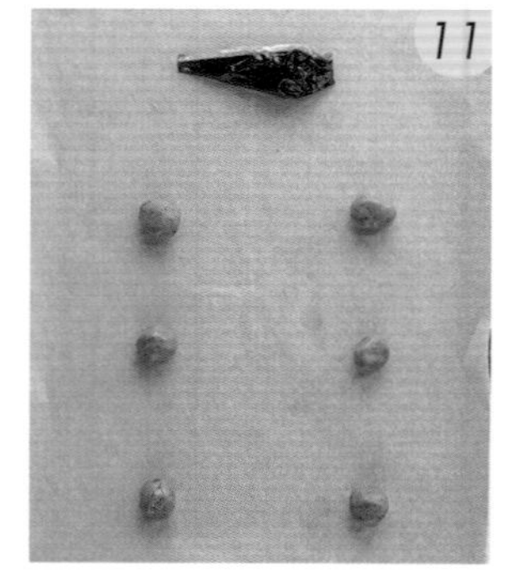

包餡
將藍莓果醬裝入擠花袋中，並準備好餅乾麵團。

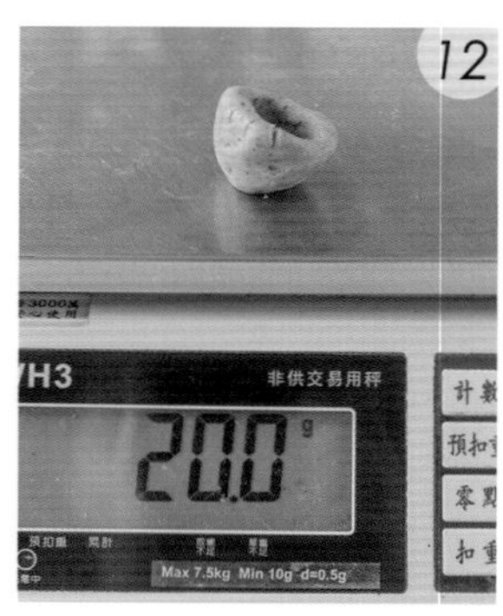

取一個麵團，將中間壓成凹狀，放在磅秤上。

在凹洞中擠入 5 公克的藍莓果醬。

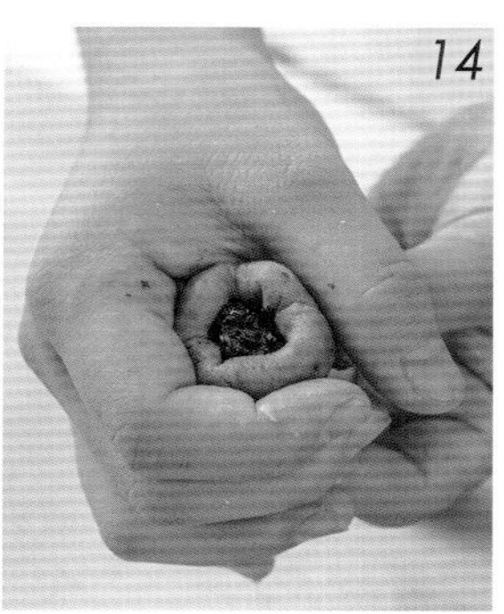

用虎口一手握住麵團，另一手拇指將收口收緊。

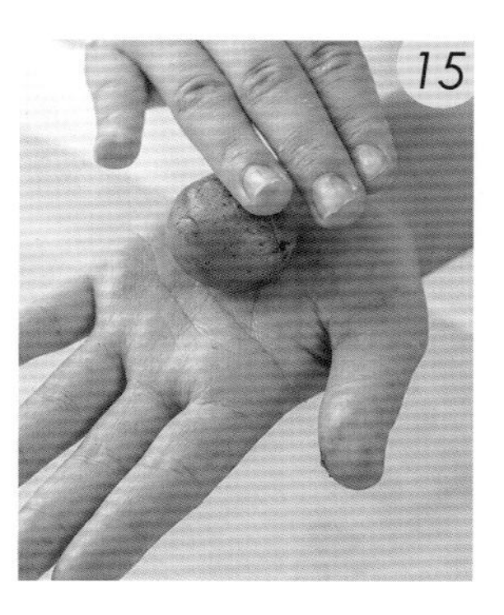

收口並緊密包裹後，將麵團滾圓。

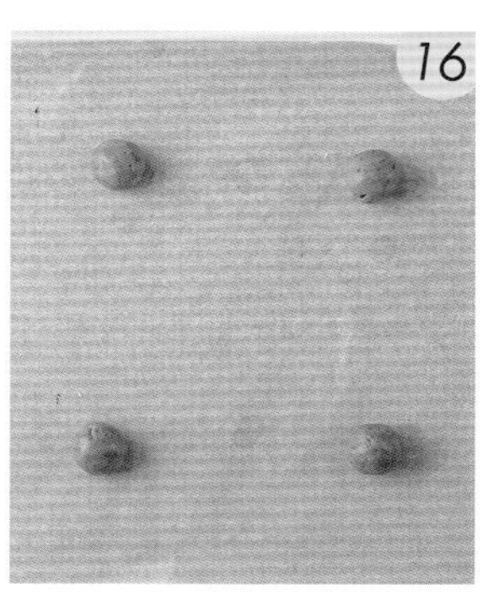

將所有麵團填入果醬後，放入事先鋪好烘焙紙的烤盤中。再放入冰箱，冷凍 20 分鐘。

烤箱以上火 180℃、下火 150℃預熱後，將烤盤放入，再以上火 180℃、不開下火烘烤 24 分鐘。

取出、放涼即完成。

TIPS

包餡餅乾的烤溫會略低一點，避免餡料焦掉。營業用烤箱不用開下火（通常餡料會靠近底部，容易燒焦），家用小烤箱則建議以均溫 150-160℃烘烤即可。

台灣廣廈 國際出版集團
Taiwan Mansion International Group

國家圖書館出版品預行編目（CIP）資料

職人級餅乾關鍵配方：世界甜點冠軍秒殺課程大公開！一次掌握美式餅乾、奶油餅乾、夾心餅乾、包餡餅乾全技法 /彭浩、開平青年發展基金會著. -- 初版. -- 新北市：臺灣廣廈有聲圖書有限公司, 2024.06
280 面；19×26 公分
ISBN 978-986-130-623-0（平裝）
1.CST: 點心食譜

427.16　　113005727

職人級餅乾關鍵配方

世界甜點冠軍秒殺課程大公開！一次掌握美式餅乾、奶油餅乾、夾心餅乾、包餡餅乾全技法

作　　者／彭浩
開平青年發展基金會
攝　　影／Hand in Hand Photodesign
璞真奕睿影像

編輯中心執行副總編／蔡沐晨
編輯／蔡沐晨・許秀妃　**封面設計**／曾詩涵
內頁排版／菩薩蠻數位文化有限公司
製版・印刷・裝訂／東豪・弼聖・秉成

行企研發中心總監／陳冠蒨
媒體公關組／陳柔彣
綜合業務組／何欣穎

線上學習中心總監／陳冠蒨
數位營運組／顏佑婷
企製開發組／江季珊、張哲剛

發 行 人／江媛珍
法律顧問／第一國際法律事務所 余淑杏律師・北辰著作權事務所 蕭雄淋律師
出　　版／台灣廣廈
發　　行／台灣廣廈有聲圖書有限公司
地址：新北市235中和區中山路二段359巷7號2樓
電話：（886）2-2225-5777・傳真：（886）2-2225-8052

代理印務・全球總經銷／知遠文化事業有限公司
地址：新北市222深坑區北深路三段155巷25號5樓
電話：（886）2-2664-8800・傳真：（886）2-2664-8801
郵政劃撥／劃撥帳號：18836722
劃撥戶名：知遠文化事業有限公司（※單次購書金額未達1000元，請另付70元郵資。）

■出版日期：2024年06月

ISBN：978-986-130-623-0